普.通.高.等.学.校
计算机教育"十二五"规划教材

Java 面向对象程序设计

（第2版）

OBJECT-ORIENTED PROGRAMMING WITH JAVA
(2nd edition)

韩雪 ◆ 主编
王维虎 ◆ 副主编

人民邮电出版社
北京

图书在版编目（CIP）数据

Java面向对象程序设计／韩雪主编．－－2版．－－北京：人民邮电出版社，2012.9（2023.1重印）
普通高等学校计算机教育"十二五"规划教材
ISBN 978-7-115-29041-0

Ⅰ．①J… Ⅱ．①韩… Ⅲ．①JAVA语言－程序设计－高等学校－教材 Ⅳ．①TP312

中国版本图书馆CIP数据核字(2012)第174333号

内 容 提 要

本书根据Java语言面向对象的本质特征以及面向对象程序设计课程的基本教学要求，在详细阐述面向对象程序设计基本理论和方法的基础上，详细介绍了Java语言及其面向对象的基本特性、基本技术。全书共分为10章，首先介绍了面向对象程序设计、Java语言的基础知识，而后详细讲述Java语言中面向对象思想的实现以及使用，最后介绍了Java图形用户界面、Applet、数据库等相关知识。

书中采用大量的实例进行讲解，力求通过实例使读者更形象地理解面向对象思想，快速掌握Java编程技术。本书难度适中，内容由浅入深，实用性强，覆盖面广，条理清晰。每章附有精心编写的实验和习题，便于读者实践和巩固所学知识。本书可作为普通高等院校Java程序设计课程的教材，也可作为读者的自学用书。

普通高等学校计算机教育"十二五"规划教材

Java面向对象程序设计（第2版）

◆ 主　　编　韩　雪
　　副主编　王维虎
　　责任编辑　刘　博

◆ 人民邮电出版社出版发行　　北京市崇文区夕照寺街14号
　邮编　100061　　电子邮件　315@ptpress.com.cn
　网址　http://www.ptpress.com.cn
　北京天宇星印刷厂印刷

◆ 开本：787×1092　1/16
　印张：22
　字数：576千字　　　　　　　2012年9月第2版
　　　　　　　　　　　　　　　2023年1月北京第9次印刷

ISBN 978-7-115-29041-0
定价：42.00元

读者服务热线：(010)81055256　印装质量热线：(010)81055316
反盗版热线：(010)81055315

前言

面向对象程序设计已经成为软件编程技术中一项非常关键的技术。相比过程化程序设计技术，面向对象程序设计中的继承、封装、多态等特性更接近于人的语言和思维，从而更容易理解和使用。与此同时，面向对象程序设计更加符合现代软件大规模开发的需求，有利于软件复用。

Java 语言是面向对象程序设计语言中的代表，相比 C++，Java 语言更全面地体现了面向对象的思想。Java 语言诞生于 1995 年，短短十几年，Java 语言已经遍布软件编程的各个领域。随着 Internet 的飞速发展，Web 得到广泛的应用，而 Java 语言在 Web 应用方面所表现出的强大特性，使得 Java 语言成为 Web 开发的主流技术。

由于 Java 语言具有简单易学、面向对象、使用范围广等特征，因此，非常适合于普通高等院校程序设计课程，尤其是面向对象程序设计课程。本书采用循序渐进、由浅入深、概念与例子相结合的编写方式，对内容的安排、例程的选择、习题的编写都进行了严格控制，确保难度适中，更贴近于实用。

在学习本书之前，读者应具有基本的计算机操作基础，但不必具有编程基础。掌握一门语言最好的方式就是实践，本书的着眼点是将基础的理论知识讲解和实践应用相结合，使读者在理解面向对象的思想上，快速掌握 Java 编程技术。

全书共分 10 章，在大多数章节中，首先对相关的基础知识进行介绍，然后重点讲解相关的实例。其中，第 1 章对面向对象程序设计和 Java 语言进行简要介绍。第 2 章介绍了 Java 语言的基本语法。第 3 章～第 5 章是本书的重点，详细讲述 Java 语言的面向对象特性，包括 Java 语言中类、对象、继承、多态、接口和内部类等重要概念及其应用实践。第 6 章介绍 Java 中的输入/输出以及异常机制。第 7 章讲述如何利用 Java 编写图形用户界面。第 8 章讲述 Applet 的使用，包含如何编写 Applet 以及如何在浏览器中运行 Applet。第 9 章在简要讲述 TCP/IP、UDP、Socket 协议的基础上，介绍如何利用 Java 语言编写网络应用。第 10 章为 Java 的高级应用，包含 Java 的多线程技术、JSP 和 Servlet 及数据库技术。

本书在每章之后附有习题和上机指导，供读者练习实践以检验学习效果。

本书中所有例题和相关代码已调试通过，并根据本书内容制作了电子课件，供老师教学时参考使用。

最后感谢读者选择本书，由于时间仓促和作者的水平有限，书中错误和不妥之处在所难免，敬请批评指正。

编　者

2012 年 7 月

目 录

第 1 章 Java 语言概述 ······1
1.1 面向对象程序设计 ······1
1.1.1 面向对象程序设计思想的诞生 ······1
1.1.2 面向对象与面向过程的对比 ······2
1.1.3 面向对象技术的背景和特点 ······5
1.2 Java 概述 ······5
1.2.1 Java 的起源和发展 ······6
1.2.2 Java 特点 ······6
1.2.3 Java 7 的新特性 ······7
1.2.4 Java 体系结构 ······7
1.3 Java 运行机制与 JVM ······8
1.3.1 JVM 的体系结构 ······8
1.3.2 JVM 的运行机制 ······9
1.4 Java 类库 ······10
1.5 安装 Java 开发工具 ······11
1.5.1 下载 JDK ······12
1.5.2 安装 JDK ······13
1.5.3 设置 Java 运行环境 ······14
1.6 使用命令行 ······15
1.7 使用集成开发环境 ······17
1.7.1 使用 JCreator ······17
1.7.2 使用 Eclipse ······19
1.8 第一个 Java 程序：整数相加 ······23
1.8.1 开发源代码 ······23
1.8.2 编译运行 ······24
小结 ······24
习题 ······24
上机指导 ······25
实验一 编译 Java 程序 ······25

第 2 章 Java 语言基础 ······26
2.1 数据类型 ······26
2.1.1 整型 ······26
2.1.2 浮点型 ······27
2.1.3 char 型 ······28
2.1.4 boolean 型 ······28
2.1.5 基本数据类型值间的转换 ······29
2.2 变量 ······30
2.2.1 变量声明 ······30
2.2.2 变量名和变量类型 ······30
2.2.3 变量的初始化 ······31
2.2.4 final 变量 ······31
2.3 运算符 ······31
2.3.1 算术运算符 ······32
2.3.2 关系和逻辑运算符 ······34
2.3.3 位运算符 ······34
2.3.4 赋值运算符 ······35
2.3.5 其他运算符 ······36
2.4 表达式和语句 ······37
2.4.1 表达式 ······37
2.4.2 语句 ······38
2.5 控制结构 ······38
2.5.1 条件语句 ······39
2.5.2 循环语句 ······41
2.5.3 跳转语句 ······43
2.6 字符串 ······44
2.6.1 String 类型 ······45
2.6.2 StringBuffer 类型 ······48
2.7 数组 ······50
2.7.1 数组的声明与创建 ······50
2.7.2 数组的初始化 ······51
2.7.3 数组的常用操作 ······54
2.8 命名规范 ······56
2.8.1 标识符命名规则 ······56
2.8.2 Java 中提倡的命名习惯 ······57
2.9 注释 ······57
2.9.1 单行注释 ······58

  2.9.2 区域注释……58
  2.9.3 文档注释……58
  2.9.4 程序注解……59
 小结……64
 习题……64
 上机指导……64
  实验一 基本数据类型的定义及转换……65
  实验二 使用程序控制结构……65
  实验三 String 的使用……66
  实验四 数组的使用……66

第 3 章 类与对象……67

 3.1 面向对象程序设计概述……67
  3.1.1 面向对象术语……67
  3.1.2 面向对象程序设计方法的优点……68
 3.2 面向对象与 UML 建模……69
  3.2.1 为什么需要建模……69
  3.2.2 UML 建模语言……69
  3.2.3 UML 的面向对象分析设计……70
 3.3 Java 语言与面向对象特性……71
 3.4 类的定义和对象的创建……72
  3.4.1 类的基本结构……72
  3.4.2 类之间的关系……72
  3.4.3 构造函数……74
  3.4.4 类成员……77
  3.4.5 对象的创建……80
 3.5 方法……80
  3.5.1 方法的定义……80
  3.5.2 方法的重载……81
  3.5.3 递归……86
 3.6 静态成员……87
  3.6.1 静态方法和静态变量……88
  3.6.2 静态变量和常量……88
  3.6.3 静态成员的访问……90
  3.6.4 main()方法……92
  3.6.5 Factory 方法……93
 3.7 包……95
  3.7.1 包的定义……96
  3.7.2 类的导入……97
  3.7.3 静态导入……99
 3.8 成员的访问控制……100
  3.8.1 公共类型：public……100
  3.8.2 私有类型：private……101
  3.8.3 默认类型：default……101
  3.8.4 保护类型：protected……102
 3.9 封装……103
 3.10 利用系统已有的类……105
  3.10.1 Date 类……105
  3.10.2 GregorianCalendar 类……108
 小结……110
 习题……110
 上机指导……111
  实验一 类的定义……111
  实验二 成员变量的使用……111
  实验三 编写更复杂的类……112
  实验四 静态成员的创建……112

第 4 章 继承与多态……114

 4.1 继承概述……114
  4.1.1 超类、子类……114
  4.1.2 继承层次……114
 4.2 Java 中的继承……115
  4.2.1 派生子类……115
  4.2.2 继承规则……116
  4.2.3 方法的继承与覆盖……119
  4.2.4 this 与 super……121
 4.3 强制类型转换……124
 4.4 动态绑定……127
 4.5 终止继承：Final 类和 Final 方法……128
  4.5.1 Final 类……128
  4.5.2 Final 方法……129
 4.6 抽象类……130
  4.6.1 抽象类……130
  4.6.2 抽象的方法……131
 4.7 多态……134
 4.8 所有类的超类：Object 类……135
 小结……139
 习题……139
 上机指导……140
  实验一 抽象类的定义及调用……140

实验二 使用多态	140
实验三 使用 Object 类	141
实验四 构造函数的继承	141
实验五 对象引用的多态	142

第5章 接口与内部类 145

- 5.1 接口的特性 145
- 5.2 接口的定义 146
- 5.3 接口的使用 147
  - 5.3.1 接口实现的基本语法 147
  - 5.3.2 接口中方法的实现与使用 147
- 5.4 接口与抽象类 149
- 5.5 接口与回调 151
- 5.6 内部类 152
  - 5.6.1 内部类概述 152
  - 5.6.2 内部类语法规则 153
  - 5.6.3 局部内部类 156
  - 5.6.4 匿名内部类 158
  - 5.6.5 静态内部类 160
  - 5.6.6 关于内部类的讨论 161
- 小结 162
- 习题 162
- 上机指导 162
  - 实验一 接口的创建 163
  - 实验二 内部类的创建 163
  - 实验三 创建多个接口 163
  - 实验四 接口和继承的混合使用 164

第6章 输入/输出和异常处理 166

- 6.1 I/O 流 166
  - 6.1.1 流的层次 166
  - 6.1.2 输入流和输出流 167
  - 6.1.3 字节流和字符流 170
  - 6.1.4 随机存取文件流 173
- 6.2 I/O 流的使用 174
  - 6.2.1 标准的 I/O 流 174
  - 6.2.2 基本的 I/O 流 180
  - 6.2.3 过滤流 182
  - 6.2.4 文件随机读写 183
  - 6.2.5 流的分割 185
- 6.3 对象的序列化 185
  - 6.3.1 存储对象 185
  - 6.3.2 对象的序列化 186
  - 6.3.3 对象序列化中的一些问题 187
- 6.4 文件管理 188
  - 6.4.1 File 类简介 188
  - 6.4.2 使用 File 类 189
- 6.5 异常处理 191
  - 6.5.1 异常处理概述 191
  - 6.5.2 异常的层次结构 198
  - 6.5.3 自定义异常 201
- 小结 204
- 习题 205
- 上机指导 205
  - 实验一 I/O 流的使用 205
  - 实验二 使用异常处理 205
  - 实验三 处理流的使用 206
  - 实验四 自定义异常处理 207

第7章 图形用户界面的实现 209

- 7.1 图形用户界面概述 209
- 7.2 Swing 与 AWT 210
  - 7.2.1 Swing 与 AWT 之间的关系 210
  - 7.2.2 关于 Swing 与 AWT 控件的混用 210
- 7.3 事件处理 212
  - 7.3.1 事件的层次结构 213
  - 7.3.2 窗体事件 214
  - 7.3.3 鼠标事件 214
  - 7.3.4 事件适配器 216
- 7.4 创建图形用户界面 216
  - 7.4.1 窗体 216
  - 7.4.2 面板 218
  - 7.4.3 标签 219
  - 7.4.4 按钮 221
- 7.5 布局管理 223
  - 7.5.1 流布局 223
  - 7.5.2 网格布局 225
  - 7.5.3 卡片布局 226
- 7.6 选择控件 229
  - 7.6.1 控件概述 229

7.6.2 文本框	230
7.6.3 文本区	233
7.6.4 单选按钮、复选框	235
7.7 菜单和工具栏	239
7.7.1 菜单	239
7.7.2 工具栏	243
7.8 对话框	244
7.9 图形文本绘制	248
7.9.1 画布	248
7.9.2 画笔	249
7.9.3 文本	251
7.9.4 字体	252
7.10 图像处理	254
7.11 综合示例：围棋程序	257
小结	267
习题	267
上机指导	268
实验一 使用按钮	268
实验二 使用 Graphics 类绘图	268
实验三 用户注册界面	269
实验四 编写计算器程序	271

第 8 章 Applet 应用程序 274

8.1 Applet 基础	274
8.1.1 查看 Applet	274
8.1.2 Applet 与浏览器	275
8.1.3 显示 Applet	276
8.1.4 Applet 生命周期	276
8.2 Applet 类 API	277
8.3 Applet 的 HTML 标记和属性	278
8.3.1 定位属性	279
8.3.2 编码属性	279
8.4 创建 Applet	280
8.4.1 简单 Applet	280
8.4.2 向 Applet 传递参数	282
8.5 Applet 与 Application	284
8.6 Applet 弹出窗口	286
8.7 Applet 安全	287
8.7.1 Applet 安全控制	287
8.7.2 Applet 沙箱	288

8.8 实例研究：显示动画	289
8.8.1 动画原理及重新绘制	289
8.8.2 Timer 类简介	290
小结	292
习题	292
上机指导	292
实验一 创建 Applet	292
实验二 在 Applet 中显示图像界面	293
实验三 显示 Applet 传递的参数	293

第 9 章 网络通信 294

9.1 网络通信概述	294
9.1.1 TCP/IP、UDP	294
9.1.2 Socket 套接字	295
9.2 Java 网络通信机制	296
9.3 URL 通信	297
9.3.1 URL 的创建	297
9.3.2 解析 URL	298
9.3.3 获取数据	298
9.4 InetAddress 类	300
9.5 Socket 套接字	301
9.5.1 ServerSocket 类	302
9.5.2 Socket 类	303
9.5.3 组播套接字	306
9.6 综合示例：聊天室程序	308
小结	313
习题	314
上机指导	314
实验一 创建 URL 连接	314
实验二 获得 URL 中的数据	314

第 10 章 高级应用 316

10.1 线程	316
10.1.1 Java 中的线程模型	316
10.1.2 线程的创建	318
10.1.3 线程的同步	319
10.1.4 线程的调度	322
10.1.5 线程的其他方法	324
10.2 Servlet 和 JSP 技术	327
10.2.1 JSP 概述	327

10.2.2	JSP 语法 …… 328	10.3.4	基本数据库访问 …… 339
10.2.3	JSP 与 JavaBean …… 330	小结 …… 341	
10.2.4	Servlet 技术 …… 332	习题 …… 341	
10.3	数据库技术 …… 335	上机指导 …… 341	
10.3.1	SQL 基础 …… 336	实验一 创建多线程 …… 341	
10.3.2	JDBC 层次结构 …… 337	实验二 使用 JSP …… 342	
10.3.3	加载数据库驱动 …… 338		

第 1 章
Java 语言概述

Java 是 Sun Microsystem 公司研究开发的一种新型的程序设计语言。在众多高级语言中，Java 语言脱颖而出。它不仅成为最为流行的计算机语言之一，而且形成一种专门的技术。

1.1 面向对象程序设计

面向过程和面向对象是两种主要的程序设计理念。面向过程是早期程序设计的主要方式，近些年来，面向对象逐渐成为程序设计的主要方式。面向对象的编程思想由来已久，但真正意义上的纯面向对象编程语言目前只有 Java。

本节将对面向对象的基础知识进行简单的介绍，主要包括面向对象程序设计思想的诞生、面向对象与面向过程程序设计思想的对比、面向对象技术的背景和特点等三方面的内容。

1.1.1 面向对象程序设计思想的诞生

随着软件复杂度的提高，以及 Internet 的迅猛发展，原先面向过程的软件开发方式已经很难满足软件开发的需要。针对日趋复杂的软件需求挑战，面向对象的软件开发模式诞生了。目前作为针对软件危机的最佳对策，面向对象（Object Oriented，OO）技术已经引起人们的普遍关注。许多编程语言都推出了面向对象的新版本，一些软件开发合同甚至也指明了必须使用基于 OO 的技术和语言。下面简要列出了 OO 技术的发展历程。

（1）诸如"对象"和"对象的属性"这样的概念，可以一直追溯到 20 世纪 50 年代初，首先出现于关于人工智能的早期著作中。然而，OO 的实际发展开始于 1966 年，开发了具有当时更高级抽象机制的 Simula 语言。

（2）Simula 语言提供了比子程序更高一级的抽象和封装，并且为仿真一个实际问题，引入了数据抽象和类的概念。后来一些科学家吸取了 Simula 类的概念，开发出了 Smalltalk 语言。

（3）几乎在同时，"面向对象"这一术语被正式确定。在 Smalltalk 中一切都是对象——即某个类的实例。最初的 Smalltalk 世界中，对象与名词紧紧相连。

（4）Smalltalk 语言还影响了 20 世纪 80 年代早期和中期的很多面向对象语言，如 Objective-C（1986 年）、C++（1986 年）、Self（1987 年）、Eiffel（1987 年）、Flavors（1986 年）。同时，面向对象的应用领域也被进一步拓宽，对象不再仅仅与名词相联系，还包括事件和过程。

（5）到了 20 世纪 90 年代，随着 Internet 的迅猛发展，Sun 公司于 1995 年推出了纯面向对象的 Java 语言，自此之后，OO 技术在开发中越来越占主导地位。

Smalltalk 被认为是第一个真正面向对象的语言,现在国外还有一些开发人员在使用,对该语言感兴趣的同学可以参阅其他相关资料做更详细的了解。

1.1.2 面向对象与面向过程的对比

传统的过程化程序设计通过设计一系列的过程(即算法)来求解问题。这些过程一旦被确定,下一步就要开始寻找存储数据的方式,即"程序=算法+数据结构"。其中,算法是第一位,而数据结构是第二位。而面向对象的程序设计(Object Oriented Programming,OOP)调换了这个次序,将数据放在第一位,然后再考虑操纵数据的算法。

在 OOP 中,程序被看作是相互协作的对象集合,每个对象都是某个类的实例,所有类构成一个通过继承关系相联系的层次结构。面向对象的语言通常具有以下特征。
- 对象生成功能
- 消息传递机制
- 类和遗传机制

这些概念可以并且也已经在其他编程语言中单独出现,但只有在面向对象语言中,它们才共同出现,并以一种独特的合作方式互相协作,互相补充。实际上,软件开发的过程就是人们使用各种计算机语言将自身关心的现实世界(问题域)映射到计算机世界的过程,这个过程通常如图 1-1 所示。

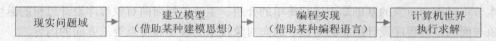

图 1-1 问题域映射过程

面向对象方法的软件开发主要经历如下 3 个阶段。
- 面向对象的系统分析(Object-Oriented System Analysis,OOA)。系统分析的主要任务是通过对用户需求进行分析确定系统的整体功能,即系统要做什么。
- 面向对象的系统设计(Object-Oriented System Design,OOD)。系统设计的核心是确定系统应怎样做。
- 面向对象的编程(Object-Oriented Programming,OOP)。

OOA 强调直接针对要开发的系统、客观存在的各种事物建立 OOA 模型。系统中有哪些值得考虑的事物,OOA 模型就有哪些对象;即客观世界与面向对象存在着一一对应的映射关系。面向对象分析方法用属性描述事物的静态(状态)特性;用方法描述事物的动态行为。OOA 分析方法的核心思想是利用面向对象的概念和方法为软件分析建造模型,从而将用户需求逐步细化、完整、精simplified。OOA 分析方法的大致步骤为:识别对象、属性及外部服务,识别类及其结构,定义对象之间的消息传递等。

OOD 是对 OOA 产生的结果增添实际的计算机系统中所需的细节,如人机交互、任务管理和数据管理的细节。从 OOA 到 OOD 是一个模型扩充过程。OOD 包括两种:一是将 OOA 模型直接引入而不必转换,只作细节修正与补充;二是针对具体实现中的人机界面、数据存储、任务管理等因素运用面向对象的方法进行模型扩充。OOD 可以分为四部分:问题空间部分的设计(Problem Domlain Component,PDC)、人机交互部分的设计(Human Interface Component,HIC)、任务管理的设计（Task Management Component，TMC）、数据部分的设计（Data Management Component，DMC）。

OOP 是与面向过程编程完全相反的思考模式，利用面向对象的特性，把问题中的所有数据及操作过程，一一封装成独立的对象，而对象之间的关系即是对象彼此之间如何传递消息（Message）。就像日常生活中每个人之间的关系，如师生关系、亲子关系、朋友关系等。即，面向对象是以人类角度观察世界的思维方式。OOP 的目标在于创建软件重用代码，具备更好地模拟现实世界环境的能力。

本小节将分别介绍面向对象与面向过程的编程模式，进而帮助读者更加清楚地了解两者之间的区别。

1. 面向过程的编程模式

在这种编程模式中，数据和函数（过程）是分开的，即开发人员看到的是函数或过程的集合以及单独的一批数据。程序的处理过程为：参数输入→函数/过程代码→结果输出，其编程模式如图 1-2 所示。

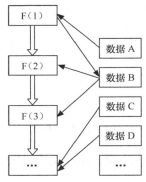

图 1-2　面向过程的编程模式

图 1-2 中的"F（1）"、"F（2）"、"F（3）"表示函数（过程），细线箭头表示函数（过程）对数据的访问。

从图 1-2 可以看出，对于软件维护人员来说，无论是函数还是数据结构的改动，都会使整个程序受到干扰，进而可能引发软件系统的崩溃，可以说是"牵一发而动全身"，程序的维护和扩展几乎难以进行。

通过前面的分析还可以看出，在面向过程的编程模式中，开发人员分析了问题之后，得到一个面向过程的模型，其过程如图 1-3 所示。

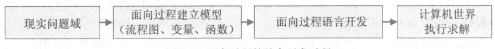

图 1-3　面向过程的基本开发过程

2. 面向对象的编程模式

在这种模式中，函数和它需要存取的数据封装在称为对象的单元中，对象之间的数据访问是间接的，是通过接口进行的。这里所说的接口是指为其他代码调用提供的一套访问方法，即代码的 API，其编程模式如图 1-4 所示。

- 图 1-4 中每一个圆表示一个对象，细线箭头表示对象间的消息（调用）。

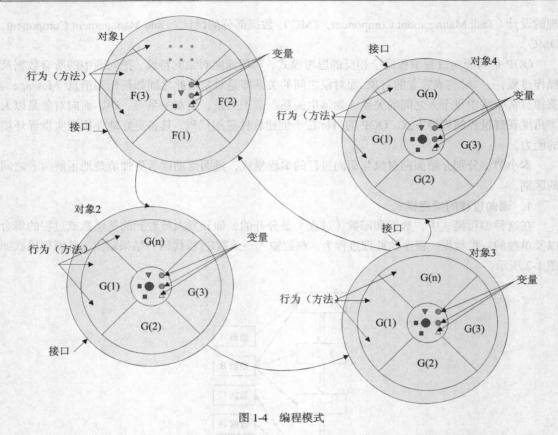

图 1-4　编程模式

- 通常将对象比作鸡蛋，蛋黄是数据，蛋清是访问数据的函数，蛋壳代表接口（即那些公开或公布的方法和属性）。
- 蛋壳接口隐匿了函数和数据结构的实现，当数据结构和内部函数变化时，这种变化被限制在内部的局部范围内。由于接口的相对稳定性，使得这种内部变化的影响不会波及到其他对象，除非蛋壳破裂（即接口发生变化）。

从上面的分析可以看出，通过使用面向对象的开发模式，可以解决面向过程中"牵一发而动全身"的问题，大大提高了程序的灵活性和可维护性。

在面向对象的编程模式中，程序的功能是通过对象间的通信获得的。对象被定义为一个封装了状态（数据）和行为（操作）的实体。

- 状态包含了执行行为的信息，以数据形式存储于对象之中。
- 消息是对象通信的方式，也是获得功能的方式。对象收到发给它的消息后，或者执行一个内部操作，或者再去调用其他对象的操作。

在面向对象编程模式中，开发人员先得到一个面向对象的模型，其中常见的词语是类、对象、方法、消息等，其基本过程如图 1-5 所示。

图 1-5　面向对象的基本开发过程

从上面的对比可以看出，面向过程更接近于计算机世界的物理实现，而面向对象的思想则更符合人们的认知习惯。面向对象作为一种开发模式，为软件开发的整个过程（从分析设计到编码）提供了一套完整的解决方案。

1.1.3 面向对象技术的背景和特点

OO 是一种方法，一种思想，同时又是一种技术。OO 力求更客观自然地描述现实世界，使分析、设计和实现系统的方法同认识客观世界的过程尽可能一致。

对象是客观世界中的事物在人脑中的映像，这种映像通过对同一类对象的抽象反映成为人的意识，并作为一种概念而存在。例如，当人们认识到一种新的事物——苹果，于是人们的意识当中就形成了苹果的概念。这个概念会一直存在于人们的思维当中，并不会因为这个苹果被吃掉而消失。

这个概念就是现实世界中的事物在人们意识中的抽象。只要这个对象存在于人们的思维意识当中，人们就可以藉此判断同类的东西。下面将详细介绍面向对象技术的背景和特点。

1. 面向对象技术的背景

客观世界是由许多不同种类的对象构成的，每一个对象都有自己的运动规律和内部状态，不同对象之间相互联系、相互作用。例如，一辆自行车具有的状态是轮胎个数、车身颜色、车灯个数、车速等；具有的行为是加速、刹车、减速等。所有东西都是对象，可将对象理解为一种变量，对象保存着数据，并且可对自身进行操作。

面向对象技术是一种从组织结构上模拟客观世界的方法，它从组成客观世界的对象着眼，通过抽象，将对象映射到计算机系统中，又通过模拟对象之间的相互作用、相互联系来模拟客观世界，描述客观世界的运动规律。面向对象技术以基本对象模型为单位，将对象内部处理细节封装在模型内部，并且重视对象模块间的接口联系和对象与外部环境间的联系，能层次清晰地表示对象模型。

2. 面向对象技术的特点

通过前面的讨论，可以看出对象有以下几个特点。

- 某类对象是对现实世界具有共同特性的某类事物的抽象。
- 对象蕴涵许多信息，可以用一组属性来表征。
- 对象内部含有数据和对数据的操作。
- 对象之间是相互关联和作用的。

面向对象技术，正是利用对现实世界中对象的抽象和对象之间相互关联和作用的描述来对现实世界进行模拟，并且使其映射到目标系统中。所以面向对象的主要特点概括为：抽象性、继承性、封装性和多态性，本章后面的小节将详细讲解。

从编程开发的角度来看，所谓对象就是协调数据存储以及作用于数据之上操作的独立实体。用户可以通过定义一个对象集合以及它们之间的相互作用来创建一个面向对象的程序，许多对象协同工作来定义一个完成用户需要的软件系统。

1.2 Java 概述

本节首先对 Java 语言进行简述，包含 Java 的起源和发展，Java 的特性和 Java 的体系结构，使读者对 Java 有一个初步的认识。

1.2.1 Java 的起源和发展

Java 起源于 1994 年，美国 Sun Microsystem 的 Patrick Nawghton、Jame Gosling 和 Mike Sheridan 等人组成的开发小组，开始了代号为 Green 的项目的研制，其目标是研制一种开发家用电器的逻辑控制系统，产品名称为 Oak。1995 年 1 月，Oak 被更名为 Java。这个名字来自于印度尼西亚的一个盛产咖啡的小岛的名字，小岛的中文名叫爪哇。正是因为许多程序设计师从钟爱的热腾腾的香浓咖啡中得到灵感，因而热腾腾的香浓咖啡也就成为 Java 语言的标志。

2006 年底，Sun 公司发布了 Java Standard Edition 6（Java SE 6）的最终正式版，代号"Mustang（野马）"，跟"Tiger（Java SE 5）"相比，"Mustang"在性能方面有了不错的提升。从与"Tiger"在 API 类库的比较来讲，有了大幅加强，虽然"Mustang"在 API 库方面的新特性显得不太多，但其提供了许多实用和方便的功能：在脚本、Web Service、XML、编译器 API 数据库、JMX、网络方面都有不错的新特性和功能加强。

2010 年底，Sun 公司发布了 Java Standard Edition 7（Java SE 7）的相关版本。该版本的 JDK 主要在模块化和运行性能上做了一些重要改变。

1.2.2 Java 特点

随着 Internet 的飞速发展，人们的学习、工作、科研、商业和生活方式随之发生了巨大变化。人们不仅需要具有声音、图像和动画等多媒体信息的 Web 页面，以及实时视频、多用户网络游戏等，而且要求能向用户提供更好的实时交互性，并具有平台无关性。Java 的出现，使人们看到了解决以上问题的希望。Java 之所以能解决这些问题是与其自身的特点分不开的。Java 具有如下特点。

1. 简单性

由于 Java 语言与 C 语言类似，只要学过 C 语言的人，就可以很容易地掌握。而 Java 语言本身编写容易，语法简单，稍有程序设计经验的人，很快就能上手。

2. 平台无关性

Java 执行环境与使用平台无关，可以方便地将 Java 部署到任何不同平台的机器上。同时，Java 的类库封装了不同平台上的实现，为其提供统一的接口，这使得同样的类库可以在不同的平台上使用。这也就意味着用 Java 开发的应用可以"一次开发，随处运行"。

3. 分布式

Java 在网络方面的强大易用是其他任何语言无法比拟的，可以说 Java 是面向网络的语言。通过其提供的类库可以方便地处理各种网络协议，方便地进行传统的套接字网络开发，如 RMI、CORBA、Web 服务等现在流行的网络开发。

4. 健壮性

Java 在编译和运行时，都会对程序可能出现的问题进行检查，并将出错信息报告给程序员。同时，其提供垃圾收集机制来自动管理内存，避免了程序员无心的错误和恶意的攻击。

5. 安全性

在安全性方面，Java 表现得非常出色，从一开始，Java 就被设计为有防范各种病毒、袭击的能力。例如，一切对内存的访问都必须通过对象的实例引用来实现；禁止破坏自己处理空间之外的内存；禁止运行时堆栈溢出；未经授权禁止读写文件等。

6. 浏览器应用

Applet 是只能运行在 Web 浏览器里的小程序。Applet 作为 Web 页面的一部分自动下载，就像图片一样自动下载，程序员只需要创建一个简单的程序，就能让它自动地运行于任何机器，只要这台机器装上了内置有 Java 解释器的浏览器就行了。

1.2.3　Java 7 的新特性

Java 7 是最新发布的版本，它主要有如下特性。

1. 模块化（Modularization）

在具体打造 Java SE 7 平台时，把以前的平台打散成更小的、独立的若干模块。各个独立的模块能够根据 Java VM 或者 Java 应用的需要被分别下载。这极大地减小了用户机器上 Java Runtime 的大小。模块化的另一个好处是 Java SE 7 平台的下载更小了，这样就无形中加快了启动速度。更小的内存需求也使得执行性能得到极大的提高，特别是对桌面应用程序。一个更小的平台也意味着它可以适用在内存不多的设备上。

2. 多语言支持（Multi-Language Support）

所谓多语言不是指中文英文之类的语言，而是说 JDK 7 的虚拟机对多种动态程序语言增加了支持，如 Rubby、Python 等。对这些动态语言的支持极大地扩展了 Java 虚拟机的能力。对于那些熟悉这些动态语言的程序员而言，在使用 Java 虚拟机的过程中同样可以使用它们熟悉的语言进行功能的编写，而这些语言是跑在功能强大的 JVM 之上的。

3. 开发者生产力（Developer Productivity）

所谓开发者生产力，就是开发效率。JDK 7 通过多种特性来增强开发效率。如对语言本身做了一些细小的改变来简化程序的编写；在多线程并发与控制方面——轻量级的分离与合并框架，一个支持并发访问的 HashMap 等。通过注解增强程序的静态检查。提供了一些新的 API 用于文件系统的访问、异步的输入输出操作、Socket 通道的配置与绑定、多点数据包的传送等。

4. 性能（Performance）

这里的性能是指程序的执行效率，JDK 7 的最显著特性是压缩了 64 位的对象指针，即通过对对象指针由 64 位压缩到与 32 位指针相匹配的技术使得内存和内存带块的消耗得到了很大的降低，因而提高了执行效率。此外还提供了新的垃圾回收机制（G1）来降低垃圾回收的负载和增强垃圾回收的效果。G1 垃圾回收机制拥有更低的暂停率和更好的可预测性。

1.2.4　Java 体系结构

虽然 Java 常用作开发各种应用程序的编程语言，但是作为编程语言只是 Java 的众多用途之一，而用途更广泛的是其底层架构。完整的 Java 体系结构实际上由 4 个组件组合而成：Java 编程语言、Java 类文件格式、Java API 和 JVM。

其中，JVM 是 Java Virtual Machine（Java 虚拟机）的缩写，它是一个虚构出来的计算机。它是通过在实际的计算机上仿真模拟各种计算机功能来实现的。JVM 有自己完善的硬件架构，如处理器、堆栈、寄存器等，还具有相应的指令系统。因此，使用 Java 开发时，本质就是用 Java 编程语言编写代码，然后将代码编译为 Java 类文件，接着在 JVM 中执行类文件。

Java API 是预先编写的代码，并按相似主题分成多个包。现在，Java API 主要分为以下 3 大平台。

- Java SE（Java Standard Edition）：该平台中包含核心 Java 类和 GUI 类。
- Java EE（Java Enterprise Edition）：该平台中包含开发 Web 应用程序所需的类和接口，有 Servlet、Java Server Pages 以及 Enterprise JavaBean 类等。
- Java ME（Java Micro Edition）：该平台体现了 Java 的传统优势，为消费类产品提供了一个已优化的运行时环境，用于传呼机、手机或汽车导航系统等。

在 Java SE 5.0 以前，这 3 个平台分别称为 J2SE（Java 2 Standard Edition）、J2EE（Java 2 Enterprise Edition）、J2ME（Java 2 Micro Edition）。

图 1-6 所示为 Java 不同功能模块之间的相互关系，以及它们与应用程序、操作系统之间的关系。

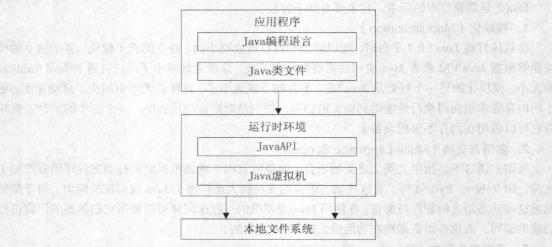

图 1-6　Java 功能模块及模块间关系图

从图 1-6 中可以看出，JVM 与核心类共同构成了 Java 平台，也称为 Java 运行时环境（Java Runtime Environment，JRE）。JRE 是 Java 体系结构的核心，上层是应用程序包括 Java 语言源程序和类文件，底层是异构的操作系统平台。JRE 可以建立在任意操作系统上。

1.3　Java 运行机制与 JVM

在 1.2 节中讲到，在 Java 体系结构中，JVM 处在核心的位置，是程序与底层操作系统和硬件无关的关键。本节将从 JVM 的体系结构和运行过程这两个方面来对 JVM 进行深入介绍。

1.3.1　JVM 的体系结构

Java 语言的一个非常重要的特点就是与平台的无关性，而使用 JVM 是实现这一特点的关键。一般的高级语言如果要在不同的平台上运行，至少需要编译成不同的目标代码。而引入 JVM 后，Java 语言在不同平台上运行时不需要重新编译即可运行。

JVM 屏蔽了与具体平台相关的信息，使得 Java 语言编译程序只需生成在 JVM 上运行的目标代码（字节码），就可以在多种平台上不加修改地运行。JVM 在执行字节码时，把字节码解释成具体平台上的机器指令执行。

在介绍 JVM 体系结构之前首先要明确一个概念，什么是 JVM？JVM 是一个想象中的机器，在实际的计算机上是通过软件模拟来实现。JVM 有自己虚拟的硬件，如处理器、堆栈、寄存器等，还具有相应的指令系统。

每个 JVM 包括方法区、堆、Java 栈、程序计数器和本地方法栈这五个部分，这几个部分和类装载机制与运行引擎机制一起组成的体系结构如图 1-7 所示。

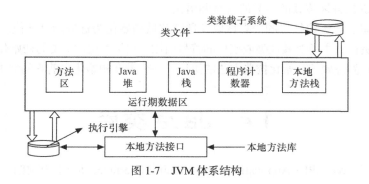

图 1-7 JVM 体系结构

如图 1-7 所示,每一个 JVM 都由一个类装载器子系统(Classloader subsystem)负责加载程序中的类型(类和接口),并赋予唯一的名字,每一个 JVM 都有一个执行引擎(Execution Engine)负责执行被加载类中包含的指令。

程序的执行需要一定的内存空间,存放字节码、被加载类的其他额外信息等。JVM 将这些信息统统保存在数据区(Data areas)中。

数据区中的一部分被整个程序共享,其他部分被单独的线程控制。每一个 JVM 都包含方法区(Method area)和堆(Heap),他们都被整个程序共享。JVM 加载并解析一个类以后,将从类文件中解析出来的信息保存在方法区中。程序执行时创建的对象都保存在堆中。

JVM 不使用寄存器保存计算的中间结果,而是用 Java 堆栈来存放中间结果。这使得 JVM 的指令更紧凑,也更容易在一个没有寄存器的设备上实现 JVM。

JVM 的每个实例都有一个它自己的方法域和堆,运行于 JVM 内的所有线程都共享这些区域。

1.3.2 JVM 的运行机制

JVM 通过调用某个指定类的方法 main 启动,传递给 main 一个字符串数组参数,使指定的类被装载,同时链接该类所使用的其他类型,并且初始化它们。整个过程如图 1-8 所示。

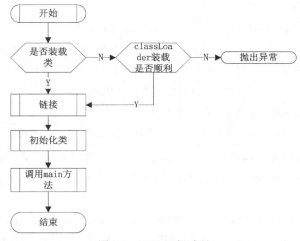

图 1-8 JVM 运行过程

类被装载后,在 main 方法被调用之前,必须对 Java 类与其他类型进行链接然后进行初始化。链接包含 3 个阶段:检验、准备和解析。

（1）检验负责检查被装载的主类的符号和语义。
（2）准备负责创建类或接口的静态域以及把这些域初始化为标准的默认值。
（3）解析负责检查主类对其他类或接口的符号引用，它是可选的。类的初始化是对类中声明的静态初始化函数和静态域的初始化构造方法的执行。一个类在初始化之前它的父类必须被初始化。

1.4　Java 类库

Java 类库就是 Java API（Application Programming Interface，应用程序接口），是系统提供的已实现的标准类的集合。

在程序设计中，合理和充分利用类库提供的类和接口，不仅可以完成字符串处理、绘图、网络应用、数学计算等多方面的工作，而且可以大大提高编程效率，使程序简练、易懂。

Java 类库中的类和接口大多封装在特定的包里，每个包具有自己的功能。Java 中常用的一些包如表 1-1 所示。

表 1-1　　　　　　　　　　　　　　Java 中常用的包

包　名	主　要　功　能
java.applet	提供了创建 applet 需要的所有类
java.awt.*	提供了创建用户界面以及绘制和管理图形、图像的类
java.beans.*	提供了开发 Java Bean 需要的所有类
java.io.*	提供料通过数据流、对象序列以及文件系统实现的系统输入、输出
java.lang.*	Java 编程语言的基本类库
java.math.*	提供了简明的整数算术以及十进制算术的基本函数
java.rmi	提供了与远程方法调用相关的所有类
java.net	提供了用于实现网络通信应用的所有类
java.security	提供了设计网络安全方案需要的一些类
java.sql	提供了访问和处理来自 Java 标准数据源数据的类
java.test	包括以一种独立于自然语言的方式处理文本、日期、数字和消息的类和接口
java.util.*	包括集合类、时间处理模式、日期时间工具等各种常用工具包
javax.accessibilty	定义了用户界面组件之间相互访问的一种机制
javax.naming.*	为命名服务提供了一系列类和接口
javax.swing.*	提供了一系列轻量级的用户界面组件，是目前 Java 用户界面常用的包

有关 Java 类库所提供方法的功能、入口参数以及用法等重要的信息，在 Sun 的官方网站上给出了详细的 API。它是程序设计时一个必不可少的工具，下面将介绍如何使用这些 API 帮助信息。步骤如下所示。

（1）在浏览器中输入 Java API 的官方网站的地址 "http://java.sun.com/reference/api"，网页如图 1-9 所示，在这里读者可以得到全方位的 API 帮助，包括 Java SE、Java EE 及 Java ME 等相关 API 帮助，而每个独立的体系下面又分有不同版本的 API。这里主要介绍 J2SE 1.5.0（JDK 1.5）API 的使用（J2SE 1.5.0 后来改名为 Java SE 5.0）。

图 1-9　Java API 帮助页面

（2）单击页面中写有"J2SE 1.5.0"的超链接，便进入了图 1-10 所示的 Java SE 5.0 的 API 在线帮助系统。

图 1-10　J2SE 1.5 在线帮助

（3）通过选择不同的包和类，即可查询到相应类的详细信息，如 java.util 包中 Arrray 类的信息如图 1-11 所示。

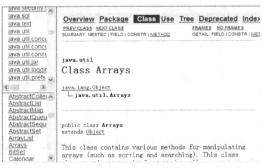

图 1-11　类详细信息

1.5　安装 Java 开发工具

在学习 Java 之前，首先需要安装 JDK。本节将介绍如何在各种不同的操作系统下安装并配置 JDK。

1.5.1 下载 JDK

JDK 是 Java Development Kit 的缩写，在某些场合下，也能看到 SDK 这样的旧术语，其是 Software Development Kit 的缩写。Java 开发工具包是免费下载和使用的。读者既可以到相关的网站上进行搜索下载，也可以根据本节提供的 URL 地址下载相应的 JDK。

JDK 当前的最新版本为 jdk1.6.0_04，读者可以根据不同的操作系统平台，下载相应的 JDK。本书将以基于 Windows 平台的 32 位机器为例，介绍下载的具体过程如下。

（1）在浏览器地址栏输入"http://java.sun.com/javase/downloads/index.jsp"，打开如图 1-12 所示的下载网页。

图 1-12 JDK 下载页面

（2）单击图 1-12 所示中"JDK6 Update4"一项后的"Download"按钮，进入 Java SE Development Kit 6 的下载页面；在该页面中首先对运行的平台进行选择，这里选择的是 Windows，如图 1-13 所示。

图 1-13 运行平台选择

（3）选择好运行平台，并选中"I agree to the Java SE Development Kit 6 License Agreement"单选框后，单击"Continue"按钮，进入 JDK 文件下载页面，如图 1-14 所示。

图 1-14 JDK 文件下载

（4）在图 1-14 所示的写有"File Decription and Name"的表格列中，选择第 2 行"Windows offline Installation"下的"jdk-6u4-windows-i586-p.exe"超链接进行下载。

其他操作系统平台的 JDK 下载方法与上面的过程类似，读者可参照 Windows 的下载自行操作。

1.5.2　安装 JDK

下载完成之后，即可进行安装。下面介绍在 Windows 操作系统下安装 JDK 的方法，具体步骤如下。

（1）进入存放 Java SE 软件包安装程序的目录，双击 jdk-6u4-windows-i586-p.exe，运行 Java SE 的安装程序。首先进入初始化页面，如图 1-15 所示。

图 1-15　JDK 安装初始化界面

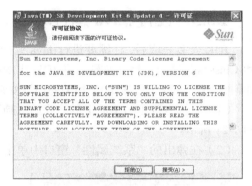

图 1-16　JDK 安装界面 1

（2）经过短暂的初始化工作后，进入安装界面，如图 1-16 所示。

（3）单击【接受】按钮，接受许可证协议，继续下面的安装，此时安装界面如图 1-17 所示。

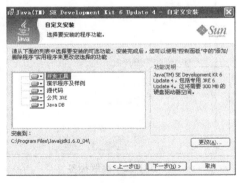

图 1-17　JDK 安装界面 2

图 1-18　JDK 安装界面 3

（4）在此处选择需要安装的功能组件，单击【更改】按钮，选择安装目录。完成设置后，单击"下一步"按钮，继续安装，安装界面如图 1-18 所示。

（5）在安装完功能组件后，会弹出如图 1-19 所示的窗口，在此处配置 Java 运行时环境（JRE）。

（6）选择安装语言支持等功能，并单击【更改】按钮，选择安装目录。完成设置后，单击【下一步】按钮，程序开始安装 JRE。

（7）JRE 安装完成后，会弹出如图 1-20 所示的界面。在窗口中选择是否显示自述文件，完成选择后，单击【完成】按钮，退出安装界面，这样就完成了 JDK 的安装。

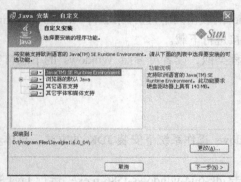
图 1-19 安装 JRE

图 1-20 安装完成

1.5.3 设置 Java 运行环境

JDK 安装完成后，还需要进行 Java 运行环境的配置。配置的主要工作是设置操作系统的 Path 和 Classpath 这两个环境变量，将 JDK 中的命令程序路径加入到系统的环境变量中。下面将介绍如何在 Windows 下设置 JDK 相关的环境变量，步骤如下。

（1）鼠标右键单击桌面上的"我的电脑"图标，选择【属性】命令，弹出系统属性窗口，如图 1-21 所示。

（2）在弹出的"系统属性"窗口中单击【高级】标签，如图 1-22 所示。

图 1-21 系统属性窗口

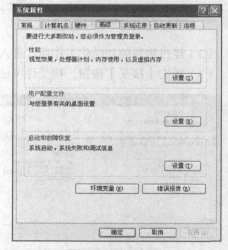
图 1-22 高级标签

（3）在高级标签窗口中单击"环境变量"按钮，弹出"环境变量"设置对话框，如图 1-23 所示。

（4）在"环境变量"对话框中的"系统变量"列表框中找到"Path"选项并选中，然后单击【编辑】按钮，弹出"编辑系统变量"对话框，如图 1-24 所示。

（5）在"变量值"文本框内容的最前边插入 JDK 目录下 bin 目录所在的路径，如"D:\Program Files\Java\jdk1.6.0_04\bin"，并用分号与后边原来的内容相隔。完成编辑后，单击"确定"按钮。

（6）Classpath 的设置与 Path 类似。在"系统变量"区中单击"新建"按钮，在"新建系统变量"对话框中的"变量名"文本框中输入 Classpath，在"变量值"文本框中输入"D:\Program Files\Java\jdk1.6.0_04\bin; D:\Program Files\Java\jdk1.6.0_04\lib\dt.jar; D:\Program Files\Java\jdk

1.6.0_04\lib\tools.jar",最后单击"确定"按钮。

图 1-23 "环境变量"设置对话框

图 1-24 "编辑系统变量"对话框

（7）有时根据需要，还需要创建"JAVA_HOME"环境变量。该变量的值对应的是 JDK 的安装路径，设置方法同上。

完成所有的变量的设置后，逐步单击确定后退出。重新启动后设置的环境变量即生效。至此，完成了 Java 运行环境的设置。

1.6 使用命令行

在 Java 开发过程中最基本的方式是使用命令行。命令行方式指的是在控制台直接调用 JDK 中提供的各种工具。这些工具有些是针对独立应用程序的，有些是针对 Applet 程序的，下面简要介绍一下其中常用的几个工具。

1. 编译器——javac

javac 的作用是将源程序（.java 文件）编译成字节码（.class 文件）。Java 源程序的后缀名必须是 java。javac 一次可以编译一个或多个源程序，对于源程序中定义的每个类，都会生成一个单独的类文件。因此，Java 源文件与生成的 class 文件之间并不存在一一对应的关系。例如，在 test.java 中定义了 A、B、C 3 个类，则经过 javac 编译后要生成 A.class、B.class、C.class 3 个类文件。javac 的调用格式如下所示：

```
javac [选项] 源文件名表
```

其中，源文件名表是多个带.java 后缀的源文件名；选项参见 JDK 帮助中的 javac 选项。

2. Java 的语言解释器——java

java 命令解释执行 Java 字节码。其格式如下所示：

```
java [选项] 类名(参数表)
```

这里的类名代表要执行的程序名，即由编译后生成的带.class 后缀的类文件名，但在上述命令中不需要带后缀。这个类名必须是一个独立程序（不能是 Applet），其中必须带有一个按如下格式声明的 main 方法：

```
public static void main(String [ ] args ) {…}
```

并且包含 main 方法的类名必须与类文件名相同,即与现在命令行中的类名相同。

在执行 java 命令时,若类名后带有参数表,则参数表中的参数依次直接传递给该类中的 main 方法的 args 数组,这样在 main 方法中就可以使用这些数组元素。

java 命令所使用的选项参见 JDK 帮助中的 java 选项表。

3. Java 语言调试工具——jdb

jdb 可以调试用 Java 语言编写的程序。其格式有以下两种。

- jdb [选项] 类名
- jdb [-host 主机名] password 口令

jdb 装载指定的类,启动内嵌的 JVM,然后等待用户发出相应的调试命令,通过使用 Java debugger API 能够对本地或远程的 JVM 进行调试。

如果使用第一种命令格式,那么是由 jdb 解释执行被调试的类。若使用第二种格式,jdb 将被嵌入到一个正在运行的 JVM 之中,这个 JVM 必须事先用-debug 选项启动,而且要求用户输入一个口令,这个口令也就是出现在命令行中的口令。如果使用了-host 选项,jdb 就可以嵌入到网络中名为命令行中的"主机名"所指出的主机上正在运行的 JVM 之中。

4. Java 文档生成器——javadoc

javadoc 从 Java 源文件生成 HTML 格式的 API 文档,内容包括类和接口的描述、类的继承层次以及类中任何非私有域的索引和介绍。其格式如下所示:

```
javadoc [选项] [包| 文件名]
```

用户可以用包名或一系列的 Java 源程序名作参数。调用时,javadoc 可以自动对类、界面、方法和变量进行分析,然后为每个类生成一份 HTML 文档,并为类库中的类生成一份 HTML 索引。

5. C 头文件和源文件生成器——javah

javah 命令从一个 Java 类中生成实现 native 方法所需的 C 头文件和存根文件(.h 文件和.c 文件),利用这些文件可以把 C 语言的源代码装到 Java 应用程序中,使 C 可以访问一个 Java 对象的实例变量。其格式如下所示:

```
javah [选项] 类名
```

在默认的情况下,javah 为每一个类生成一个文件,保存在当前目录中。若使用-stub 选项则生成源文件;若使用-o 选项则把所有类的结果存于一个文件之中。

6. Java Applet 观察器——appletviewer

appletviewer 命令使用户不通过 Web 浏览器也可以观察 Applet 的运行情况。其格式如下所示:

```
appletviewer [-debug] HTML 文件
```

appletviewer 下载并运行 HTML 文件中包含的 Applet,如果 HTML 文档中不包含任何 Applet, appletviewer 则不采取任何行为。如果上述命令中使用了-debug 选项,则 appletviewer 将从 jdb 内部启动,这样就可以调试 HTML 文件所引用的 Applet。

7. 类文件反汇编器——javap

javap 用于反汇编一个文件,分解类的组成单元,包括方法、构造方法和变量等。鉴于 javap 的用途,它又称类分解器。其格式如下所示:

```
javap [选项] 类名
```

javap 的输出结果由 javap 的选项决定,如果无任何选项,则输出类的公共域和公共方法。

有关上述命令的使用详情请参见相关的帮助文档。

1.7 使用集成开发环境

Java 的开发除了使用命令行方式外，也支持集成开发环境。这些开发工具集成了编辑器和编译器，支持集成开发，方便使用。这里选择两个具有代表性的开发工具——JCreator 和 Eclipse。前者是一种初学者很容易上手的 Java 开发工具，缺点是只能进行简单的程序开发；后者是一款相当不错的 Java 集成开发工具，功能强大能胜任各种企业级 Java EE 的开发。

1.7.1 使用 JCreator

JCreator 是一个 Java 程序开发工具，也是一个 Java 集成开发环境（IDE）。无论开发 Java 应用程序或者网页上的 Applet 元件都难不倒它。在功能上与 Sun 公司发布的 JDK 等文字模式开发工具相比更为容易，还允许使用者自定义操作窗口界面及无限撤销操作以及恢复操作（Undo/Redo）等需要解释功能。

JCreator 为用户提供了相当强大的功能，如项目管理功能，项目模板功能，可个性化设置语法高亮属性、行数、类浏览器、标签文档、多功能编译器，向导功能以及完全可自定义的用户界面。通过 JCreator，可不用激活主文档而直接编译或运行 Java 程序。

JCreator 能自动找到包含主函数的文件或包含 Applet 的 HTML 文件，然后它会运行适当的工具。在 JCreator 中，可以通过一个批处理同时编译多个项目。JCreator 的设计接近 Windows 界面风格，用户对它的界面比较熟悉。其最大特点是与机器中所装的 JDK 完美结合，是其他任何一款 IDE 所不能比拟的，特别适合初学者使用。

下面简单介绍如何使用 JCreator 进行 Java 开发，一般步骤如下。

（1）下载并安装 JCreator。JCreator 可以在其官方网站"www.jcreator.com"下载。安装文件下载后，开始安装，过程也非常简单，在此不再详述，读者可以自己尝试。有一点需要注意，安装的最后需要设置 JDK 的路径，这时只需选择 JDK 的实际安装路径即可。JCreator 安装完成后的界面如图 1-25 所示。

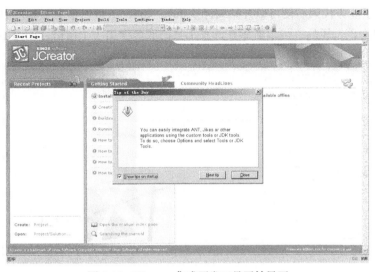

图 1-25　JCreator 集成开发工具开始界面

（2）下面可以使用该开发工具进行代码的开发。进入到图1-25所示的界面下，此时单击"File"命令，并将鼠标移动到"New"菜单项处，会弹出相应的子菜单，如图1-26所示。

图1-26 文件子菜单

（3）在图1-26所示的子菜单中可以看到很多菜单项，这时可以单击"File…"命令，来创建一个单独的Java文件。单击"File…"命令后，会弹出如图1-27所示的对话框，选择文件的类型，设置文件名和存放位置等属性，如图1-28所示。最后单击"Finish"完成设定，进入主界面，如图1-29所示。这时可以看到开发工具的主界面中自动生成了一些必要的代码，如主类的定义、构造器的定义以及主方法，当然业务代码还是需要开发人员自己来完成的。

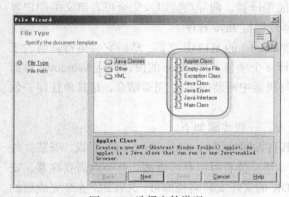

图1-27 选择文件类型

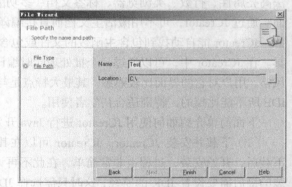

图1-28 设置文件属性

（4）当完成了业务代码后便可以开始编译该Java文件了，可以单击工具栏中的 按钮来编译Java文件，当单击该按钮后，可以看到在开发工具的底部弹出一个窗格，如图1-30所示。

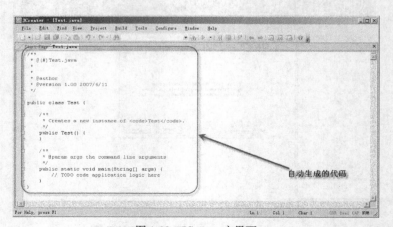

图1-29 JCreator主界面

（5）在该弹出的窗格中显示了编译的信息，例如，图 1-30 中成功编译了 Java 文件。编译完成之后便可以运行该程序了，可以单击工具栏中的 按钮来运行该 Java 程序，当单击该按钮后，会运行 Java 文件，并在输出窗口中显示 Java 程序运行后的结果。

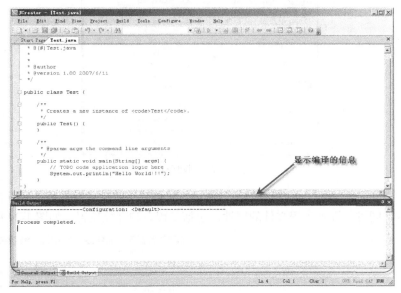

图 1-30　编译 Java 文件

通过上述步骤，完成了一个 Java 文件从创建到编译运行的过程，可以看到使用了 JCreator 后，大大提高了开发人员的开发效率。

1.7.2　使用 Eclipse

Eclipse 是一款非常优秀的 Java 集成开发环境。Eclipse 诞生于 1999 年 4 月，最初由 OTI 和 IBM 两家公司的开发组创建。目前，Eclipse 已经深入人心，广受开发人员的青睐。下面简单介绍如何使用 Eclipse 进行 Java 开发，一般步骤如下。

（1）下载并安装 Eclipse。Eclipse 可以在其官方网站"www.eclipse.org"下载。Eclipse 是一款绿色软件，下载后直接解压缩就可以使用。Eclipse 运行后的开始界面如图 1-31 所示。

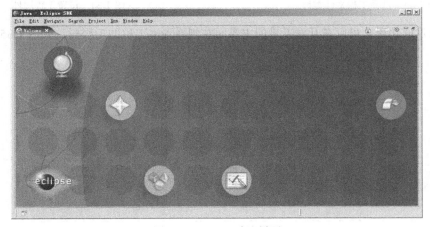

图 1-31　Eclipse 欢迎界面

（2）在关闭如图1-31所示的欢迎界面后，进入Eclipse的开发界面，此时单击"File"|"New"命令，弹出相应的子菜单，如图1-32所示。

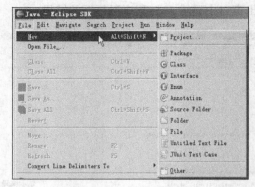

图1-32　创建窗口

（3）选择"File"|"New"|"Project…"命令，来创建工程文件并选择"Java Project"选项，如图1-33所示。同时，设置工程文件的属性，包括工程名和存放位置，如图1-34所示。

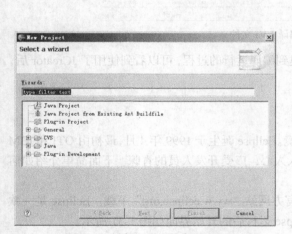

图1-33　选择工程文件类型

图1-34　设置工程属性

工程创建成功后，可以在开发工具的主界面左侧看到本工程的工程树，如图1-35所示。

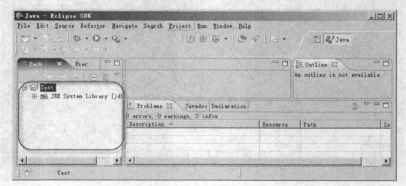

图1-35　主界面中的工程树

（4）工程树创建后，还需要为该工程创建代码文件，单击"File"菜单，并在其中的"New"子菜单中选择"Class"选项。这样会弹出一个用来创建文件的向导提示框，如图 1-36 所示。在"Package"文本框中设置该文件所在的包，如输入 wyf.jc。"Name"文本框用来设置该文件的名称，即该 Java 文件中主类的名称，如使用"NewClass"作为该文件的名称。接着可以通过下面的选项设置修饰符、父类、接口以及是否有主方法等。这里需要主方法，所以选中"public static void main(String[] args)"复选框，并单击"Finish"按钮，完成设置。

设置完成后稍等片刻，会看到主界面中自动加载了一些必需的代码，如图 1-37 所示。

（5）开发人员，在生成的代码中，再根据需要添加相应的代码，就可编译了。在 Eclipse 中，是随存编译的，也就是说，当用户单击保存按钮后，会自动进行编译，这样做可以防止用户将一个错误的代码文件保存起来，所以可以单击工具栏中的 按钮完成编译工作。若编译出错，在主界面下方的表格中会显示相应的错误信息。编译成功后，可以运行该工程了，选中"Test"树根，并单击工具栏中的 按钮来运行该工程。工程运行之前还需要做相应的设置，如图 1-38 所示。

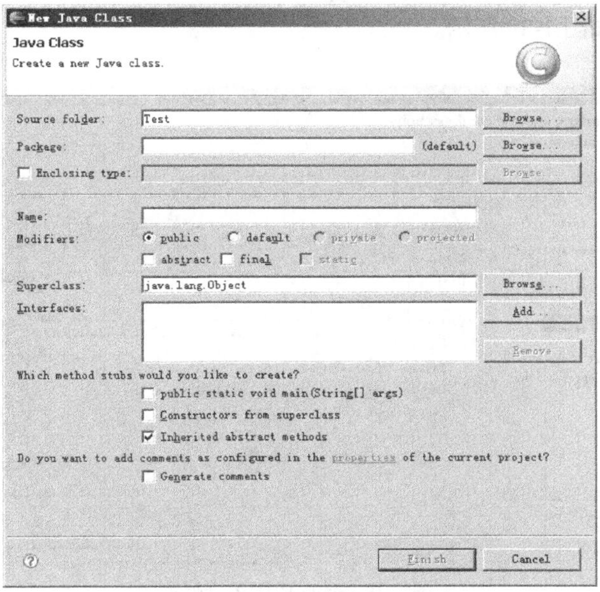

图 1-36 在工程中创建文件

图 1-37 主界面中生成的代码

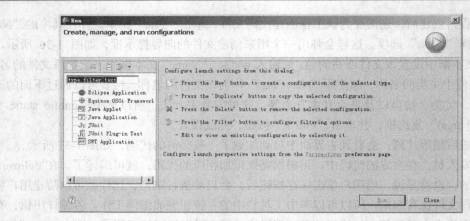

图 1-38　工程运行配置

在图 1-38 中，选择左侧树中的"Java Application"选项，并单击上侧 按钮，此时会转为 Java 应用配置界面，如图 1-39 所示。

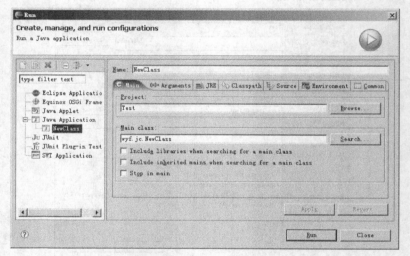

图 1-39　Java 应用运行配置

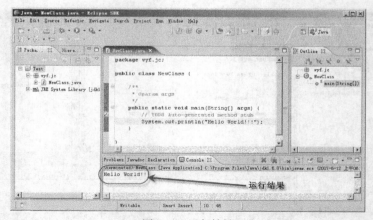

图 1-40　运行结果

（6）单击【Run】按钮，运行程序，运行结果会显示在主界面上，如图 1-40 所示。

这样，通过上述步骤操作，就可以实现使用 Eclipse 对一个 Java 文件从创建到编译运行的过程，由于篇幅有限，这里对该开发工具不再赘述，若读者有兴趣，可以参看其他相关的参考资料。

1.8　第一个 Java 程序：整数相加

上面已经为读者介绍了 Java 语言的相关知识。本节将以在 Windows 平台上开发一个整数相加的 Java 程序为例，介绍开发 Java 程序的基本步骤。开发 Java 程序的基本过程与其他语言类似，主要分为以下 3 个步骤。

- 开发源代码
- 编译程序
- 运行程序

1.8.1　开发源代码

为了让初学者加深对 Java 语言的理解，这里源代码的开发不使用集成开发工具。本例中源代码的编写使用的是纯文本编辑器，Windows 下的记事本，其他的文本编辑器如 UltraEdit，Linux 下的 vi 以及 gedit 等都是可以的。但是，类似于 Word 这样的字处理软件不是纯文本编辑器，在编辑过程中会自动添加很多不可见字符，故绝对不能使用类似于 Word 的文字处理软件作为编写 Java 源代码的编辑器。开发步骤大致如下。

（1）打开记事本，在编辑器中键入代码见例 1-1。

【例 1-1】　第一个 Java 程序。

```
1    //下面的类实现了整数的相加
2    Public class AddInt
3    {
4     public static void main(String[] args)
5      {
6      //定义相关的整型变量
7      int sum;
8      int i=3;
9      int j=5;
10     //整数求和
11     sum=i+j;
12     //打印两个整数以及 sum 的值
13     System.out.println("第一个整数是：" +i);
14     System.out.println("第二个整数是：" +j);
15     System.out.println("两个整数的和是：" +sum);
16     }
17   }
```

上面的代码中，"System.out.println"方法不但可以输出文本信息，也可以输出其他各种类型的数据。

（2）保存该文件，并将文件命名为 AddInt.java。这里.java 文件的名必须与定义的 Java 类名是一致的。至此，完成了源代码的开发。

1.8.2 编译运行

代码编写完成后，便可以将其编译运行。编译运行之前，首先要设置 JDK 相关的系统环境变量，这部分内容在前面已经介绍过，这里不再赘述。不过，有一点需要注意，在设置 Classpath 时需要将当前路径包括在内，即在路径中加入".;"，否则在运行时可能会出现无法找到相关的类的错误。具体的编译运行过程如下。

（1）进入命令行操作方式，使用 JDK 中的 javac 命令进行编译。输入下面的命令编译程序。
`javac AddInt.java`

（2）在编译成功后，会发现在源代码文件所在的目录中出现了名称为"AddInt.class"的 class 文件，这就是 Java 编译的结果。

（3）运行编译后的 class 文件，使用 JDK 中的 java 命令来运行。输入下面的命令运行程序。
`java Welcome`

（4）程序运行成功后会在屏幕上打印两个整数的和，如图 1-41 所示。

在编译运行的过程中，键入命令时要注意大小写，编译（javac）时需要提供一个源程序文件名（AddInt.java）。而运行（java）的时候需要指定的是代码中的主类名（AddInt），不要带扩展名 .java 或 .class。

图 1-41　整数相加程序的编译运行

小　　结

本章简要介绍了 Java 的发展史及结构特点，概述了 Java 运行机制和 Java 虚拟机、下载和安装 JDK，Java 运行环境的配置。分别介绍了使用命令行和集成开发工具开发 Java 应用的一般方法。最后通过一个实例，介绍如何编写及编译运行一个 Java 程序。通过本章的学习，读者可以初步掌握 Java 的基本概念，具备了进一步深入学习 Java 知识的基本条件。

习　　题

1. Java 起源于_____年。
2. Java 的特点包含_____、_____、_____、_____和_____。
3. Java 体系结构包含_____。
   A. Java 编程语言　　　　　　　　　B. Java 类文件格式
   C. Java API　　　　　　　　　　　 D. JVM
4. javac 的作用是_____。
   A. 将源程序编译成字节码　　　　　 B. 将字节码编译成源程序
   C. 解释执行 Java 字节码　　　　　 D. 调试 Java 代码
5. 什么是 Java 虚拟机？
6. 编写一个 Java 程序，输出"Hello Java!"。

上机指导

本章是 Java 的概述章节,主要讲述了面向对象的基础知识、Java 的发展以及 Java 虚拟机、Java 程序运行、开发环境等。下面通过上机指导对其中相关的知识点进行巩固。

实验一　编译 Java 程序

实验内容

本实验主要使用 Java 命令行编译运行 Java 程序,在控制台输出"我是一个 Java 程序",编译该程序如图 1-42 所示。

运行 Java 程序输出"我是一个 Java 程序",如图 1-43 所示。

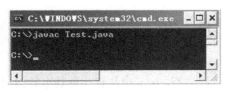
图 1-42　编译 Java 程序

图 1-43　运行译 Java 程序

实验目的

能够使用 Java 命令行编译、运行 Java 程序。

实现思路

在 1.8.1 小节开发源代码时,曾以两个数相加为例,输出简单的结果。这里只需要稍微改动该例即可完成输出"我是一个 Java 程序"。

第 2 章
Java 语言基础

与其他编程语言一样，Java 也包含变量、表达式等基本编程要素。本章介绍 Java 语言的基础编程知识，包括数据类型、变量、运算符、字符串、数组、控制结构等内容。

2.1 数 据 类 型

Java 属于强类型语言，每一个变量声明时必须指定一种类型。Java 中共有 8 种基本数据类型：4 种整型，2 种浮点型，表示字符单元的 char 型以及表示布尔值的 boolean 型。本节将对这 8 种基本数据类型逐一进行介绍。

2.1.1 整型

整型数据类型用来表示整数。Java 中 4 种整型分别是：byte、short、int 和 long。表 2-1 列出了 4 种整型的长度及取值范围。

表 2-1　　　　　　　　　　　　整型数据类型的说明

类　　型	位数（bits）	字节数（bytes）	取 值 范 围
byte	8	1	$-2^7 \sim 2^7-1$
short	16	2	$-2^{15} \sim 2^{15}-1$
int	32	4	$-2^{31} \sim 2^{31}-1$
long	64	8	$-2^{63} \sim 2^{63}-1$

上面 4 种整型数据都是有符号数，可以表示正数或负数。正负数值是通过最高比特位确定的，0 表示正数，1 表示负数，其余位表示数值。例如，1 和-1 的存储形式分别是 00000001 和 11111111，其中负数数值部分采用的是二进制补码表示。

在 Java 中，整型的长度及其范围与运行 Java 的目标机器无关。这种所占存储空间大小的不变性是 Java 程序具有可移植性的原因之一。

通常情况下，int 型是应用得最多的。如果要表示特别巨大的数，就要使用 long 型。而 byte 型和 short 型主要用于特定的场合，如占用大量存储空间的大数组或者底层的文件处理等。在 Java 中可以用 3 种进制来表示整数，分别如下。

- 十进制：基数为 10。
- 八进制：基数为 8。

- 十六进制：基数为 16。

下面将详细介绍上述 3 种进制的整数如何在 Java 中表示。

1. 十进制

十进制是使用最频繁的一种进制。在 Java 中，当需要使用十进制表示整数时，无需任何前缀。例如，定义了两个 int 型变量，并分别给出初始值 20 和 25，它们都是使用十进制表示的，可表示如下：

```
int decNumb1 = 20;
int decNumb2 = 25;
```

2. 八进制

八进制整数满 8 进 1，由 8 个不同的数字符号构建而成，分别为阿拉伯数字 0~7。在 Java 中，当需要使用八进制表示整数时，需要在该数的前边放置一个 0，例如：

```
int octNumb1 = 04;      //表示八进制 4
int octNumb2 = 06;      //表示八进制 6
int octNumb3 = 010;     //表示八进制 8
int octNumb4 = 030;     //表示八进制 24
```

3. 十六进制

十六进制整数满 16 进 1，由 16 个不同的符号构建而成，依次为：0~9,a,b,c,d,e 和 f。在 Java 中，当需要用十六进制表示整数时，需要在该数的前边放置 0X，例如：

```
int hexNumb1 = 0x01;        // 0X 也可以用 0x 表示
int hexNumb2 = 0X7ffFf;     //"a b c d e f"也可以用大写字母表示
int hexNumb3 = 0XCafe;
```

十六进制中的字母位、前缀中的"X"以及下面即将提到的后缀标识字符，在 Java 中是不区分大小写的。这是 Java 中仅有的几个不区分大小写的地方。

上述表示的整数值都被默认为 int 型，如果需要使用 long 型，则需要在数值中添加后缀"L"或"l"，例如：

```
long decNumb = 12345L;
long octNumb = 012345L;
long hexNumb = 0XCAFEL;
```

当需要定义 byte 型或者 short 型整数时，不需要任何特殊后缀，例如：

```
byte bNumb = 14;     //定义一个 byte 型变量
short sNumb = 270;   //定义一个 short 型变量
```

2.1.2 浮点型

浮点型用来表示有小数部分的数值，包括 float 型和 double 型。这两种数据类型全部为有符号数。表 2-2 列出了两种浮点型的长度及取值范围。

表 2-2　　　　　　　　　　　　浮点型数据类型的说明

类　　型	位数（bit）	字节数（byte）	取　值　范　围
float	32	4	大约±3.402 823 47E+38F（有效位数为 6~7 位）
double	64	8	大约±1.797 693 134 862 315 70E+308（有效位数为 15 位）

浮点型数据默认为 double 型，因此要使用 float 型字面常量时，必须添加后缀 F 或 f，示例如下所示。

```
float x = 12.3456;     //错误的情况
float y = 12.3456F;    //正确的情况
```
使用 double 型数据时，可以添加后缀 D 或 d，也可以不用添加，例如：
```
double d = 12.3456789;    //正确的情况
double d = 12.3456789D;   //也是正确的情况
```

2.1.3　char 型

char 型用来表示字符。每个 char 型变量占 16bit，即两个字节。在 Java 中，字符的编码不是 ASCII 码，而是采用 Unicode 编码。

Unicode 编码字符是用 16 位无符号整数表示的，有 2^{16} 个可能值，即 0～65 535。可以表示目前世界上的大部分文字语言中的字符。当然，中文字符占了其中相当的一部分。

一般情况下，char 类型数据被表示为用一对单引号包含的单个字符，例如：
```
char c1 = 'n';
char c2 = '@';
```
char 类型数据也可以通过 Unicode 编码值来直接表示，格式为"\uxxxx"，其中"x"表示一个十六进制数字，其取值范围是"\u0000"～"\uFFFF"，两个字节，例如：
```
char c3 = '\u004E';   //表示大写字母'N'
char c4 = '\u03C0';   //表示字符'π'
```
字符型实际上只是一个 16 位无符号整数，也可以使用整数为其赋值，但整数范围必须在 0～65 535 之间，例如：
```
char c5 = 78;    //表示大写字母'N'
char c6 = 960;   //表示字符'π'
```
在日常开发中还会用到很多特殊字符或不可见字符。与在其他语言中一样，Java 中这些字符用转义字符表示。表 2-3 列出了一些常用的转义字符。

表 2-3　　　　　　　　　　　常用的转义字符

转 义 序 列	名　　称	Unicode 值
\n	换行	\u000a
\r	回车	\u000d
\b	退格	\u0008
\t	制表	\u0009
\"	双引号	\u0022
\'	单引号	\u0027
\\	反斜杠	\u005C

2.1.4　boolean 型

boolean 型的取值范围很简单，非"True"即"False"，用来表示逻辑值的"真"或"假"。其字面常量也只有"True"和"False"两种选择，例如：
```
boolean b1 = True;
boolean b2 = False;
```

在C++中用数值或指针可以代替boolean值，0相当于False，非0相当于True。但是在Java中没有这样的规定，boolean型的值不能与任何其他基本类型的值进行转换代替。

2.1.5 基本数据类型值间的转换

在开发Java程序的过程中经常需要把不同基本数据类型的值进行相互转换。Java中基本数据类型的值进行转换主要包括3种情况，分别为自动转换、手动强制转换和隐含强制转换。

1. 自动转换

所谓自动转换，就是源代码中不用任何特殊的说明，系统会自动将其进行转换。图2-1所示为除boolean型外各基本数据类型值之间的自动转换关系。

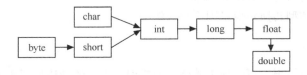

图2-1　基本数据类型之间的自动转换

在图2-1中，顺着箭头方向有路径的均可进行自动转换，例如：

```
1    byte b=123;
2    char c='a';
3    short s=b;              //将byte转换为short
4    int i=b;                //将byte转换为int
5    long l=c;               //将char换为long
6    float f=i;              //将int转换为float
7    double d1=l;            //将long转换为double
8    double d2=s;            //将short转换为double
9    double d3=123;          //将int转换为double
```

在上面的转换中，将int型及long型值转换为浮点型时，有可能损失精度。例如，int型的123456789，当将其转换为float型时，结果将会是1.23456792E8。这是因为int型所包含的位数比float型所能够表达的有效位数多。

2. 强制类型转换

前面介绍了基本数据类型值间的自动转换，例如将int型值自动转换为double型值，但有时也需要将double型值转换为int型值。在图2-1中，类似于上述逆着箭头方向的情况，就需要强制类型转换来实现。

强制类型转换的语法格式：

目标变量=（转换的目标类型）待转换的变量或数值；

例如：

```
1    double d=4.998;
2    int i=(int)d;//            //赋值后，变量i的值为4
3    byte b=(byte)5.998;        //强制转换赋值后，b的值也为4
```

强制类型转换时，把占用空间大的类型转换为占用空间小的类型时采用截取的方法，不会进行四舍五入。因此，试图将一个类型强制转换为另一个类型时，有可能会损失一些精度，甚至值完全不同，如"(int)40000000000L"的结果是"1345294336"。

3. 隐含强制转换

在前面的例子中出现了代码"byte b=123;",在编译时不是应该报错吗?因为"123"是 int 类型的,而转换图中从 int 到 byte 是没有路径的,它们之间的转换需要使用强制类型转换。其实这是 Java 中的一个特殊情况,因为没有专用的后缀来表示 byte、short 类型的数值,所以 Java 系统允许在编写代码时,使用 int 类型的数值来表示 byte、short 类型的数值,由编译系统来自动进行转换识别,例如:

```
1    byte x=125;
2    short s=125;
```

另外,前面讲过的将 0~65 535 的整数值直接赋给 char 型变量也是类似这种情况,如"char c=1234;",这其中就包含隐含的强制转换。

不过隐含的强制类型转换对变量则不行,例如:

```
1    int i=1234;
2    byte b=i;
```

上述代码在编译时将报"可能损失精度"的错误。正确的做法如下所示:

```
byte b=(byte)i;
```

2.2 变　量

变量主要用来保存数据,是用标识符命名的数据项,是程序运行过程中可以改变值的量。变量在程序中起着十分重要的作用,如存储数据、传递数据、比较数据、简练代码、提高模块化程度和增加可移植性等。要使用变量,首先要声明变量。

2.2.1 变量声明

前面提到,Java 是强类型的语言,即每一个变量必须有一个数据类型。为了描述一个变量名和类型必须采用如下的方式声明一个变量:

变量类型　变量名

变量声明包括两项内容:变量名和变量的类型。变量声明的位置决定了该变量的作用域。在程序中,通过变量名来引用变量包含的数据。变量的类型决定了它可以容纳什么类型的数值以及可以对它进行怎样的操作。下面是声明变量的例子:

```
1    int var1;
2    float var2;
3    char var3;
```

上例中声明了 3 个变量,变量名为 var1、var2 和 var3,变量类型分别是 int、float 和 char。

2.2.2 变量名和变量类型

在 Java 语言中,程序通过变量名来使用变量的值。变量名应满足如下 3 个要求:

● 必须是一个合法的标识符。
● 不能是关键字或者保留字(如 true、false 或者 null)。
● 在同一个作用域中必须是唯一的。

Java 语言规定标识符由字母、下划线(_)、美元符($)和数字组成,且第一个字符不能是数字。其中,字符包括大小写字母、汉字等。Java 语言使用 Unicode 字符集,它包含 65 535 个字符,适用于多种人类自然语言。

下面是一些一般约定。
- 变量名以小写字母开头。
- 如果变量名包含了多个单词,而这些单词要组合在一起,则第一个单词后的每个单词的第一个字母使用大写,如 isEmpty。
- 下划线"_"可以出现在变量名中。下划线"_"可以出现在变量的任何地方,但一般只在常数中用它分离单词,因为常数名都是用大写字母,用下划线可以使表达更清晰。

Java 语言规范提供了两种变量类型:简单类型和引用类型。简单类型即上面介绍的基本数据类型;引用类型是可使用一个引用变量得到它的值或者得到由它所表示的值的集合的一种类型。Java 中的引用类型包括:数组、类(对象)和接口。

Java 语言不支持 C 和 C++中的 3 种数据类型:指针、结构和联合。这 3 种类型在 Java 中是用引用、类等代替,它们是比指针、结构和联合更有效的数据结构。

2.2.3 变量的初始化

变量可以在它们声明的时候初始化,也可以利用一个赋值语句来初始化。变量的数据类型必须与赋给它的数值的数据类型相匹配。

下面是程序中的局部变量声明,其初始化如下。

```
1    //整型
2    int    x = 8 , totle=1000;
3    long   y = 12345678 L;
4    byte   z = 55;
5    short  s = 128;
6    //浮点型
7    float  f = 234.5F;
8    double d = -1.5E-8 , square=95.8;
9    //其他类型
10   char   c = 'a';
11   boolean t = true ;
```

方法的参数和异常处理参数不能利用这种方法来初始化,参数值只能通过调用时的设置来初始化。

2.2.4 final 变量

可以在任何作用域声明一个 final 变量。final 变量的数值在初始化之后不能再进行改变。这样的变量和其他语言中的常量很相似。

为了声明一个 final 变量,可以在类型之前的变量声明使用 final 关键字,例如:

```
final float piVar = 3.14159 ;
```

这个语句声明了一个 final 变量并对它进行了初始化。如果在后面还想给 piVar 赋其他的值,就会导致编译错误,因为 final 变量的值不能再改变。

2.3 运 算 符

有了数据,就可以对其进行操作,本节将介绍实现对操作数据的各种运算符。Java 中的运算符主要分以下几类。
- 算术运算符
- 关系和逻辑运算符
- 位运算符
- 赋值运算符
- 其他运算符

下面将逐一介绍这些运算符。

2.3.1 算术运算符

与大多数编程语言一样，在 Java 中使用算术运算符"+"、"-"、"*"、"/"表示加、减、乘、除运算。另外，求余运算使用运算符"%"表示，还有自增和自减运算符。

1. 加运算符"+"

加法运算，就是将两个操作数进行求和操作，且只能对数值型数据进行。加运算是一个二元运算，其一般形式如下：

op1+op2

例如：

int x=4+5;   //表示将 4 加 5 即 9 赋值给变量 x

使用加运算时，需要注意的是，当对两个数值型数据进行运算时，运算的结果至少是 int 型。也就是说，如果参与运算的两个数级不低于 int 型或是 int 型，则结果为 int 型，如果其中一个级别比 int 型高，则运算结果的类型与级别高的数类型相同。数值类型的级别按照图 2-1 中箭头的方向逐渐升高。

另外，运算符"+"除了用于加操作，还可以用作一元运算，表示数值的正号，例如，+3、+5 等。在默认情况下，正号可以省略。

2. 减运算符"-"

减法运算功能，就是将两个操作数相减，只能对数值型数据进行，其一般形式如下：

op1-op2

运算时同样要遵守自动类型提升规则，例如：

```
1    byte x=5;
2    byte y=3;
3    int i=x-y;    //如果 i 为 byte 类型则编译报错，因为运算结果被提升为 int 型
```

与"+"表示正号类似，"-"操作符也可以作为一元运算符，实现取负操作，例如：

```
1    int x=-1;
2    int y=-x;                //y 的值是 1
```

3. 乘法运算符"*"

使用"*"运算符将进行乘法运算，但需要注意的是，此运算同样遵循类型自动提升的规则，例如：

```
1    int a=3*8;               //结果将得到 24, int 型
2    double b=3*8.0;          //结果将得到 24.0, double 型
```

4. 除法运算符"/"

使用"/"运算符将进行除法运算，此运算也满足类型提升规则。根据操作数的不同，除法又分为整数除和浮点除。

（1）整数除。整数除指的是两个整数进行除法运算。结果将得到一个整数，若结果有小数部分，则结果将截断小数部分只取整数部分，例如：

```
1    int x=10/4;              //结果将为2
2    int y=5/7;               //结果为0
```

如果整除中被除数小于除数，结果将为零。另外，整数除以零时，将会报运行时错误，所以，开发时要特别注意，以避免不必要的错误。

（2）浮点除。参与运算的操作数有一个为浮点型，则进行浮点除。两个浮点数或一个浮点数与一个整数进行除法运算，结果将得到一个浮点数，即便结果是一个整数，也被存储为浮点型值，例如：

```
1    double x=15.0/3.0;       //结果将为5.0
2    double b=8.0/4;          //结果为2.0
```

与整数除不同，浮点除中如果除数为零，结果会取决于被除数。当被除数是正浮点数（非零浮点数）时，将得到结果 Infinity（正无穷大）；被除数为负浮点数将得到结果-Infinity（负无穷大）；浮点数零（0.0）得到结果 NaN，例如：

```
1    double a=10.0/0          //结果将为 Infinity
2    double a=-10.0/0         //结果将为-Infinity
3    double a=0.0/0           //结果将为 NaN
```

在 Java 中，常量 Double.POSITIVE_INFINITY、Double.NEGATIVE_INFINITY 以及 Double.NaN 分别表示上述 3 个特殊的值。若是 float 型运算，则用常量 Float.POSITIVE_IN- FINITY、Float.NEGATIVE_INFINITY 以及 Float.NaN 来表示这 3 种情况。

5. 取余运算符"%"

使用"%"运算符将进行求余运算（取模运算），实质就是将左边的操作数除以右边的操作数，余数便是得到的结果，此运算也遵循类型自动提升的规则，例如：

```
1    mod=15%-4                //mod 的值为"3"，结果的符号与右边操作数无关
2    mod=-15%4                //mod 的值为"-3"，结果的符号由左边操作数决定
3    mod=6.8%6.3              //mod 的值为"0.5"，浮点数一样可以求余数
```

取余数运算有两种特殊的情况。

（1）整数进行求余运算。如果右边的操作数为零，则报运行时错误。

（2）浮点数进行求余运算，如果右边的操作数为零，则得到结果 NaN。

```
1    mod=15.0%0               //mod 的值为"NaN"，表示不知道结果是什么；
2    mod=15%0                 //运行报错，与整除除以 0 是一样的。
```

6. 自增/自减运算符

除了上述的运算符以外，还有自增和自减两种简单的算术运算符。它们分别是"++"和"—"。"++"是完成自加 1 的运算；而"—"是完成自减 1 的运算。不管是"++"还是"—"都可能出现在运算对象的前面（前缀形式）或者后面（后缀形式），但是它们的作用是不一样的。前缀形式为++op 或—op，它在加/减之后才计算运算对象的数值；而后缀形式为 op++或 op—，它在加/减之前就计算运算对象的数值。具体的规则如下：

- op++：自增 1，在自增之前计算 op 的值。
- ++op：自增 1，在自增之后计算 op 的值。
- op—：自减 1，在自减之前计算 op 的值。
- —op：自减 1，在自减之后计算 op 的值。

在下面的例子中使用了自加和自减运算。

```
1    int x=2 ;
2    int y=(++x)*5;         //执行结果：x=3  y=15
3    int x=2 ;
4    int y=(x++)*5;         //执行结果：x=3  y=10
5    int x=2 ;
6    int y=(--x)*5;         //执行结果：x=1  y=5
7    int x=2 ;
8    int y=(x--)*5;         //执行结果： x=1  y=10
```

2.3.2 关系和逻辑运算符

关系运算符用于比较两个值，并根据它们的关系给出相应的取值。例如，"!="在两个运算对象不相等的情况下返回 true。表 2-4 所示为关系运算符。

表 2-4　　　　　　　　　　　　　　关系运算符

运 算 符	用　　法	返 回 结 果
>	op1 > op2	op1 大于 op2 时返回 true
>=	op1 >= op2	op1 大于等于 op2 时返回 true
<	op1 < op2	op1 小于 op2 时返回 true
<=	op1 <= op2	op1 小于等于 op2 时返回 true
==	op1 == op2	op1 等于 op2 时返回 true
!=	op1 != op2	op1 不等于 op2 时返回 true

逻辑运算符经常用在条件表达式中，以构造更复杂的判断表达式。Java 编程语言支持 4 种逻辑运算符：3 个二元运算符和 1 个一元运算符，如表 2-5 所示。

表 2-5　　　　　　　　　　　　　　逻辑运算符

运 算 符	用　　法	返 回 结 果
&&（与）	op1 && op2	op1 和 op2 都是 true 时返回 true
||（或）	op1 || op2	op1 或者 op2 是 true 时返回 true
!（非）	! op	op 为 false 时返回 true
^（异或）	op1 ^ op2	op1 和 op2 逻辑值不相同时返回 true

2.3.3 位运算符

位运算符是对操作数以二进制位为单位进行的操作和运算，其结果均为整型量。位运算符分为移位运算符和逻辑位运算符。表 2-6 所示为 Java 语言中的位运算符。

表 2-6　　　　　　　　　　　　移位和逻辑位运算符

运 算 符	用　　法	操　　作
>>	op1 >> op2	将 op1 右移 op2 个位
<<	op1 << op2	将 op1 左移 op2 个位
>>>	op1 >>> op2	将 op1 右移 op2 个位（无符号）

续表

运 算 符	用 法	操 作
&	op1 & op2	按位与
|	op1 | op2	按位或
^	op1 ^ op2	按位异或
~	~ op	按位非

2.3.4 赋值运算符

赋值是编程中最常用的运算之一，Java 中的赋值运算有两种：普通赋值运算和运算赋值运算，下面将对这两种赋值运算符进行介绍。

1．普通赋值运算

普通赋值运算符就是"="，在前面的例子中已经有多处使用，该运算符的使用很简单，例如：

```
int x=10;          //把值 10 赋给变量 x
```

与其他语言赋值运算符稍有不同的是，Java 中的赋值运算符有返回值，可以把"x=y"看作一个表达式（称为赋值表达式），返回值就是 y 的值，因此可以级联使用，例如：

```
int p=q=r=s=5;
```

上面的代码相当于：

```
int p=(q=(r=(s=5)));
```

2．运算赋值运算

运算赋值运算是指赋值的同时还可以进行运算，其语法格式如下：

```
X op= Y
```

其中"op"表示某种运算符，前面讲过的运算符都可以，如"+"、"-"、"*"、"/"、">>>"等。整个操作相当于：

```
X=(<X 的类型>)(X op Y)
```

下面的例子中使用了运算赋值运算。

【例 2-1】 运算赋值运算示例。

```
1   package chapter02.sample2_1;
2   public class Sample2_1 {
3       public static void main(String args[]) {
4           int x = 12;
5           byte y = 12;
6           x >>= 1;
7           y += 3;
8           System.out.println("x=" + x);
9           System.out.println("y=" + y);
10      }
11  }
```

将上述代码编译运行，结果如图 2-2 所示。

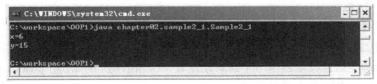

图 2-2　例 2-1 运行结果

在上面的代码中，变量 x 的值被右移了一位，相当于除以 2，结果为 6；变量 y 的值被加 3，结果为 15；对于 "y+=3;"，由于赋值运算操作中有隐含的强制类型转换，所以虽然 "+" 会将结果提升成 int 型，经过强制类型转换后，程序照常执行。

2.3.5 其他运算符

除了上面介绍的几类运算符之外，Java 语言还支持其他一些运算符，如表 2-7 所示。

表 2-7　　　　　　　　　　　　　其他运算符

运算符	描述
?:	三元运算，用于条件判断
[]	用于声明数组，创建数组以及访问数组元素
.	用于访问对象实例或者类的成员函数
（参数序列）	以逗号分开的参数序列
（type）	将某一个值转换为 type 类型
New	创建一个新的对象或者新的数组
Instanceof	决定第一个运算对象是否为第二个运算对象的一个实例

下面分别介绍这些运算符。

1. "？:" 运算符

"?:" 运算符是一个条件运算符，相当于一个简化的 if-else 语句。其一般形式是：

(<逻辑表达式>)？<结果表达式 1>:<结果表达式 2>

运算规则是：首先计算逻辑表达式的值，若为 True 则返回 "<结果表达式 1>" 的值，否则返回 "<结果表达式 2>" 的值。例如：

```
int x=15;
int y= (x>18) ? 1 : 0 ;   //y=0
```

2. "[ ]" 运算符

可以使用方括号来声明数组、创建数组以及访问数组中的元素。以下是数组声明的一个例子：

```
int [ ] arrayOfInt = new int[50];
```

或

```
int arrayOfInt [ ]= new int[50];
```

这个语句声明了一个数组来容纳 50 个整型数字。后面还会更详细地讨论数组。

3. 点运算符 "."

点运算符 "." 用来访问对象实例或者访问类的成员变量或成员方法。

4. "()" 运算符

当声明或调用一个方法的时候，可以在 "()" 之间列出方法的参数，也可以利用 "()" 来指定一个空的参数列表。

5. "(type)" 运算符

这个运算符可以将某个类型的值或对象转换为 type 类型。

6. "new" 运算符

可以使用 "new" 运算符来创建一个新对象或者一个新数组。例如，用 java.lang 包中的 Interger 类创建一个整型数对象的方法如下：

```
Integer anInteger = new Integer(10);
```

7. "instanceof"运算符

"instanceof"运算符用来测试第一个运算对象是否是第二个运算对象的实例,例如:

```
A instanceof B
```

这里的 A 必须是对象名,而 B 必须是类名。如果一个对象直接或者间接地来自于某个类,那么这个对象就被认为是这个类的一个实例。

2.4 表达式和语句

表达式和语句都属于 Java 的语法,也是 Java 编程中最重要、最基础的部分。几乎所写的任何东西都是一个表达式;而语句则是完整的表达式单元。

2.4.1 表达式

表达式是由运算符、操作数和方法调用,按照语言的语法构造而成的符号序列。表达式可用于计算一个公式的值、为变量赋值以及辅助控制程序的执行流程。

表达式主要用来进行计算,并返回计算结果。表达式返回数值的数据类型取决于在表达式中使用的元素。例如,如果 aInt 是整型,则表达式 aInt=10 返回一个整型的值。

Java 语言允许将多个子表达式构造成复合表达式。下面是一个复合表达式的例子:

```
(x * y * z) / w
```

在这个例子中,括号内各个运算对象的先后顺序不是很重要,因为乘法的结果跟顺序无关。但是对于其他表达式并不都是这样,例如:

```
x + y / 100
```

它关系到是先除还是先加的问题。

从上面的例子可以看出,在复合表达式中,存在运算符的优先级问题。Java 中对于运算符的优先级做了规定,具体如表 2-8 所示。

表 2-8 运算符优先级

运算符	结合性
[] . () (方法调用)	从左向右
! ~ ++ -- +(取正) -(取负)	从右向左
* / %	从左向右
+ -	从左向右
<< >> >>>	从左向右
< > <= >= instanceof	从左向右
== !=	从左向右
&	从左向右
^	从左向右
|	从左向右
&&	从左向右

续表

运 算 符	结 合 性
||	从左向右
?:	从右向左
= += -= *= /= %= ^= |= &= >>= <<= >>>=	从右向左

在表 2-8 中，排在前面的运算符优先级高于后面的运算符，同一行的运算符，其优先级相同。如果不使用括号"()"，同时使用多个运算符时就按照上表给出的优先级进行计算，同级别的按照结合性依次计算。

通常开发的时候，开发人员使用括号获得期望的执行顺序，这样不但方便，而且可以大大增强代码的可读性，避免错误。

2.4.2 语句

语句是一个执行程序的基本单元，它类似于自然语言的句子。

Java 语言的语句可分为以下几类。

- 表达式语句
- 复合语句
- 控制语句
- 包语句和引入语句

其中，表达式语句是用分号";"结尾，具体包括如下几种。

- 赋值表达式语句
- ++、--语句
- 方法调用语句
- 对象创建语句
- 变量的声明语句

以下是几个表达式语句的例子。

```
1    piConst = 3.1415926;              // 赋值语句
2    x++;                              // 增量语句
3    System.out.println(x);            // 方法调用语句
4    Integer aInt = new Integer(4);    // 对象创建语句
5    double dVar = 168.234;            // 声明语句
```

复合语句是用"{ }"将多个语句组合而成的语句；控制语句用于控制程序流程及执行的先后顺序；包语句和引入语句将在后续章节详细介绍。

2.5 控 制 结 构

程序的结构大致可分为 3 类：顺序、选择和循环。顺序结构即语句按预定顺序依次执行，无需干预。流程的控制主要体现在"选择"和"循环"。

选择对应于分支结构，利用条件可以实现程序中的哪些部分要执行而哪些部分要被跳过。条件模拟了日常中的选择行为。

　　循环结构可以使特定的代码块反复执行。当然，循环不是无限次执行代码块，它根据条件判断循环的开始和结束。当有大量要处理的代码，而且不能确定这些代码需要执行多少次时，循环就显得尤其有用。

　　控制结构通过控制语句实现。Java 中的控制语句主要有条件语句、循环语句和跳转语句。

2.5.1　条件语句

　　条件语句的基本功能是使程序在不同的情况下，执行不同的代码。这样程序就不只是顺序执行了，可以按照预先设定的逻辑走不同的流程。Java 中的条件语句有两种，if 条件语句与 switch 多分支语句。首先介绍 if 条件语句。

1. if 条件语句

if 条件语句的基本语法如下：

```
if(<表达式>){语句序列 }
```

括号中的表达式可以是任何类型的表达式，必须满足的要求是返回值为 boolean 型。如果表达式的返回值为 True，花括号中的语句序列将执行，否则不执行。在没有花括号的情况下，if 语句只对其后紧跟的一句代码起作用。

下面的代码段中，如果 cond 小于 5，则程序打印"小于 5"。

```
1    if(cond<5)
2    {
3        System.out.println("小于5");//打印小于5
4    }
```

此外，还有一种 if-else 形式的 if 条件语句，基本语法如下：

```
if(<表达式>)
{返回值为 True 时执行的语句序列 }
else
{返回值为 False 时执行的语句序列 }
```

此形式与上面的 if 条件语句不同之处在于，若括号中的表达式返回值为 False，则将执行 else 下边花括号中的语句序列。

下面的代码片段中使用了 if-else。

```
1    if(cond<5)
2    {
3            System.out.println("小于5"); //打印"小于5
4    }
5    else
6    {
7            System.out.println("不小于5"); //打印"不小于5
8    }
```

另外，在 Java 中 if-else 语句还有一种改进的形式，即 if-else if（可以有多个）-else。用于进行多重的判断，其语法格式如下所示：

```
if(表达式 a)
{表达式 a 返回值为 True 时执行的语句序列 }
else if(表达式 b)
{表达式 a 返回值为 False 且表达式 b 返回值为 True 时执行的语句序列 }
……
```

else
{所有条件表达式返回值均为 False 时执行的语句序列 }

下面是一个自动判断学生成绩等级的代码段，其中的判断是通过 if-else if-else 实现的。

```
1     if(score>=90)
2     {
3         System.out.println("成绩 A");
4     }
5     else if(score>=80)
6     {
7         System.out.println("成绩 B");
8     }
9     else if(score>=70)
10    {
11        System.out.println("成绩 C");
12    }
13    else if(score>=60)
14    {
15        System.out.println("成绩 D");
16    }
17    else
18    {
19        System.out.println("成绩 E");
20    }
```

2. switch 分支语句

Java 中实现多分支还有一个选择，就是使用 switch 分支语句。switch 语句比 if 语句要复杂。switch 分支语句的基本语法如下所示：

```
switch(<判断表达式>)
{
    case 表达式 a:
        判断表达式值与表达式 a 值相匹配时所执行的代码序列
        Break;
    case 表达式 b:
        判断表达式值与表达式 b 值相匹配时所执行的代码序列
        Break;
    … …
    default:
        判断表达式值与所有 case 都不匹配时所执行的代码序列
}
```

其中，default 分支为可选部分，在不需要时可以没有。

下面的例子中，声明了一个整型变量 day，它的数值代表了星期，根据 day 的值显示星期值。

【例 2-2】 switch 语句示例。

```
1     package chapter02.sample2_2;
2     public class Sample2_2 {
3         public static void main(String[] args) {
4             int day = 3;
5             switch (day) {
6                 case 1:
7                     System.out.println("Monday");
8                     break;
```

```
9              case 2:
10                 System.out.println("Tuesday");
11                 break;
12             case 3:
13                 System.out.println("Wednesday");
14                 break;
15             case 4:
16                 System.out.println("Thursday");
17                 break;
18             case 5:
19                 System.out.println("Friday");
20                 break;
21             case 6:
22                 System.out.println("Saturday");
23                 break;
24             case 7:
25                 System.out.println("Sunday");
26                 break;
27         }
28     }
29 }
```

上面的 switch 语句首先计算它的参数表达式 day 的值，然后选择适当的 case 语句。编译并运行上面的代码，结果如图 2-3 所示。

图 2-3 例 2-2 运行结果

这个例子也可使用 if 语句来实现它：

```
1  int day = 3;
2  if (day == 1) {
3      System.out.println("Monday");
4  } else if (day == 2) {
5      System.out.println("Tuesday");
6  }
7  ...
```

选择使用 if 语句还是 switch 语句主要是根据可读性以及其他因素来决定。if 语句可以根据多种条件表达式来判断，而 switch 语句只能根据单个整型变量来做判断。另外一点必须注意的是，switch 语句在每个 case 之后有一个 break 语句。break 语句能终止 swtich 语句，并且控制流程继续执行 switch 块之后的第一个语句。break 语句是必须的，若没有 break 语句，则会按顺序逐一执行 case 语句，这就起不到控制的作用了。

2.5.2 循环语句

在程序设计过程中，经常需要重复执行相同的代码，这时就要使用循环流程。Java 中用来实现循环流程的语句有以下 3 种。

- while 语句
- do-while 语句

- for 语句

下面首先介绍 while 循环。

1. while 循环

while 循环适用于不知道代码需要被重复的次数，但有明确的终止条件的循环流程。其基本语法如下所示：

```
while(<条件表达式>)
    {语句序列 }
```

下面的求和程序说明了 while 语句的基本使用方法。

【例 2-3】 while 示例。

```
1    package chapter02.sample2_3;
2    public class Sample2_3 {
3        public static void main(String args[]) {
4            int x = 1;
5            int sum = 0;
6            while (x <= 10) {              // 循环体开始
7                sum += x;
8                x++;
9            }                              // 循环体末尾
10           System.out.println(sum);       // 打印 sum 的值
11       }
12   }
```

编译并运行上面的代码，结果如图 2-4 所示。

图 2-4 例 2-3 运行结果

在上面的代码中，进入循环后，每循环一次都会重新计算一次条件表达式，直至返回值为 False 终止循环，继续循环体之后的语句。当循环执行到 x 等于 11，再次计算条件表达式"x<=10"时，返回值将为 False，循环结束。

对于 while 循环，如果第一次条件就不满足，其循环体将不会执行。

2. do-while 循环

与 while 循环不同，do-while 循环先执行一次循环体再计算条件表达式的值，所以不论条件表达式返回什么值，都将至少执行一次循环体，其语法为：

```
do{
    语句序列;
}while(条件表达式);
```

下面的例子说明了 do-while 循环的基本使用。

【例 2-4】 do-while 示例。

```
1    package chapter02.sample2_4;
2    public class Sample2_4 {
3        public static void main(String args[]) {
4            int x = 1, sum = 0;
5            do {                           // 循环体开始
```

```
6              sum += x;
7              x++;
8          } while (x <= 10);                     // 循环体末尾
9          // 一定要在 while 表达式后使用的分号,表示 do-while 循环语句的结束
10         System.out.println(sum);// 打印 sum 的值
11     }
12 }
```

在上面的代码中,程序首先执行一次循环体内容,再检查条件表达式的值。当 x=11 时,条件表达式为 False,循环结束。运行结果与例 2-3 是一致的。

3. for 循环

for 循环通常用于明确知道循环体需要执行的次数的程序,此时使用 for 循环是最佳选择。

for 循环的基本语法如下:

```
for(初始化表达式;条件表达式;更新语句列表)
    {
        语句序列;
    }
```

其中,语法中的第一行称为 for 循环声明,第二行称为循环体。另外,花括号是可选的部分,如果没有,其只对紧跟 for 的一句语句起作用。

下面的程序中使用了 for 循环,用来计算 10 以内的整数的和。

【例 2-5】 for 循环示例。

```
1  package chapter02.sample2_5;
2  public class Sample2_5 {
3      public static void main(String args[])
4      {
5          int sum=0;                          // 初始化表达式
6          for(int i=1;i<=10;i++)              // i<=10 为条件表达式;  i++更新语句列表。
7          // 循环体开始
8          {
9              sum+=i;
10         }                                    // 循环体末尾
11         System.out.println(sum);            // 打印 sum 的值
12     }
13 }
```

例 2-5 代码的运行结果也与例 2-3 一致。

2.5.3 跳转语句

Java 语言有 3 种跳转语句。
- break 语句
- continue 语句
- return 语句

下面逐一介绍这几个语句。

1. break 语句

在 Java 中 break 语句有两个用途,一是在 switch 语句中,表示一个 case 的结束,退出 switch;二是作为循环控制语句,在循环体中表示退出循环。第一种用途已经在前面进行了介绍,这里主要讨论第二种。

如果在循环体中执行了 break 语句，则循环结束并退出。通常，需要使用 break 语句时，则在循环体内执行一次 if 语句，如果满足某个条件，则立刻执行 break 语句跳出循环，例如

```
1    for(int i=0;i<10;i++)
2    {
3        System.out.println(i);
4        if(i>5)
5        {
6            System.out.println("执行退出该循环");//打印
7            break;                              //跳出该循环
8        }
9    }
```

上面的代码执行后打印 0~6。当 i 为 6 时满足条件，执行 break 语句，退出循环。如果嵌套了多层循环，break 跳出的是离其最近的一层循环。

2. continue 语句

continue 也是循环控制语句，也起中断循环的作用，与 break 不同的是，continue 只是中断当次循环。在循环体中，当 continue 执行时，本次循环结束，进入条件判断，如果条件满足，进入下一次循环。

continue 通常也是与 if 语句联用，在满足条件时结束本次循环，例如

```
1    int sum=0;
2    for(int i=1;i<=10;i++)
3    {
4        if(i==3)
5            continue;
6        sum+=i;
7    }
8    System.out.println(sum);        //打印 sum 的值
```

上述代码执行时累加 1~10 中除 3 以外的整数。当 i 为 3 时，执行了 continue 语句，进入下一次循环，本次不打印。

3. return 语句

return 语句用于函数或方法的返回，其一般形式如下所示。

```
return 表达式;
```

return 语句的功能是，退出当前的方法（函数），使控制流程返回到调用该方法的语句之后的下一个语句。例如：

```
return ++retValue;
```

由 return 返回的值的类型必须与方法的返回类型相匹配。return 语句有两种形式：一种有返回值，另外一种无返回值。当一个方法被声明为 void 时，return 语句就没有返回值。关于方法的返回类型，将在后续章节中进一步介绍。

2.6 字 符 串

字符串指的是字符序列。Java 中的字符串分为两类：字符串常量和字符串变量。

● 字符串常量，包括直接字符串常量和 String 类的对象。字符串常量的值一旦创建不会再变动。

- 字符串变量,指的是 StringBuffer 类的对象。创建字符串变量的值之后允许对其进行扩充、修改。

Java 语言提供了两种字符串类型,String 类型(字符串类型)及 StringBuffer 类型(字符串缓冲器类型)。Java 语言为 String 类、StringBuffer 类提供了许多方法,如比较串、求子串、检索串等,以提供各种串的运算与操作,详细内容将在下面介绍。

2.6.1 String 类型

String 类型建立的字符串不能更改,如果程序需要使用字符串常数,String 类型比较合适。

1. String 字符串创建

创建 String 字符串的最简单方式是使用字符串文本。要声明字符串文本,须使用双直引号(")字符。例如,下面创建了两个字符串。

```
String str1= "hello";
String str2 ="Java 面向对象";
```

除直接为变量赋值外,还可以使用 new 操作符来声明字符串,如下所示。

```
String str1= new String("hello");
String str2= new String("Java 面向对象");
```

另外,String 字符串的声明还可以使用数组方式,如下所示。

```
char str[] = {'h','e','l','l','o'};     //以字符数组方式声明
String str[] = {"hello","Java","!"}  //以字符串数组的方式声明
```

在上面介绍的声明方式中,前两种是一般字符串声明方式;后面两种使用数组来声明,有关数组的内容在后面有详细的介绍。由于字符串声明的多样性,因此,在程序中使用字符串时需要特别注意字符串的声明方式,这样才能保证程序的顺利运行。

2. String 类型字符串的操作

在 Java 中为 String 类定义了一些操作字符串的方法,如表 2-9 所示。

表 2-9　　　　　　　　　　Sting 类型字符串常用方法

方　　法	参　　数	返　回　值
length	()	int
getChars	(int, int, char[], int)	char[]
isLowerCase	(char[])	boolean
isUpperCase	(char[])	boolean
toLowerCase	()	String
toUpperCase	()	String
compareTo	(String)	int
concat	(String)	String
substing	(int, int)	String
replace	(char[], char[])	String
indexOf	(String)	int
lastIndexOf	(String)	int

下面分别介绍这些方法。

(1) length 方法:该方法用于计算字符串的长度,方法返回字符串中的字符数,用法如下所示。

```
String str = "Java";
```

```
System.out.println(str.length());                // 输出: 4
```
空字符串和 null 字符串的长度均为 0，如下所示。
```
String str1 = new String();
System.out.println (str1.length());              // 输出: 0
String str2 ="";
System.out.println (str2.length());              // 输出: 0
```
（2）getChars 方法：该方法用于将字符串中的字符复制到字符数组中，其一般形式如下所示。
```
void getChars(int srcBegin, int srcEnd, char[] dst, int dstBegin);
```
其中，srcBegin 为原始字符串的起始点；srcEnd 为原始字符串的终止点；dst 为复制至目的数组；dstBegin 为目的数组的起始点。上面的语句是将原始字符串的 srcBegin 字符到 srcEnd 字符复制到以 dstBegin 开始的字符数组内。getChars 的用法如下例所示。
```
1    String srcStr= "Java String";
2    char dstCh ch[]= new char[20];
3    int n=srcStr.length();
4    srcStr.getChars(0, n, dstCh, 0);
```
上面的代码实现将字符串 srcStr 的所有字符复制到 dstCh 中。

（3）isLowerCase、isUpperCase：这两个方法用来判断字符串中的字符的大小写。当字符为小写时，isLowerCase 返回 True；当字符为大写时，isUpperCase 返回 True。具体用法如下例所示。
```
1    char str[] = {'J','a','v','a'};
2    Character.isUpperCase(str[0])    // True
3    Character.isLowerCase(str[1])    // True
```
（4）oLowerCase、toUpperCase：这两个方法是用来对字符串中的字符的大小写进行转换。当字符为大写时，toLowerCase 将其转换为小写；当字符为大写时，isLowerCase 将其转换为小写。具体用法如下例所示。
```
1    char str[] = {'J','a','v','a'};
2    Character.toUpperCase(str[0]);
3    Character.toLowerCase(str[1]);
4    System.out.println(str);                    //输出结果: jAva
```
（5）compareTo：该方法用于字符串的比较。其一般格式如下：
```
int compareTo(String str)
```
例如：
```
A.compareTo(B);
```
表示字符串 A 和字符串 B 进行比较。如果 A 大于 B，返回大于 0 的值；如果 A 等于 B，返回 0；如果 A 小于 B，返回小于 0 的值。下面的例子中使用了 compareTo 方法。

【例 2-6】 compareTo 示例。
```
1    package chapter02.sample2_6;
2    public class Sample2_6 {
3        public static void main(String args[]) {
4            String temp;
5            String str[] = { "VC", "Visual Stdio", "AS", "Java" };
6            int l = str.length;
7            for (int i = 0; i < l - 1; i++)
8                for (int j = i + 1; j < l; j++) {
9                    if (str[i].compareTo(str[j]) > 0)    // 如果 str[i]大于 str[j]
10                   {
11                       temp = str[i];
```

```
12                        str[i] = str[j];
13                        str[j] = temp;
14                    }
15                }
16            for (int k = 0; k < l; k++)
17                System.out.println(str[k]);
18        }
19  }
```

上面的例子中利用 compareTo 方法对字符串按从小到大进行排序。编译并运行上面的代码，结果如图 2-5 所示。

图 2-5 例 2-6 运行结果

（6）concat：该方法用于将调用方法的字符串与指定字符串连接，并返回新的字符。其一般格式如下：

`String concat(String str)`

例如：

`C=A.concat(B);`

表示将字符串 A 和 B 连接，连接后的新字符串赋值给 C。

下面是一个使用 concat 进行字符串连接的简单示例，代码如下。

```
1    String str1="Java_",str2="Learning",str3;
2    str3=str1.concat(str2);
3    System.out.println(str3);              //输出结果 Java_Learning
```

上面的代码实现了字符串 str1 和 str2 的连接。str3 保存了连接后的字符串。

（7）substring：该方法用于提取调用方法的字符串中的子串，并返回新的子串，其一般格式如下。

`String substring(int begin,int end)`

例如：

`B=A.concat(x,y);`

表示提取字符串 A 中从 x 到 y 位置之间的子串，新的子字符串赋值给 B。

下面是一个使用 substring 进行取子串操作的简单示例，代码如下。

```
1    String str1="Java_Learning",str2;
2    str2=str1.substring(4,9);
3    System.out.println(str2);              //输出_Learn
```

上面的代码实现了提取字符串 str1 中第 4～9 位置的子串，str2 保存了新的子字符串。

（8）replace：该方法用于替换调用方法的字符串中的某个字符，返回替换后的新字符串，其一般格式如下。

`String replace(char oldChar,char newChar)`

例如：

`B=A.replace(x,y);`

表示将字符串 A 中 x 字符全部替换为 y，替换后的字符串赋值给 B。

下面是一个使用 replace 进行字符替换操作的简单示例，代码如下。

```
1    String str1="Java_Learning",str2;
2    str2=str1.replace(a,b);
3    System.out.println(str2);              //输出结果：Jbvb_Lebrning
```

上面的代码实现了将字符串 str1 中字符 a 全部替换为 b，str2 保存了替换后的字符串。

（9）indexOf、lastIndexOf：这两个方法用于对字符串建立索引，返回字符串的位置，其一般格式如下所示。

```
int indexOf(String str)
int lastIndexOf(String str)
```

例如：

`A.indexOf(B);` 或 `A.lastIndexOf(B)`

表示在字符串 A 中搜索字符串 B，并返回 B 字符串第一次出现的位置。lastIndexOf 和 indexOf 的区别是搜索的顺序，前者是从后向前，后者是从前向后。

下面是一个使用 indexOf 和 lastIndexOf 建立字符串索引的简单示例，代码如下所示。

```
1    String s1="Java_Learning",s2="abc";
2    int retVal1=str1.indexOf(s2);
3    int retVal2=str1.lastIndexOf(s2);
4    System.out.println("indexOf:"+retVal1);      //运行结果 indexOf:6
5    System.out.println("lastIndexOf:"+retVal2);  //运行结果 lastIndexOf:6
```

上面的代码对字符串 str1 中 "ear" 字符串建立索引，分别给出了按从头至尾和从尾至头顺序，该字符串第一次出现的位置。另外，indexOf 和 lastIndexOf 还可以对字符串中的字符进行索引。同时，在查找过程中还可以使用参数 fromIndex 指定搜索的开始位置。

2.6.2 StringBuffer 类型

StringBuffer 类型存入的字符串是可以改变的，如果字符串内容经常改变，应使用 StringBuffer 类型。

1. StringBuffer 对象的创建

与 String 字符串的创建不同，StringBuffer 对象的创建语法只有一种，即使用 new 操作符来创建对象，其语法格式如下。

`StringBuffer 字符串名称=new StringBuffer(<参数序列>);`

例如，下边的语句便创建了一个 StringBuffer 对象。

`StringBuffer name=new StringBuffer("张三");`

2. StringBuffer 类的方法

StringBuffer 类中有很多方法与 String 类中的方法样式与功能完全一样，如 substring 方法、replace 方法。这里就不再一一列举了，有兴趣的读者可以自行查阅 API。

下面主要介绍 StringBuffer 类中一些具有代表性的常用方法，如表 2-10 所示。

表 2-10　　　　　　　　　　　　　　StringBuffer 的常用方法

方　　法	参　　数	返　回　值
capacity	()	int
append	(String)	String

续表

方　　法	参　　数	返　回　值
insert	(int,char)	String
delete	(int,int)	String
reverse	()	String

下面介绍这些方法。

（1）capacity

该方法用来计算 StringBuffer 的容量，返回容量大小的整型值，其一般格式如下。

```
int capacity()
```

例如：

```
x=A.capacity();
```

计算 StringBuffer A 的容量，返回的容量值赋值给整型变量 x。

下面是一个使用 capacity 计算容量的简单示例，代码如下。

```
1    StringBuffer strb1= new StringBuffer(100);
2    int x=strb1.capacity();
3    System.out.println(x);
```

上面的代码创建了一个 strb1 对象，并计算了该对象的容量。

程序运行输出结果如下。

```
100
```

（2）append

该方法将指定的字符串的内容连接到 StringBuffer 对象中内容的后边，并返回连接后的 StringBuffer 对象，其一般格式如下。

```
StringBuffer append(String str)
```

例如：

```
C=A.append(b);
```

表示将字符串 b 连接到 StringBuffer 对象 A 的后面。连接后的 StringBuffer 对象赋值给 C。

下面是一个使用 append 方法进行连接的简单示例，代码如下。

```
1    StringBuffer strb= new StringBuffer("Java");
2    StringBuffer strb1= new StringBuffer(100);
3    String str= "_Learning";
4    strb1=strb.append(str);
5    System.out.println(strb1);              //输出结果：Java_Learning
```

上面的代码将 str 连接到 strb 后面，并将连接后的字符串保存到 strb1 中。

（3）insert

该方法将指定的字符 ch 插入到 StringBuffer 对象的 offset 索引处，并将修改后的 StringBuffer 对象返回，其一般格式如下。

```
StringBuffer insert(int offset,char ch)
```

例如：

```
B=A.insert(x,y);
```

表示在 StringBuffer 对象 A 的 x 位置插入字符 y，插入后新的 StringBuffer 对象赋值给 B。

下面是一个使用 insert 方法进行插入的简单示例，代码如下。

```
1    StringBuffer strb= new StringBuffer("JEE");
2    char s='2';
```

```
3    StringBuffer strb1= new StringBuffer(100);
4    strb1=strb.insert(1,s);
5    System.out.println(strb1);                    //运行结果：J2EE
```

上面的代码将字符 s 插入到 strb 中索引为 1 的位置，并将插入后的对象保存到 strb1 中。

另外，insert 方法也可以插入字符串，具体方法与插入字符相同。

（4）delete

该方法用于将 StringBuffer 对象中的一部分内容删掉，并将删除后的 StringBuffer 对象返回，其一般格式如下。

```
StringBuffer delete(int start,int end)
```

例如：

```
B=A.delete(x,y);
```

表示将 StringBuffer 对象 A 的一部分删除，删除后的 StringBuffer 对象赋值给 B。被删掉的内容从指定的索引 x 处开始，一直到索引 y-1 处结束。即被删掉的内容为 x 索引处到 y-1 索引处的字符，y 索引的字符不包含。

下面是一个使用 delete 方法进行插入的简单示例，代码如下。

```
1    StringBuffer strb= new StringBuffer("Java_Learning");
2    StringBuffer strb1= new StringBuffer(100);
3    strb1=strb.delete(3,10);
4    System.out.println(strb1);                    //输出结果 Javing
```

上面的代码将删除 strb 对象中索引为 3~9 位置的字符，删除后的对象保存到 strb1 中。

（5）reverse

该方法用于将 StringBuffer 对象中的内容都颠倒过来，即该对象中第一个字符变为最后一个字符，第二个字符变为倒数第二个字符，依此类推，最后返回修改后的对象，其一般格式如下。

```
StringBuffer reverse()
```

例如：

```
B=A.reverse();
```

表示将 StringBuffer 对象 A 的内容完全颠倒，反转后新的 StringBuffer 对象赋值给 B。

下面是一个使用 reverse 方法进行反转的简单示例，代码如下。

```
1    StringBuffer strb= new StringBuffer("Java_Learning");
2    StringBuffer strb1= new StringBuffer(100);
3    strb1=strb.reverse();
4    System.out.println(strb1);                    //运行结果：gninraeL_avaJ
```

上面的代码将 strb 反转，并将反转后的对象保存到 strb1 中。

2.7 数　　组

数组是一种数据结构，其功能是用来存储同一类型的值。与大多数语言一样，Java 中也有数组，本节将介绍如何对数组进行声明、创建、初始化。最后，将介绍有关数组应用的一些常用操作与工具。

2.7.1 数组的声明与创建

数组中的元素可以是基本数据类型，也可以是对象引用类型。但不论其元素是何种类型，数组本身是对象，这是 Java 中数组不同于其他语言数组之处。

1. 数组声明

声明数组时，需要提供数组将要保存元素的类型以及该数组的维数两方面的信息。维数通过方括号的对数来指出，方括号对可以位于数组左边也可以位于其右边。

如下代码声明了两个数组。

```
int[] k;              //声明了一个 int 型一维数组的数组 k，方括号对位于 k 的左边
String s[];           //声明一个 String(字符串)型一维数组的数组 s，方括号对位于 s 的右边
```

从上面的例子看出 Java 中声明数组语法规则。

- 声明数组，必须给出数组元素的类型。
- 元素类型后是方括号对与数组名，方括号对与数组名之间可以任意交换位置。
- 数组的维数只与方括号的对数相关，与方括号对与数组引用之间的位置无关。

2. 创建数组对象

创建数组对象使用关键字 new，基本语法如下。

```
new 元素类型[第一维维数][第二维维数]……
```

下面的代码说明了如何创建数组对象。

```
new int[5];           //创建了 int 型长度为 5 的一维数组对象
new String[6][5];     //创建了 String 型，第一维长度为 6 第二维长度为 5 的二维数组对象
```

数组对象创建完成后，开发人员是无法对其进行操作的，因为此时没有任何数组指向它，所以需要将相应类型的数组引用指向该数组对象，才能对数组对象进行操作。修改上例中代码，为其中创建的数组对象提供数组引用，修改后代码如下。

```
1   int[] k;
2   String[][] s;
3   //将数组 k 指向长度为 5 的 int 型一维数组对象
4   k=new int[5];
5   //将数组 s 指向第一维长度为 6 第二维长度为 5 的 String 型二维数组对象
6   s=new String[6][5];
```

2.7.2 数组的初始化

数组的初始化是指为数组中的元素赋初值。在 Java 中数组的初始化主要包括默认初始化、利用循环初始化、枚举初始化。下面将分别介绍这些内容。

1. 默认初始化

不论是什么类型的数组，从创建开始，系统便会默认为其每个元素赋初值。对于基本类型数组，其默认值如表 2-11 所示。

表 2-11　　　　　　　　　　基本数据类型的默认值

类　型	默　认　值	类　型	默　认　值
boolean	False	int	0
byte	0	long	0L
short	0	float	0.0F
char	'\u0000'	double	0.0

在下面的例子中，输出了数组基本数据的默认值。

【例 2-7】　默认初始化示例。

```
1   package chapter02.sample2_7;
2   public class Sample2_7 {
3       public static void main(String[] args) {
4           // 创建各种数组
5           byte[] b = new byte[1];
6           char[] c = new char[1];
7           int[] i = new int[1];
8           double[] d = new double[1];
9           // 打印各自初始值
10          System.out.println("b[0]=" + b[0]);
11          System.out.println("c[0]=" + c[0]);
12          System.out.println("i[0]=" + i[0]);
13          System.out.println("d[0]=" + d[0]);
14      }
15  }
```

编译并运行上面的代码结果如图 2-6 所示。

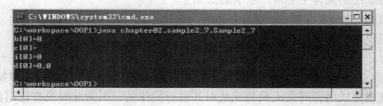

图 2-6 例 2-7 运行结果

从输出结果可以看出，各种基本类型的数组初始值都是"0"。由于"\u0000"是不可见字符，所以打印出来是空白。没有举出的几种类型读者可以自行操作验证。

2. 利用循环初始化

如果数组元素需要的初始值与默认值不同，但又具有明显的规律，则可以利用循环语句对其进行初始化，下面给出了一个示例。

【例 2-8】 利用循环初始化示例。

```
1   package chapter02.sample2_8;
2   public class Sample2_8 {
3       public static void main(String[] args) {
4           // 创建各种数组
5           String[] s = new String[5];
6           int[] d = new int[6];
7           // 使用循环对数组初始化
8           for (int i = 0; i < 5; i++)                // 不好的做法
9           {
10              s[i] = i + "";
11          }
12          for (int i = 0; i < 6; i++)                // 不好的做法
13          {
14              d[i] = i * 8;
15          }
16          // 打印各自初始值
17          for (int i = 0; i < s.length; i++)         // 正确的做法
18          {
19              System.out.print("s[" + i + "]=" + s[i] + " ");
```

```
20          }
21          System.out.println("");                    // 打印换行
22          for (int i = 0; i < d.length; i++)         // 正确的做法
23          {
24              System.out.print("d[" + i + "]=" + d[i] + " ");
25          }
26      }
27  }
```

编译并运行上面的代码，结果如图 2-7 所示。

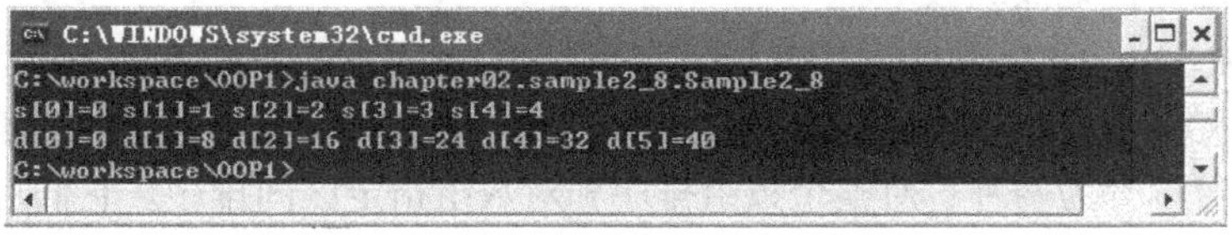

图 2-7　例 2-8 运行结果

从上面的示例中可以看出，在对数组进行循环初始化时，循环限制条件一般都与其 length 属性相关，这样可以很好地避免下标越界。一般不使用具体的长度值，如上面代码中的 "5"、"6"，这样容易出错，可维护性差，一旦数组长度变化，就需要修改代码。

3. 枚举初始化

如果数组元素需要的初始值与默认值不同，但又没有明显的规律，而且数量不多，则可以使用枚举初始化。所谓枚举初始化是指在创建数组对象的同时逐一列举出所有元素的初始值，基本语法如下。

数组类型[] 数组引用标识符=new 数组类型[]{第一个元素的值，第二个元素的值，……}

下面的例子中使用了枚举初始化。

【例 2-9】 枚举初始化示例。

```
1   package chapter02.sample2_9;
2   public class Sample2_9 {
3       public static void main(String[] args) {
4           // 通过枚举法创建了数组对象，列举了12个元素值
5           int[] d = new int[] { 1, 4, 6, 2, 3, 78, 21, 45, 79, 34, 113, 76 };
6           // 打印数组长度
7           System.out.println("d.length=" + d.length);
8           // 打印初始值
9           for (int i : d)// 增强的 for 循环，逐个对数组元素引用
10          {
11              System.out.print(i + " ");
12          }
13      }
14  }
```

上面的代码中采用枚举的方法，初始化了一个长度为 12 的整型数组。

编译并运行上面的代码如图 2-8 所示。

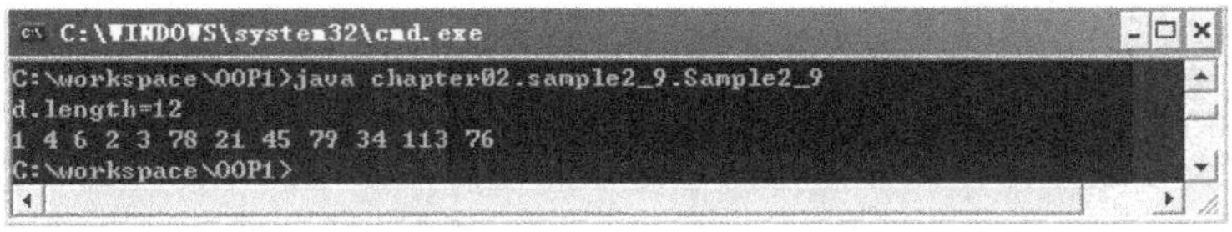

图 2-8　例 2-9 运行结果

使用枚举初始化还有一种简单的形式，即不使用 new 运算符，直接对数组赋值。如上例中的数组初始化可以改为下面的方式。

```
int[] d= {1,4,6,2,3,78,21,45,79,34,113,76};
```

在实际使用过程中，通常使用简化的枚举方法对数组初始化。

2.7.3 数组的常用操作

前面几小节介绍了声明、创建以及初始化数组的方法。本小节将介绍几种数组中常用的操作，从而帮助读者更加方便地操纵数组。

1．数组排序

对数组中的元素进行排序也是开发中常用的，Java 中也提供了完成这种功能的方法。Java 中的数组排序方法可以分为两种：对整个数组排序和对数组指定区间排序。它们对应的方法格式分别如下所示。

```
1   //对指定的数组进行排序，排序结果存放在原数组中(X 表示任意类型)
2   public static void sort(X[ ] a)
3   //对指定数组的区间进行排序，fromIndex 与 toIndex 用来指定区间，排序结果存放在原数组中
4   public static void sort(X[ ] a,int fromIndex,int toIndex)
```

有关这两种方法的使用，示例如下。

【例 2-10】 数组排序示例。

```
1   package chapter02.sample2_10;
2   import java.util.Arrays;
3   public class Sample2_10 {
4       public static void main(String[] args) {
5           // 创建数组
6           int[] a = { 2, 1, 7, 5, 3, 9, 6, 8, 4, 34, 78, 24, 0 };
7           int[] b = new int[a.length];
8           System.arraycopy(a, 0, b, 0, a.length); // 将数组 a 的内容拷贝至 b
9           // 打印排序前数组
10          System.out.print("排序前: ");
11          for (int i : a) {
12              System.out.print(i + " ");
13          }
14          // 调用 sort 方法进行排序
15          Arrays.sort(a);
16          Arrays.sort(b, 0, 5);
17          // 打印排序后数组
18          System.out.print("\n 全部排序后: ");
19          for (int i : a) {
20              System.out.print(i + " ");
21          }
22          System.out.print("\n 部分排序后: ");
23          for (int i : b) {
24              System.out.print(i + " ");
25          }
26      }
27  }
```

编译并运行上面的代码，结果如图 2-9 所示。

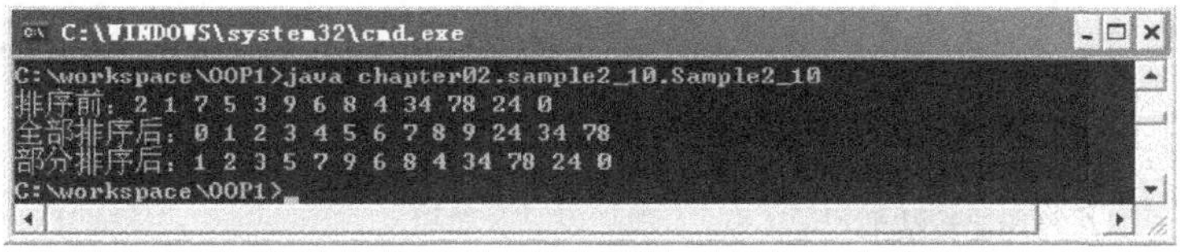

图 2-9 例 2-10 运行结果

从运行结果可以看出，调用排序方法后数组从小到大进行了排序。在实际开发中读者应尽量多使用系统已经提供的方法，提高开发效率。

2. 查找指定元素

在实际开发中，经常需要在指定的数组中查找特定元素的位置，Java 中也提供 binarySearch 方法来帮助开发人员进行查找操作，该方法格式如下所示。

public static int binarySearch(X[] a,X key)

该方法从数组中搜索第一个指定值元素的位置。key 是要搜索的值，a 指向被搜索的数组，返回值为搜索到位置的索引，没有找到则返回负数（X 表示任意类型）。

下面的例子显示了如何使用该方法。

【例 2-11】 查找指定元素示例。

```
1    package chapter02.sample2_11;
2    import java.util.Arrays;
3    public class Sample2_11 {
4        public static void main(String[] args) {
5            // 创建数组
6            int[] a = { 1, 3, 4, 5, 7, 8, 9, 12, 13, 15, 19, 21, 23, 24, 25 };
7            // 搜索指定的值
8            int find = Arrays.binarySearch(a, 4);
9            // 打印搜索结果
10           System.out.println("整个数组中4的位置:" + find);
11       }
12   }
```

编译并运行上面的代码，结果如图 2-10 所示。

图 2-10 例 2-11 运行结果

从执行结果可以看出，在整个数组中搜索时，在位置 2 找到了关键字 4。

3. 比较数组中的元素

在实际开发中有时需要比较两个数组中的元素值是否相同，这在 Java 中也不用自己开发代码，只要调用 Arrays 类的 equals 方法即可。下面的代码说明了此方法的使用。

【例 2-12】 比较数组中的元素示例。

```
1    package chapter02.sample2_12;
2    import java.util.Arrays;
3    public class Sample2_12 {
4        public static void main(String[] args) {
5            // 创建数组
```

```
6              int[] pra1 = { 1, 3, 4, 5, 7, 8, 9, 12, 13, 15, 19, 21, 23, 24, 25 };
7              int[] pra2 = { 1, 7, 4, 5, 7, 8, 9, 12, 13, 15, 19, 21, 23, 24, 25 };
8              // 比较两个数组
9              boolean flag = Arrays.equals(pra1, pra2);
10             // 打印比较结果
11             System.out.println("两个数组的比较结果:" + ((flag) ? "相等" : "不相等"));
12         }
13     }
```

编译并运行上面的代码，结果如图 2-11 所示。

图 2-11　例 2-12 运行结果

在上面代码中使用的 equals 方法的参数有两个，分别是参与比较的数组的引用。方法的返回值是 boolean 型的，True 表示相等，False 表示不相等。

2.8　命名规范

命名规范主要指的是标识符的命名规范。前面的介绍中涉及到了 Java 中的类名、变量名、方法名等，它们都是标识符。只要编写代码，就不可避免地要使用标识符。标识符的规范与否极大地影响着源代码的正确性、可读性和可维护性。本节将介绍如何为标识符命名，主要包括命名标识符的语法规则、提倡的标识符命名习惯两方面的内容。

2.8.1　标识符命名规则

标识符是一个以字母开头，由字母或数字组成的字符序列，具体的命名规则如下。

● 字母包括 "A" ～ "Z"、"a" ～ "z"、"_"、"$" 以及在某种语言中代表字母的任何 Unicode 字符。与大多数编程语言相比，Java 中"字母"的范围要大得多，不单包含英文字母，还包括希腊字母。

● 数字包括 "0" ～ "9"。

● "+" 和 "©" 这样的特殊符号不能出现在标识符中，空格也不行。

● 标识符中的字符大小写敏感，而长度没有限制。

● 不能将 Java 中的关键字（如 int、double 等）用做标识符名。

只有符合上述规则的标识符才是正确的，例如下面的变量命名。

```
int Salary;
double Ex97001;
long _hireday$32_ex;
```

而下面所列举出的均为错误的命名。

```
int 2abc;                    //不能数字开头
double vacation day;         //不能有空格
long break;                  //不能使用关键字
```

在进行变量命名时，也不能使用 Java 的关键字。有关 Java 中的关键字，如表 2-12 所示。

表 2-12　　　　　　　　　　　　　　Java 中的关键字

abstract	assert	boolean
break	byte	case
catch	char	class
const	continue	default
do	double	else
enum	extends	final
finally	float	for
goto	if	implements
import	instanceof	int
interface	long	native
new	null	package
private	protected	public
return	short	static
strictfp	super	switch
synchronized	this	throw
throws	transient	try
void	volatile	while

2.8.2　Java 中提倡的命名习惯

有些标识符虽然是正确的，但是却不提倡使用。因为不恰当的命名习惯将会大大降低源代码的可读性。声明标识符时，应尽量采用一些有意义的英文单词来组成标识符，最好有规律地使用大小写，以便增强源代码的可读性。下面从几个不同方面介绍如何正确地使用大小写。

- 包名：尽可能的全部使用小写，如 com.silence。
- 类名或接口名：通常应该由名词组成，名称内所有单词的第一个字母都大写，其他字母小写，如 WelcomeTom。
- 方法名：通常第一个单词应该是动词，第一个字母应该小写，如果有其他单词，则其他单词的第一个字母大写，其余字母小写，如 isEmpty()。
- 变量名：成员变量的大小写规则与方法名相同，局部变量应该尽可能全部使用小写，只有临时变量（如循环变量）可以使用单字符名称，如 currentIndex、name。
- 常量名：名字应该全是大写字母，使用下划线分隔单词，如 MAX_HEIGHT。

2.9　注　　释

与其他编程语言一样，Java 的源代码中也允许出现注释，并且注释也不会影响程序的执行，只是起到提示开发人员的作用。在 Java 中，有 3 种不同功能的注释，分别为单行注释、区域注释与文档注释，本节将对这些注释的使用进行介绍。

2.9.1 单行注释

单行注释用于为代码中的单个行添加注释。可以注释掉单行代码，也可以为一段代码实现的功能添加一个简短的说明。单行注释是最常用的一种注释方式。其语法格式是：用 "//" 表示注释开始，注释内容从 "//" 开始到本行结尾。下面的代码中使用了单行注释。

```
System.out.println("Hello Java!!!");                    //打印 Hello Java!!!
```

单行注释通常用于解释较小的代码片断，不过也可以用于多行，如果需要注释多行，可以在每行注释的前面标记 "//"。

2.9.2 区域注释

对于长度为几行的注释，可以使用区域注释（又称"多行注释"）。开发人员通常使用区域注释描述文件、数据结构、方法和文件说明。它们通常放在文件的开头和方法的前面或内部。

要创建区域注释，请在注释行开头添加/*，在注释块末尾添加*/。此方法允许创建很长的注释，而无需在每一行的开头都添加//。若对多个连续的行使用//，在修改注释时可能会产生一些问题。例如：

```
1    /* 这是一个区域注释的例子
2    编写者：张三，李四
3    */
```

许多开发人员在区域注释内容的每行都习惯以 "*" 开头，例如：

```
1    /* 这是一个区域注释的例子
2    *编写者：张三，李四
3    */
```

区域注释在编译时，"/*" 及 "*/" 之间的内容都会被忽略，所以上述两种风格的注释没什么异样，只是一种使用习惯而已，读者可以根据自己的喜好决定使用哪一种。

另外，在使用区域注释时需要注意，"/*"、"*/" 在 Java 中不能嵌套使用，如果注释内容中本身包含了一个 "*/"，就不能使用区域注释了。因为编译器认为遇到 "*/"，则注释结束，这可能会引起错误。这时，只能使用单行注释方法来解决。

2.9.3 文档注释

文档注释用于描述 Java 的类、接口、构造器、方法以及字段(field)。文档注释(doc comments)是 Java 独有的，并可通过 javadoc 工具转换成 HTML 文件。每个文档注释都会被置于注释定界符/**和*/之中，一个注释对应一个类、接口或成员。该注释应位于声明之前，如下面的代码所示。

```
/**
 * Doc 类的主要功能是 ...
 */
public class Doc { ...}
```

同样，对方法使用文档注释也应位于方法的声明之前，注释都被置于注释定界符/**和*/之中。下面的例子中分别对类和方法进行文档注释，并且在代码中使用了单行和区域注释。整个代码最终使用 javadoc 转换为 HTML 文件，读者请注意文档注释与其他注释的区别，示例代码如下。

```
1    /**
2    * 这里是文档注释
```

```
3      * docCom 类的信息可以在此处说明
4      */
5     public class docCom
6     {
7             /**
8              *这里也可以使用文档注释
9              *可以对方法进行说明
10             */
11            //普通单行注释
12            /*
13             *普通区域注释
14             */
15            public static void main(String args[])
16            {
17                    System.out.println("文档注释的示例!");
18            }
19    }
```

使用 javadoc 命令生成 HTML 页面，如图 2-12 所示。

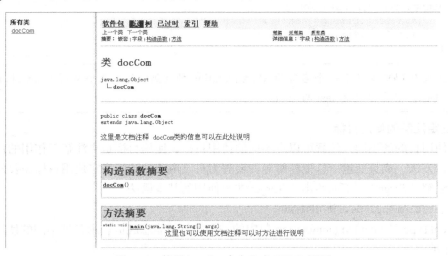

图 2-12　使用 javadoc 命令生成 HTML 页面

其中，docCom 类和 main 方法的文档注释如图 2-13 和图 2-14 所示。

图 2-13　类的文档注释　　　　　　　　　图 2-14　方法的文档注释

从图 2-13 和图 2-14 可以看出文档注释会最终显示在 HTML 页面上的，而普通的单行和区域注释是不会显示出来的，这也是他们之间的最大区别。

2.9.4　程序注解

程序注解（Annotation）是 Java 提供的一项新特性，利用此特性可以通过特定的注解标签为程序提供一些描述性信息。这些描述性信息可以在编译或运行时为编译器、运行环境提供附加的信息,以达到简化开发,避免错误的目的,本节将为读者详细介绍程序注解的使用与开发。

1. 声明自己的注解

使用某个注解之前要首先进行声明,就像使用一个类之前首先要进行声明一样。声明注解的基本语法如下:

```
@interface <注解名称>
{
  <注解属性类型> <注解属性名称> [default <默认值>];
  ……
}
```

- "@interface"表示声明的是注解,在"@interface"后面给出注解的名称。
- 一对花括号中包含的是注解体,在注解体中可以声明多个注解属性。
- 对注解属性的声明语法比较特殊,注解属性的名称也是获取此属性值的方法的名称,例如"java.lang.String last()"表示有一个名称为last的注解属性,未来需要获取此属性值时调用last()方法。
- 注解属性的类型一般给出全称类名。

下面给出了一个自定义的注解,代码如下。

```
1  @interface MyAnnotation {
2      java.lang.String last() ;
3      java.lang.String first() ;
4  }
```

说明　上述代码中定义了一个名称为MyAnnotation的注解,其有两个类型为java.lang.String的属性,名称分别为last与first。

2. 确定注解的使用目标

根据使用目的的不同,注解可以有不同的使用目标,使用目标是指注解起作用的目的元素,可以是类,方法,成员变量,其他注解等。要想为自己声明的注解指定使用目标需要使用系统专门提供的注解"Target",下面给出了Target注解使用的基本语法。

`@Target(ElementType.<使用目标点>)`

ElementType是java.lang.annotation包中的一个类,其静态成员表示各种不同的使用目标,如表2-13所列。

表2-13　　　　　　　　　　　　　注解的各种不同使用目标

静态变量名	含义说明
ANNOTATION_TYPE	此注解只能用来对注解进行注解
CONSTRUCTOR	此注解只能用来对构造器进行注解
FIELD	此注解只能用来对成员变量进行注解
LOCAL_VARIABLE	此注解只能用来对本地变量进行注解
METHOD	此注解只能用来对方法进行注解
PACKAGE	此注解只能用来对包进行注解
PARAMETER	此注解只能用来对参数进行注解
TYPE	此注解只能用来对类、接口以及枚举类型进行注解

下面给出了一个自定义的以方法为使用目标的注解,代码如下。

```
1    @Target(ElementType.METHOD)
2    @interface MyAnnotation {
3        java.lang.String msg() ;
4    }
```

第 1 行使用 Target 注解标明自定义注解 MyAnnotation 只能以方法为使用目标。

3. 确定注解的使用时效

根据使用目的的不同，注解可以有不同的使用时效。使用时效是指注解的有效时间，要想为自己声明的注解指定使用时效需要使用系统提供的"Retention"注解，下面给出了 Retention 注解使用的基本语法。

@Retention(RetentionPolicy.<时效值>)

下面给出了一个自定义的使用时效为 RUNTIME 的注解，代码如下。

```
1    @Retention(RetentionPolicy.RUNTIME)
2    @Target(ElementType.FIELD)
3    @interface MyAnnotation {
4        java.lang.String msg() ;
5    }
```

上述代码中为 MyAnnotation 注解同时指定了使用时效与使用目标。

4. 利用注解方便开发 Web 服务

随着时代的发展，Web 服务已经成为分布式异构开发的基石，在现在的企业级应用开发中有很重要的地位。由于 Web 服务日趋流行，Java SE 正式支持用 Java 来开发 Web Service。这将大大方便与 Web 服务相关的开发与测试，提高开发的效率与速度。由于 Web 服务本身是一个内容非常庞大的话题，在本节中只是向读者介绍一个简单的例子，有兴趣的读者可以查阅更多的资料。请读者按如下步骤完成该例。

（1）创建名称为 WebServiceExampleMath.java 的 Java 文件，其代码如下所列。

```
1    import java. *;
2    import javax.jws.*;
3    import javax.xml.ws.*;
4    //声明提供 Web 服务的类
5    @WebService
6    public class WebServiceExampleMath
7    {
8        //声明 Web 服务中的服务方法
9        public int addEmUp(int number1, int number2)
10       {
11           return number1 + number2;
12       }
13       //主方法
14       public static void main(String args[])
15       {
16           //将 Web 服务发布到网络上
17           Endpoint.publish("http://localhost:8080/WebServiceExample/
             WebServiceExampleMath",
18                   new WebServiceExampleMath());
19       }
20   }
```

- 第 1-2 行引入了开发与发布 Web 服务所需要的包。
- 第 5 行通过 WebService 注解告诉系统，WebServiceExampleMath 类将作为 Web 服务被发布。有过 Web 服务开发经验的读者可以体会到，在没有使用注解技术之前开发 Web 服务类要比现在麻烦得多,现在只需要很轻松的使用"@WebService"即可。
- 第 9-12 行的 addEmUp 方法为 Web 服务方法,在使用了注解之后,其开发与普通方法完全相同,非常简单。

(2)编译此 Web 服务类,并使用如下命令生成 Web 服务所需要的辅助类。

wsgen -cp . wyf.WebServiceExampleMath

(3)运行发布此 Web 服务,此时命令行窗口如图 2-15 所示。

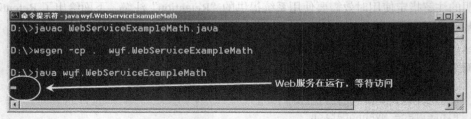

图 2-15 编译运行 Web 服务的过程

(4)打开浏览器,如 IE,在地址栏输入如下地址:

http://localhost:8080/WebServiceExample/WebServiceExampleMath?WSDL

此时浏览器如图 2-16 所示。

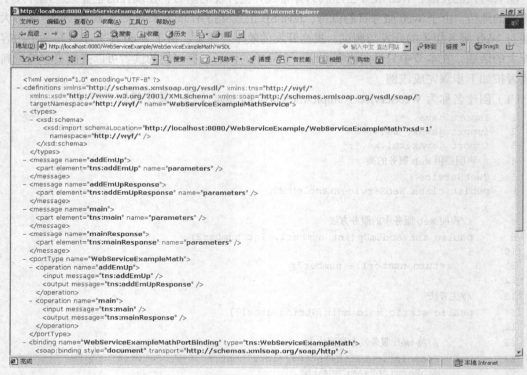

图 2-16 浏览器窗口

从图中可以看出,Web 服务工作正常,浏览器窗口显示出正确的 WSDL 文件内容。

5. 常用的系统注解

除了前面章节介绍的 Target 与 Retention 注解外,系统中还提供了一些指导编译器工作的注解,如下所列。

❑ Override 注解

Override 注解的使用目标为 METHOD，使用时效为 SOURCE，没有属性，为标注性注解。对方法使用 Override 注解的目的是通知编译器此方法为重写的方法，如果不是重写的方法则编译报错。下面的例子说明了这个问题，代码如下。

```
1   class MySon
2   {
3       @Override
4       public int hashCode()
5       {
6           return 12;
7       }
8       @Override
9       public boolean equals(MySon ms)
10      {
11          return false;
12      }
13  }
```

上述代码中声明了 MySon 类，并希望同时重写 hashCode 与 equals 方法，为了避免错误，对两个认为是重写的方法采用了 Override 注解。hashCode 满足重写规则，构成重写，而 equals 方法不满足重写规则，不构成重写。由于 equals 方法没有满足重写规则，不构成重写，系统报"方法不会覆盖或实现超类型的方法"编译错误。将第 3 行、第 8 行的注解去掉，修改后由于没有使用 Override 标注注解，编译通过，但实际上违背了 hashCode 与 equals 方法的重写规则，程序有可能在未来工作不正常。从本例中读者可以体会到，恰当使用 Override 标注注解可以很容易地避免程序的语意错误，给开发提供了很大的方便。

❑ Deprecated 注解

Deprecated 注解的使用目标没有限制，可以应用于类、方法、成员变量等各种目标。对目标使用 Deprecated 注解的目的是告诉系统此目标已经过时，不建议使用。下面的例子说明了这个问题，代码如下。

```
1   //定义使用注解的类
2   class MyClass
3   {
4       //声明使用了Deprecated注解的方法
5       @Deprecated
6       public void sayHello()
7       {
8           System.out.println("您好！");
9       }
10
11  }
12  //主类
13  public class Sample
14  {
15      public static void main(String args[])
16      {
17          //调用Deprecated的方法
18          new MyClass().sayHello();
19      }
20  }
```

第 3-11 行定义了 MyClass 类，其中对 sayHello 方法使用了 Deprecated 注解，标明此方法已经过时，不建议使用。主方法中调用了被标注为 Deprecated（过时）的方法 sayHello。系统报"使用或覆盖了已过时的 API"编译警告，提示开发人员使用了过时的 API。

❑ SuppressWarnings 注解

SuppressWarnings 注解可以用来指定编译系统关闭某些警告信息，具体语法如下：

@SuppressWarnings (value={<要关闭的警告类型名称列表>})

下面给出了一个具体使用 SuppressWarnings 注解的例子，代码如下。

@SuppressWarnings(value={"unchecked","deprecation"})

上述注解关闭了 unchecked 与 deprecation 警告，其中 deprecation 表示使用过时 API 的警告。由于关闭了 deprecation 警告，编译时系统没有报告任何警告信息。

小　　结

本章首先介绍了 Java 中 8 种基本数据类型及其之间的转换；然后分别介绍了 Java 语言中的变量、运算符、表达式和控制结构；另外，还介绍了数组和字符串两种常用的引用类型；最后，介绍了 Java 中标识符的命名规则和源代码注释的基本用法。在后续章节中，通过结合具体的操作，读者对这些 Java 语言的基础会有更深的了解，并能熟练应用。

习　　题

1. Java 的基本数据类型包含_____、_____、_____、_____、_____、_____、_____ 和 _____。
2. 变量主要用来_____，是用标识符命名的数据项，是程序运行过程中可以改变值的量。
3. 下面哪些表示符是正确的？_____。
   A. MyWorld　　　B. parseXML　　　C. -value　　　D. &maybe
4. 写出表达式 b!=3&&5/a>a+b 的结果，设 a=3，b=4。_____。
   A. true　　　B. false　　　C. 1　　　D. 2
5. 程序的控制结构分为哪几种，分别表示什么含义？
6. 编写 Java 语言程序，给定文件地址 C://myFile/a/b/c/d/a.text，试通过字符串操作获得文件名。

上机指导

本章是 Java 的基础章节。学习了 Java 中的基本数据类型、变量和表达式以及程序控制结构，并在最后介绍了 Java 中常用的引用数据类型字符串和数组。在了解这几个概念的基础上，下面通过上机指导对这些知识点进行巩固。

实验一　基本数据类型的定义及转换

实验内容

编写简单的程序实现数据转换。假设 b 的初始值为 4，c 为 k，将这两个数据转换为其他数据类型。

实验目的

巩固知识点——基本数据类型。

实现思路

Java 属于强类型语言，每一个变量声明时必须指定一种类型。Java 中共有 8 种基本数据类型：4 种整型、2 种浮点型、表示字符单元的 char 型以及表示布尔值的 boolean 型。通过本实验掌握基本数据类型的使用和转换。

在 2.1 节内容的基础上，定义基本数据类型，包括整型、浮点和字符型，对定义的数据类型进行数据类型转换。最后通过转换前后数据的比较，掌握自动转换和强制类型转换，最终实验结果示例如图 2-17 所示。

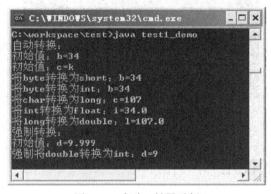

图 2-17　实验一结果示例

实验二　使用程序控制结构

实验内容

利用循环结构编写程序，循环 10 次，每次输出"这是第 i 次循环"，其中 i 为当前打印语句位于的循环的次数。

实验目的

巩固知识点——循环控制结构。

实现思路

根据 2.5 节介绍的内容完成结构的定义和对程序流程的控制，最后给出程序流程的变化过程，实验结果如图 2-18 所示。

图 2-18　实验二结果示例

实验三 String 的使用

实验内容
通过调用 compareto()方法，进行字符串的比较，最后给出比较的结果。

实验目的
巩固知识点——String 数据类型。String 数据类型类是 Java 中一个常用的数据类型。该数据类型还提供了许多实用的方法，包括串比较、求串长等。通过本实验掌握字符串的定义和常用方法的使用。

实现思路
在 2.6 节内容的基础上，定义不同的字符串，实验结果如图 2-19 所示。当然读者也可以调用其他 String 方法，能给出详细的输出结果即可。

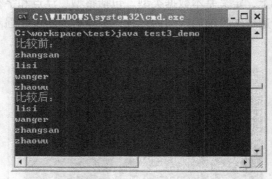

图 2-19 实验三结果示例

实验四 数组的使用

实验内容
对 23、6、3、15、13、9、7、18、4、24、8、54、1 进行排序，并输出排序结果。

实验目的
巩固知识点——数组的定义和使用。数组是 Java 中一种常用数据结构，其功能是用来存储同一类型的值。通过本实验掌握数组的定义、初始化以及常用方法的使用。

实现思路
在 2.7 节内容的基础上，定义一个数组并完成初始化，通过调用数组的排序方法实现对数组元素的排序。最后将排序前后的数组元素输出，并进行比较，实验结果如图 2-20 所示。实验中对数组进行了全部排序和部分排序，请读者注意区别不同的方法。

图 2-20 实验四结果示例

第 3 章
类与对象

从本章开始,将深入讲解面向对象的思想和如何利用 Java 语言进行面向对象编程。类和对象是 Java 面向对象编程中非常重要的概念。本章首先讲述面向对象的基础知识,而后讲解 Java 类和对象的创建和使用,以及如何使用方法、包、访问控制等特性。

3.1 面向对象程序设计概述

面向对象程序设计(Object Oriented Programming,OOP)是当今主流的程序设计方式,取代了 20 世纪 70 年代的"过程化"程序设计。Java 是纯面向对象的语言,用其进行面向对象的软件开发是非常方便、高效的。本节将在第 1 章的基础上,对面向对象的基础知识进行简单的介绍,主要包括面向对象程序设计的相关术语、面向过程与面向对象程序设计思想的对比、面向对象技术的优点等 3 方面的内容。

3.1.1 面向对象术语

OOP 是与具体的语言无关的,无论在 C++还是在 Java 中,OOP 的思想是通用的。OOP 利用特殊约定的词汇描述相关特性,尽管这些词汇与生活习惯相近,但是为避免歧义,在学习 OOP 前,仍需要了解 OOP 相关术语。这里只对其中最为重要的进行简要的介绍,包括:类、对象、接口、封装、继承。

1. 对象

前面的章节中曾详细地讲述了对象的概念。这里以现实世界中的一个对象为例,如一只猫,可以说猫具有许多属性(或状态),如猫名、猫龄和颜色;猫还具有各种行为,如睡觉、吃食和发出叫声。在 OOP 的世界里,对象也具有许多属性和行为。使用面向对象的技术,就可以一只猫建立一个模型。

2. 类

类是 OOP 中最重要的术语。通常情况下,类被称为模板或者蓝本。对象就是由这些模板或者蓝本产生的。属于某个类的特性和行为总称为该类的成员。这里仍以上面提到的猫为例,猫的特性,包括猫名、猫龄和颜色称为类的属性,用变量表示;而猫的行为如玩、睡觉称为类的方法,用函数表示。

3. 继承

OOP 的主要优点之一是使用继承实现类之间的共享数据和方法的机制。在我们日常生活中,儿子总会继承父亲的一些特性；所有种类的汽车都需要实现汽车的基本功能；所有种类的电脑都需要实现电脑的基本功能，诸如此类的例子很多。而这些现象，都可以使用继承来实现。新建的类称为子类，该类需要继承的类称为超类或者父类。

子类可以继承类的所有属性和方法。子类通常会定义其他方法和属性或重写超类中定义的方法或属性。子类还可以重写（为其提供自己的定义）在超类中定义的方法。

利用继承，不必重新创建两个类共有的所有代码，而只需对现有类加以扩展即可。例如，可以构建一个名为 Animal 的超类，其中包含所有动物的共有特性和行为。可以创建一个继承 Animal 类的 Cat 类，不必为 Cat 类再次重复编写关于动物共有特性和行为的代码。

4．接口

接口可以描述为类定义的模板，实现接口的类实现该模板。在猫的示例中，接口类似于猫的蓝图：通过蓝图可了解需要的部分，但并不一定提供关于这些部分的组装方法或工作原理的信息。

可将接口看作是用于将两个若没有接口便没有任何关系的类关联起来的"编程约定"。例如，多个程序员一起工作，每个程序员开发同一个应用程序的不同部分（类）。设计应用程序时，约定不同的类使用一组方法进行通信。因此，创建一个接口用以声明这些方法、方法的参数及其返回类型。任何实现此接口的类都必须提供这些方法的定义，否则将出现编译错误。

5．封装

封装是 OOP 中另一个非常重要的概念，也称为数据隐藏。在完美的面向对象的设计中，对象被看作包含或封装功能的"黑匣子"。程序员应当能够在仅知道对象的属性、方法和事件的情况下与对象进行交互，而不需知道其实现的详细信息。此方法使程序员可以在更高的抽象层次上思考，并能提供可用于构建复杂系统的组织框架。

同时利用封装可以进行成员访问控制。成员的详细信息对于对象外的代码是私有的和不可见的。对象外代码只能与对象的编程接口交互，而不是与实现详细信息交互。只要编程接口不变，对象的创建者就可以在不对对象外代码做任何更改的情况下，更改对象的具体实现。

3.1.2　面向对象程序设计方法的优点

利用面向对象的思想求解问题，使人们的编程与实际的世界更加接近，所有的对象被赋予属性和方法，使编程更加富有人性化。同时利用 OOP 求解问题，具有更好的重用性、可扩展性、更易管理和维护。

1．可重用性

软件由各个模块组成，可重用性就是该软件的模块可以被重复利用，不仅用于该项目，还可用于其他项目。对于代码级，可重用性指类或者方法的重复使用，避免对于同一功能多次实现产生多余代码。可重用性是 OOP 的一个核心思想。OOP 中的抽象、继承、封装等都可服务于可重用性。

利用可重用性构建程序，优点是显而易见，不仅减少工作量，提高工作效率；利用已有的模块进行开发，更能够提高程序质量。

2．可扩展性

可扩展性即软件或者程序能够很方便地进行修改和扩充。对于软件产品来说，修改和扩充是必不可少的，一是不断地修订保证程序的稳定；二是可以不断满足用户新的需求。由于继承、封装、多态等特性，面向对象方法可以设计出高内聚、低耦合的系统结构，使得系统更灵活，更容易扩展，而且成本较低。

3. 易于管理和维护

面向过程的开发方法，都是以函数为基本单元。所以当开发项目不断扩大时，这样的函数单元将变得不计其数，显示这样是不利于管理和维护的。而使用 OOP 后，以类作为开发的基本模块，由于继承的存在，即使改变需求，那么维护也只是在局部模块，所以维护起来是非常方便的，成本也较低。

3.2 面向对象与 UML 建模

上一节已经详细讲述了对象以及面向对象编程的基本概念。面向对象是人们思考现实世界的一种自然方法，也是编写计算机程序的一种自然方法，在软件的分析和设计过程中，面向对象的思想也是无处不在的。所以在构建软件的过程中，系统建模是非常关键的步骤，所以 OOP 也与建模紧密地结合在一起。本节主要介绍软件工程中建模的重要性，UML 以及使用 UML 表达面向对象。

3.2.1 为什么需要建模

建模是一项经过检验并被广为接受的工程技术。建立房屋和大厦的建筑模型，能帮助用户得到实际建筑物的印象，甚至可以建立数学模型来分析大风或地震对建筑物造成的影响。

如果真正想建造一个相当于房子或大厦类的具有整体性的软件系统，问题不仅仅是编写许多软件的问题，关键是要编出正确的软件，并考虑如何少写代码，减少软件的开消。所以要生产合格的软件就要有一套关于体系结构、过程和工具的规范。如果对体系结构、过程或工具的规范没有作任何考虑，犹如在没有任何根基的地上盖大楼，总有一天大楼会由于其自身的重量而倒塌。不成功的大楼将对大厦的租户造成严重的影响，同样，不成功的软件也会对用户和企业造成十分严重的影响。

那么，模型是什么？简单地说，模型是对现实的简化。模型提供了系统的蓝图。模型既可以包括详细的计划，也可以包括从高层次考虑系统的总体计划。一个好的模型包括那些有广泛影响的主要元素，而忽略那些与给定的抽象水平不相关的次要元素。每个系统都可以从不同的方面用不同的模型来描述，因而每个模型都是一个在语义上闭合的系统抽象。模型可以是结构性的，强调系统的组织。它也可以是行为性的，强调系统的动态方面。

为什么要建模？一个基本理由是：建模是为了能够更好地理解正在开发的系统。通过建模，要达到 4 个目的。

（1）模型有助于按照实际情况或按照所需要的样式使系统可视化。

（2）模型能够规约系统的结构或行为。

（3）模型给出了指导系统构造的模板。

（4）模型使做出的决策文档化。

建模并不只是针对大的系统。甚至像狗窝那样的软件也能从建模中受益。然而，可以明确地讲，系统越大、越复杂，建模的重要性就越大，一个很简单的原因是：因为不能完整地理解一个复杂的系统，所以要对它建模。

3.2.2 UML 建模语言

UML 就是统一建模语言（Unified Modeling Language），是由 OMG 组织（Object Management Group,

对象管理组织）在 1997 年发布的。UML 的目标之一就是为开发团队提供标准通用的设计语言来开发和构建计算机应用。UML 提出了一套 IT 专业人员期待多年的统一的标准建模符号。通过使用 UML，这些人员能够阅读和交流系统架构和设计规划——就像建筑工人多年来所使用的建筑设计图一样。

UML 经过不断的改进，并最终统一为大众所接受的标准建模语言，是目前使用最广泛的对面向对象系统进行建模的图形化表示方案。

UML 最吸引人的地方在于它的灵活性。UML 建模人员可能使用各种各样的过程建模系统，但所有的开发人员都可以使用一套标准的图形标记表达那些系统。

UML 的重要内容可以用图来表示，常用的 UML 图包括：用例图、类图、序列图、状态图、活动图、组件图和部署图，图 3-1 是一个简单的用例图。

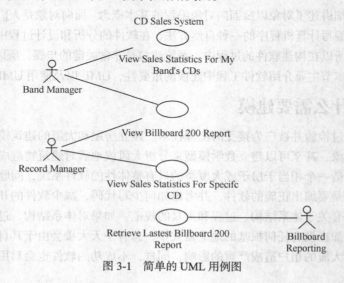

图 3-1 简单的 UML 用例图

椭圆表示用例，人形表示角色。可以很容易看出该系统所提供的功能。这个系统允许乐队经理查看乐队 CD 的销售统计报告以及 Billboard 200 排行榜报告。它也允许唱片经理查看特定 CD 的销售统计报告和这些 CD 在 Billboard 200 排行榜的报告。这个图还告诉我们，系统将通过一个名为"排行榜报告服务"的外部系统提供 Billboard 排行榜报告。

3.2.3 UML 的面向对象分析设计

为了创建最好的解决方案，必须遵循从项目需求分析到开发这样一个过程，如果按照面向对象的观点，则称其为面向对象的分析和设计（object-oriented analysis and design，OOAD）。运用 UML 进行面向对象的系统分析设计，其过程通常由以下 3 个部分组成。

1. 识别系统的用例和角色

首先对项目进行需求调研，依据项目的业务流程图和数据流程图以及项目中涉及的各级操作人员，通过分析，识别出系统中的所有用例和角色；接着分析系统中各角色和用例间的联系，再使用 UML 建模工具画出系统的用例图，同时，勾划系统的概念层模型，借助 UML 建模工具描述概念层类图和活动图。

2. 进行系统分析，并抽取类

系统分析的任务是找出系统的所有需求并加以描述，同时建立特定域模型。建立域模型有助于开发人员考察用例，从中抽取出类，并描述类之间的关系。

3. 系统设计，并设计类及其行为

设计阶段由结构设计和详细设计组成。结构设计是高层设计，其任务是定义包（子系统），包括包间的依赖关系和主要通信机制。包有利于描述系统的逻辑组成部分以及各部分之间的依赖关系。详细设计就是要细化包的内容，清晰描述所有的类，同时使用 UML 的动态模型描述在特定环境下这些类的实例的行为。

UML 是一种功能强大的、面向对象的可视化系统分析建模语言，它采用一整套成熟的建模技术，广泛地适用于各个应用领域。它的各个模型可以帮助开发人员更好地理解业务流程，建立更可靠、更完善的系统模型，从而使用户和开发人员对问题的描述达到相同的理解，以减少理解的差异，保障分析的正确性。

3.3 Java 语言与面向对象特性

在介绍完 OOP 后，本节将简要介绍面向对象思想在 Java 中的具体体现，在后续的章节中将详细介绍如何利用 Java 进行面向对象编程。

Java 是完全面向对象的语言。对象是 Java 程序中最核心、最基础的部分。在 Java 中，对象被映射为类（Class）。类是 Java 程序中最基本的单元。对象的任何行为都可以通过 Java 类中的方法实现，而对象的属性则可以通过 Java 类中的属性来实现。

1. Java 中的类

在 Java 中，类的所有信息都被存放到一个单独的文件中（后缀名为.class）。在定义 Java 类的方法的同时需要实现该方法，而 C++中方法的声明与实现是分开的。这样做的优点是在程序实现的时候，不会因为文件的不同步而导致程序失败，或者获取到一个没有实现的声明。类的声明可以被 Java 解释器使用，甚至可以从一个编译过的单元中获取。所以与 C、C++语言相比，Java 不再需要头文件，只需要编译过的文件。

2. Java 中的封装

Java 中实现了"封装"的特性。对象的所有特性都装在一个类中。这样，该对象只对外表现出一个类名，外部并不知道对象内部是如何实现的。而对于对象的行为所对应的方法，用户只要知道其所需要的参数即可使用，而不必关心方法内的实现细节。

3. Java 中的继承

在 Java 中，同样实现了面向对象中"继承"这一重要的概念。但是在 Java 中，不允许定义多继承。即一个子类，只能有一个父类，不能有多个。但 Java 中一个类可以实现多个接口。

4. Java 中的多态

"多态"是面向对象程序设计灵活性的集中体现。在 Java 中，多态也得到了充分的体现。无论是在操作符，还是方法中，以及子类继承父类时，都可以使用多态。通过 Java 实现的多态更接近于我们日常生活中的思考模式。

5. Java 中的垃圾回收机制

在 Java 中，对象通常是动态产生的，而对象需要内存来保存，所以对象对内存的占用会直接影响程序的效率。为了解决这一问题，Java 定义了垃圾回收机制。在垃圾回收过程中，运行时环境实时监测不被使用的内存。当一块内存不再使用的时候，系统自动回收。

除实现面向对象的思想外，Java 还预定义了很多实用的类，如网络、图形等常用功能的类，从而帮助用户更快地编写出程序。

3.4 类的定义和对象的创建

在初步了解面向对象思想的基础上，从本节开始，将逐步介绍如何利用 Java 进行面向对象编程。类是 Java 中基本的编程单元，本节介绍如何定义类，如何利用类创建对象。

3.4.1 类的基本结构

如果一切都是对象，那么是什么决定某一类对象的外观与行为呢？答案是"类"。类是构造对象的模板或蓝图。就像建筑物与设计图纸，通过一份设计图纸，可以造出建筑物，而 Java 开发人员在编写代码时，实际上是在编写类代码，对象只有程序运行时才存在。

当用户创建一个 Java 程序时，可以通过类声明来定义类，然后使用类来创建用户需要的对象。类声明是用来创建对象模板的抽象规格说明。在前面的一些章节中，已经编写过一些简单的类，只是那些类一般只有 main 方法。

从本节开始，将学习如何设计应用程序所需的类。通常，这些类里没有 main 方法，只有一些属性与方法。一个完整的程序，应该由若干个类组成，其中一般只有一个类有 main 方法。

在 Java 中，最简单的类定义语法如下所示。

```
class 类名
{
  //类中的代码
}
```

第一行称为类的声明。两个花括号之间的部分称为类体，类体中可以包含方法或成员变量。例如下面代码定义了一个简单的类 Student。

```
class Student {……}
```

在具体的编程中，一个完整的类还包含构造函数、成员变量、方法等，将在后面逐一介绍。

3.4.2 类之间的关系

在面向对象思想中，类之间存在以下几种常见的关系。
- "USES-A" 关系
- "HAS-A" 关系
- "IS-A" 关系

1. "USES-A" 关系

"USES-A" 关系是一种最明显、最常见的关系，若类 A 的方法操纵了类 B（对象）的成员，则称之为类 A "USES-A"（用到了）类 B。例如，汽车启动前检查汽油是否足够，例 3-1 说明了这个问题。

【例 3-1】 "USES-A" 关系示例。

```
1    package chapter03.sample3_1;
2    /*******************************************************************
3    第 7~17 行为一个轿车类，具有一个启动方法 "startIsEnough()"，每次启动的时候都将首先调用
4    此方法检查一下汽油储备量是否充足。如果充足则可以启动，将打印"汽油的储备量充足，
```

5　　　汽车可以启动！！！", 否则打印"汽车不可以启动！！！"。
6　　**
7　　public class Car {
8　　 private int cubage = 100;
9　　 Public void startIsEnough() {
10　　 // 大于 80 为充足，反之不充足
11　　 if (cubage > 80) {
12　　 System.out.println("汽油的储备量充足，汽车可以启动！！！");
13　　 } else {
14　　 System.out.println("汽车不可以启动！！！");
15　　 }
16　　 }
17　　}
18　　/***
19　　第 21～26 行为主类，在主方法中创建轿车对象，然后调用轿车的启动方法
20　　**
21　　public class Sample3_1 {
22　　 public static void main(String args[]) {
23　　 Car c = new Car();
24　　 c.startIsEnough();
25　　 }
26　　}

编译如上代码，运行结果如图 3-2 所示。

图 3-2　例 3-1 运行结果

在例 3-1 中，main 方法中实例化 Car 类后，调用 startIsEnough()方法，形成"IS-A"关系。因为汽油的储备量为 100，满足储备量充足规则，可以启动，所以运行结果中打印了"汽油的储备量充足，汽车可以启动！！！"。

2. "HAS-A"关系

"HAS-A"关系是一种拥有关系，若类 A 中有 B 类型的成员引用变量，则类 A "HAS-A"（拥有）类 B。例如，轿车拥有轮胎，例 3-2 说明了这个问题。

【例 3-2】　"HAS-A"关系示例。
1　　package chapter03.sample3_2;
2　　/***
3　　第 6～12 行为轿车类，拥有私有成员轮胎，并且为轮胎设置了访问方法。这样轿车类便可以使用
4　　轮胎的任何可见成员。
5　　**/
6　　public class Car {
7　　 private Tyre t = new Tyre();
8　　 public Tyre getTyreInfo()   // 访问器方法
9　　 {
10　　 return t
11　　 }
12　　}
13　　/***

```
14      第17～27行为轮胎类，拥有私有成员变量material与color，分别记录轮胎的材料与颜色，
15      并且分别为其设置了访问方法。
16      ****************************************************************/
17      public class Tyre {
18          private String material = "橡胶";
19          private String color = "黑色";
20          public String getMaterial()
21          {
22          return material;
23          }
24          public String getColor()  {
25          return color;
26          }
27      }
28      /****************************************************************
29      第32～40行为主类，在主方法中创建了轿车对象，然后访问轿车轮胎的材料与颜色属性，并分别
30      将它们打印出来。
31      ****************************************************************/
32      public class Sample3_2 {
33          public static void main(String[] args) {
34              // 创建对象
35              Car c = new Car();
36              // 访问成员
37              System.out.println("轮胎的颜色为：" + c.getTyreInfo().getColor());
38              System.out.println("轮胎的材料为：" + c.getTyreInfo().getMaterial());
39          }
40      }
```

编译运行如上代码，结果如图3-3所示。

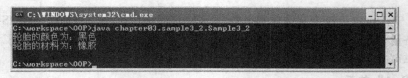

图3-3 例3-2编译运行结果

通过上述代码可以看出"HAS-A"关系的具体含义，由于汽车对象拥有了轮胎对象，所以汽车对象也就拥有了轮胎对象中的一切可见信息。

3. "IS-A"关系

在面向对象中"IS-A"的概念是基于继承的，旨在表达一个类是另一个类的子类。也就是说，若类A是类B子类的一种，则可以说类A"IS-A"（是一种）类B。例如，"苹果"是"水果"的一种，则它们之间的关系为"苹果"IS-A（是一种）"水果"。在后面章节中将结合继承性对"IS-A"关系进行详细的介绍。

在实际开发中需要同时用到上面介绍的几种关系，要抓住现实世界中事物之间的实际关系来进行抽象，然后在Java世界中建立模型。如果搞错了关系的类型，有可能影响系统的开发或维护。

3.4.3 构造函数

在创建对象时，对象的成员可以由构造函数方法进行初始化。构造函数是一种特殊的方法，

它具有和它所在的类完全一样的名字。一旦定义好一个构造函数,创建对象时就会自动调用它。构造函数没有返回类型,这是因为一个类的构造函数的返回值的类型就是这个类本身。构造函数的任务是初始化一个对象的内部状态,所以用 new 操作符创建一个实例后,立刻就会得到一个可用的对象。在例 3-3 中,利用构造函数初始化汽车的各项参数。

【例 3-3】 构造函数示例。

```
1   package chapter03.sample3_3;
2   public class Car {
3       private String color;
4       private String brand;
5   /************************************************************
6    第 8~11 行为构造函数,构造函数名与类名相同。在该构造函数中,初始化汽车的颜色和品牌。
7   ************************************************************/
8       public Car(){
9           this.color="黑色";
10          this. brand ="奥迪";
11      }
12      public String getColor(){
13          return this.color;
14      }
15      public String getBrand(){
16          return this. brand;
17      }
18  }
19  /************************************************************
20   第 22~28 行为主类,在主方法中创建了轿车对象,然后访问轿车的颜色和品牌属性,而后打印出来。
21  ************************************************************/
22  public class Sample3_3 {
23      public static void main(String[] args) {
24          Car c = new Car();
25          System.out.println("汽车颜色为" + c.getColor());
26          System.out.println("汽车牌子为" + c.getBrand());
27      }
28  }
```

编译运行代码,结果如图 3-4 所示。

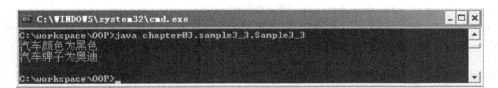

图 3-4 例 3-3 运行结果

在上面的例子中,在 Sample3-3 的 main 方法实例化 Car 类时,调用 Car 类的构造函数初始化类变量。在 Car 类中,构造函数是不包含任何参数的。有时也需要为构造函数定义参数,方便赋值。下面的例子重新修改了例 3-3,同时定义了 2 个构造函数,分别为带参数和不带参数,如例 3-4 所示。

【例 3-4】 带参数构造函数示例。

```
1   package chapter03.sample3_4;
2   /************************************************************
```

```
3       第 6~25 行为汽车类，在该类中包含 2 个构造函数，一个无参数，直接为变量赋值，另一个携带 2 个参数，
4       构造函数利用传入的参数为变量赋值。
5       *************************************************************************/
6       public class Car {
7           private String color;
8           private String brand;
9           //无参数构造函数
10          public Car(){
11              this.color="黑色";
12              this.brand="奥迪";
13          }
14          //有参数构造函数
15          public Car(String co,String br){
16              this.color = co;
17              this.brand = br;
18          }
19          public String getColor(){
20              return this.color;
21          }
22          public String getBrand(){
23              return this.brand;
24          }
25      }
26      /*************************************************************************
27      第 30~41 行为主类，在主方法中创建了轿车对象，实例化汽车对象时，分为带参数和不带参数。
28      然后访问轿车的颜色和品牌属性，而后打印出来。
29      *************************************************************************/
30      public class Sample3_4 {
31          public static void main(String[] args) {
32              System.out.println("**************无参数构造函数*****************");
33              Car c = new Car();
34              System.out.println("汽车颜色为" + c.getColor());
35              System.out.println("汽车牌子为" + c.getBrand());
36              System.out.println("**************有参数构造函数*****************");
37              Car c1 = new Car("红色", "福克斯");
38              System.out.println("汽车颜色为" + c1.getColor());
39              System.out.println("汽车牌子为" + c1.getBrand());
40          }
41      }
```

编译运行代码，结果如图 3-5 所示。

图 3-5 例 3-4 运行结果

在上面例子的 Car 类中，包含 2 个构造函数，有时一个类中可能有多个构造函数，每个构造

函数的参数类型均不相同。多个构造函数可看做方法的重载,只能根据参数的类型匹配合适的构造函数。但构造方法与普通的方法不同,是一种特殊的方法,具有以下特点。
- 构造方法的方法名必须与类名相同。
- 构造方法没有返回类型,也不能定义为 void,在方法名前面不声明方法类型。
- 构造方法的主要作用是完成对象的初始化工作,它能够把定义对象时的参数传给对象的域。
- 构造方法不能由编程人员调用,而要系统调用。
- 一个类可以定义多个构造方法,如果在定义类时没有定义构造方法,则编译系统会自动插入一个无参数的默认构造器,这个构造器不执行任何代码。
- 构造方法可以重载,以参数的个数、类型或排列顺序区分。

3.4.4 类成员

定义了类之后,就可以在类体中声明两种类的成员,成员变量与成员方法。本节介绍与成员变量开发相关的一些知识,主要包括成员变量的开发与使用、成员变量的初始值以及对象引用变量的比较等内容。

1. 成员变量的使用

成员变量就是类的属性,类定义中的属性指定了一个对象区别于其他对象的值。例如,学生类的定义中包括年龄、姓名和班级这些属性,每个对象的这些属性都有自己的值。所有由类定义建立的对象都共享类的方法,但是,它们都拥有各自属性变量的副本。

成员变量有时也可以称为实例变量,其定义写在类体中,例 3-5 为 Student 类添加了成员变量。

【例 3-5】 成员变量示例。

```
1   package chapter03.sample3_5;
2   /************************************************************************
3   在 Student 类中,声明了 3 个成员变量表示学生的姓名、年龄、班级
4   ************************************************************************/
5   public class Student {
6       //年龄
7       public int stuAge;
8       //姓名
9       public String stuName;
10      //班级
11      public String stuClass;
12  }
13  /************************************************************************
14  第 16~35 行为主类,创建 2 个学生对象,并对学生对象中的变量赋值,然后打印出来
15  ************************************************************************/
16  public class Sample3_5 {
17      public static void main(String args[]) {
18          // 声明对象引用 Student
19          Student s1 = new Student();
20          Student s2 = new Student();
21          // 为 s1 对象属性赋值
22          s1.stuAge = 21;
23          s1.stuName = "张三";
24          s1.stuClass = "200801";
25          // 为 s2 对象属性赋值
```

```
26              s2.stuAge = 23;
27              s2.stuName = "李四";
28              s2.stuClass = "200802";
29              //打印对象信息
30              System.out.println("学生名称=" + s1.stuName + ", 年龄=" + s1.stuAge + ",
31                    班级="+ s1.stuClass);
32              System.out.println("学生名称=" + s2.stuName + ", 年龄=" + s2.stuAge + ",
33                    班级="+ s2.stuClass);
34         }
35    }
```

编译并运行上述代码，结果如图 3-6 所示。

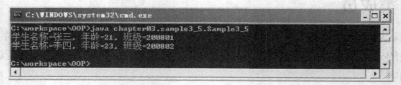

图 3-6 例 3-5 运行结果

从图 3-6 中可以看出，两个对象成员变量有其各自的值，互不影响。

在上面的例子中，new 操作创建对象后将返回其引用值，一般在 new 操作完成后都将其返回的对象引用值赋给一个引用，也就是让引用指向创建的对象。如果只是用 new 操作创建了对象但不让某个引用指向该对象，则对象自创建后就不能对其进行访问了。因为在 Java 中，访问对象只能通过指向对象的引用来实现。

2. 成员变量的初始值

每当创建一个对象后，如果对象有成员变量，则系统会自动为其分配一个初始值，表 3-1 给出了基本数据类型和对象引用类型成员变量的初始值。

表 3-1   基本数据和对象引用类型的默认值

变量类型	默 认 值
boolean	False
char	'\u0000'
byte	0
short	0
int	0
long	0L
float	0.0F
double	0.0D
对象引用型	null

例 3-6 说明了各种基本数据类型成员变量的初始值。

【例 3-6】 成员变量初始值示例。

```
1     package chapter03.sample3_6;
2     public class Sample3_6 {
3          public boolean booleanMember;
4          public byte byteMember;
5          public short shortMember;
```

```
6       public char charMember;
7       public int intMember;
8       public long longMember;
9       public float floatMember;
10      public double doubleMember;
11      public static void main(String args[]) {
12          // 声明对象引用并创建对象
13          Sample3_6 ref = new Sample3_6();
14          // 打印对象信息,即不同数据类型的初始值
15          System.out.println("booleanMember=" + ref.booleanMember
16                  + ", byteMember=" + ref.byteMember + ", shortMember="
17                  + ref.shortMember + ", charMember=" + ref.charMember);
18          System.out.println("intMember=" + ref.intMember + ", longMember="
19                  + ref.longMember + ", floatMember=" + ref.floatMember
20                  + ", doubleMember=" + ref.doubleMember);
21      }
22  }
```

编译并运行代码,结果如图 3-7 所示。

图 3-7 例 3-6 编译运行结果

从图 3-7 中可以看到,虽然没有在代码中给成员变量赋初始值,但系统为其各自分配了初始值。但是,虽然系统会自动分配初始值,在实际的编写过程中,应尽量编写代码初始化所有的变量,这样做可以提高代码的可读性。

对于对象引用型成员变量,系统也会自动为其分配初始值,例 3-7 说明了引用型变量的初始值。

【例 3-7】 引用型成员变量初始值示例。

```
1   package chapter03.sample3_7;
2   public class Sample3_7 {
3       //声明引用类型的成员变量
4       String s;
5       public static void main(String args[]) {
6           // 声明对象引用并创建对象
7           Sample3_7 ref = new Sample3_7();
8           // 打印对象信息
9           System.out.println("stringMember=" + ref.s);
10      }
11  }
```

编译运行代码,结果如图 3-8 所示。

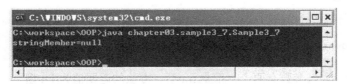

图 3-8 例 3-7 运行结果

从图 3-8 中可以看出，对象引用型成员变量，其初始值为"null"，表示此引用没有指向任何对象。这里需要注意的是，字符串（String）类型的空引用（null），与空字符串不同，空引用表示没有指向任何对象，而空字符串是内容为空的字符串对象。

3.4.5 对象的创建

有了类就可以利用其来创建对象了，在 Java 中创建对象很简单，只要使用 new 关键字即可。如下代码创建了 Student 类的对象。

```
Student s = new Student();
```

由类创建对象的过程称为实例化，每个对象是类的一个实例，图 3-9 说明了类与对象的不同之处。

学生类是对什么是学生做定义，而王强、李勇和马跃是对象，是学生类的实例。

创建对象与声明基本数据类型的变量类似。首先说明新创建的对象所属的类名，然后为对象的名称，在上面的例子中，Student 为对象所属类，s 为对象的名称。通过 new 为新对象创建内存控件。与变量相比，对象的内存控件要大很多，因为对象是以类为模板创建的具体实例，具有属性和方法。例如 s 对象具有班级姓名等属性，以及上课、下课等方法。如果要调用该对象则需使用点运算符"."连接需要的属性或者方法，例如 s.name = "李四"。

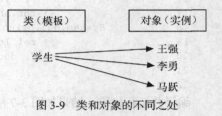

图 3-9 类和对象的不同之处

3.5 方　　法

在 Java 中，对对象的操作由方法来完成。要使一个对象完成某些工作，就要调用其相应的方法。方法实际上描述的是一个行为，一种功能，决定了一个对象能够接收什么样的消息，做出什么反应。本节介绍方法的定义以及方法的重载和递归。

3.5.1 方法的定义

方法的基本组成包括：方法的声明以及方法体，基本语法如下。

```
返回值类型 方法名(参数序列)
{
方法体
}
```

其中返回值类型是指调用方法后返回数据的类型，参数序列给出了方法接受信息的类型和名称，方法体则是该方法功能的实现。下面给的是一个方法的代码片段。该方法的功能是对输入参数求和，并将和返回。

```
1    int sub(int a,int b)
2    {
3        return a-b;
4    }
```

在 sub 方法中，入口参数有两个，都是 int 型，方法的返回值为 int 型。

下面对方法的各组成部分进行详细介绍。

1. 参数序列

参数序列指定要传递给方法什么样的信息，规则如下。

（1）参数可以是 Java 中的任何类型，包括基本数据类型、对象引用类型。

（2）每个参数必须包括类型与变量标识符，这样就可以在方法体中使用接收到的信息，例如参数为两个 int 型，名称分别为 a 和 b。若有多个参数，则用逗号将其分隔，如"int a,int b"。

方法的参数实际上也是一种局部变量，其作用域为整个方法体。关于局部变量的详细内容，请参照本章后面的内容。

2. 方法体

方法体是该方法具体业务代码的实现，完成一定的功能行为。这里主要介绍的是关键字"return"，该关键字包含 2 层意思。

（1）代表了已经完成方法功能，可以离开此方法返回。

（2）如果该方法产生一个值需要返回，则这个值需要放在 return 语句的后面。

3. 返回值类型

返回值类型指定了该方法返回结果的类型，可以是基本数据类型，也可以是对象引用类型。当然在没有返回值的方法中，也需要使用关键字"void"指明该方法无返回值。关于 return 语句后边的返回值和方法的返回值类型之间有如下 5 条规则。

（1）可以在具有对象引用返回类型的方法中返回 null，但当基本数据类型作为返回类型时，则不可以返回 null。

（2）对象也是完全合法的返回值类型，如数组。

（3）在具有基本数据返回类型的方法内，可以返回任何值，只要其能够自动转换为返回值类型。例如返回值类型为 double，返回整数 4 是可以的，但若返回值类型为 int，返回 12.43 则报错。

（4）一定不能在具有"void"返回类型的方法中返回任何内容。

（5）在具有对象引用返回类型的方法内，可以返回任何类型的对象引用，只要返回的引用与返回类型相同或可自动转换为返回类型即可。

Java 中的方法必须存在于类体当中，其只能通过引用进行调用。通过引用调用方法时，需要先列出引用名，紧接着是句点"."，然后是方法名和参数列表。假设上述代码添加到 Test 类中，便可以像下面这样调用方法。

```
1    //创建 Testt 对象并让引用 a 指向该对象
2    Test a=new Test ();
3    //调用 add 方法，并将字面常量 15, 13 传给此方法，并使用 int 型变量 ab 接收方法的返回值
4    int ab=a.sub(15,13);
```

3.5.2 方法的重载

方法重载是指在同一个类里面，有两个或两个以上具有相同名称，不同参数序列的方法。例如，三角型类可以定义多个名称为 area 的计算面积的方法，有的接收底和高做参数，有的接收 3 条边做参数。这样做的好处是，使开发人员不必为同一操作的不同变体而绞尽脑汁取新的名字，同时也是使类的使用者可以更容易地记住方法的名称。

1. 方法重载的规则

在同一个类里面有名称相同的方法构成重载。重载必须满足下列规则。

- 重载的方法参数列表各不相同。
- 重载方法的返回值类型、访问限制没有特别要求，可以相同也可以不同。

Java 中用方法的名称与参数序列作为方法的唯一标识。下面的代码列出了几个方法，其相互间构成重载。

```
1    public double changeSize(int size,String name,float pattern) { }
2    public void changeSize(int size,String name){ }
3    private int changeSize(int size,float pattern){ }
4    void changeSize(float pattern,String name){ }
```

2. 重载方法的匹配

当调用方法时，被调用方法所在的类或对象可能存在多个具有相同名称的方法。对于相同名称的方法，决定要调用哪个是由参数序列决定的。

当方法的参数均为基本类型时只需检查参数类型是否匹配即可。例如，有两个名称相同的方法，但参数列表一个是两个 int 型，一个是两个 double 型，那么用两个 int 型参数调用该名称方法的时候，会调用具有两个 int 型参数的方法，例 3-8 演示了调用的过程。

【例 3-8】 基本类型参数匹配示例。

```
1    package chapter03.sample3_8;
2    public class AddClass {
3        //接收两个 int 型参数执行加法
4        public int add(int i, int j) {
5            System.out.print("两个 int 参数的方法被调用, ");
6            return i + j;
7        }
8        // 接收两个 double 型参数执行加法
9        public double add(double i, double j) {
10           System.out.print("两个 double 参数的方法被调用, ");
11           return i + j;
12       }
13   }
14   public class Sample3_8 {
15       public static void main(String[] args) {
16           // 创建对象并调用方法
17           AddClass a = new AddClass();
18           // 使用参数 7、8 调用 add 方法
19           System.out.println("7+8=" + a.add(7, 8));
20           // 使用参数 5、30.8 调用 add 方法
21           System.out.println("5+3.8=" + a.add(5.,3.8));
22       }
23   }
```

编译运行代码，结果如图 3-10 所示。

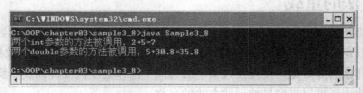

图 3-10　例 3-8 运行结果

从图 3-10 中可以看出，第一次调用的是两个 int 型参数的 add 方法；第二次调用时，参数为 5，3.8，一个是 int 型，一个是 double 型，系统中没有直接匹配的方法，但 int 型可以自动提升为 double 型，故调用的是两个 double 型参数的 add 方法。

将代码 4~7 行注释掉，重新编译执行，结果如图 3-11 所示。

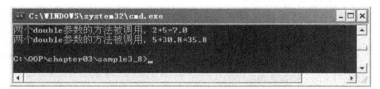

图 3-11 再次编译运行结果

从图 3-11 中可以看出，在没有了两个参数为 int 的 add 方法后，第一次调用系统将两个 int 型参数提升为 double 类型，调用了两个 double 型参数的 add 方法。可以总结出，在方法调用进行匹配的时候，首先选择直接匹配的方法，如果没有，则将参数进行提升转换后再匹配方法，总是匹配最接近的方法。对于基本类型而言，就是按照基本数据类型间的自动转换关系，将传递的参数进行自动转换，并寻找最匹配的一个方法。

这里需要注意，只能进行类型的提升，不能下降，也就是说如果用 double 参数调用，但只有 int 参数的方法，则编译器报错。

对于参数是对象引用的方法来说，一样是由参数类型决定调用哪个方法。与基本类型相同，如果给的参数没有完全匹配的，会尽可能寻找最兼容该参数的方法，例 3-9 演示了该过程。

【例 3-9】 引用型参数的匹配。

```
1   package chapter03.sample3_9;
2   //Fruit 为水果类
3   public class Fruit {
4   }
5   //苹果类 Apple 继承 Fruit 类
6   public class Apple extends Fruit{
7   }
8   //红富士是苹果的一种，继承苹果类
9   public class Hongfushi extends Apple{
10  }
11  /****************************************************************
12  在 EatApple 类中，定义了 2 个同名的方法 show，分别携带不同类型的参数
13  ****************************************************************/
14  public class EatApple {
15      //  该方法参数为 Fruit 型
16      public void show(Fruit f) {
17          System.out.println("调用的是具有 Fruit 参数的方法！！！");
18      }
19      //该方法参数为 Apple 型
20      public void show(Apple a) {
21          System.out.println("调用的是具有 Apple 参数的方法！！！");
22      }
23  }
24  /****************************************************************
25  第 29~49 行为主类。在主类中，创建的 EatApple 对象后，定义了 Fruilt、Apple、Hongfushi 的引用。
26  调用 EatApple 对象的 show 方法时，分别定义不同类型的参数，在调用时程序会根据不同的参数类型
27  匹配选择不同的 show 方法。实现了是 show 方法的重载。
28  ****************************************************************/
29  public class Sample3_9{
```

```
30      public static void main(String args[]) {
31          // 创建对象，调用方法
32          EatApple e = new EatApple();
33          // 声明 Fruit 类引用并将其指向该类的对象
34          Fruit f = new Fruit();
35          // 声明 Apple 类引用并将其指向该类的对象
36          Apple a = new Apple();
37          // 声明 Hongfushi 类引用并将其指向该类的对象
38          Hongfushi h = new Hongfushi();
39          System.out.println("用 Fruit 类型参数调用：");
40          // 使用引用 f 作为参数调用 show 方法
41          e.show(f);
42          System.out.println("用 Apple 类型参数调用：");
43          // 使用引用 a 作为参数调用 show 方法
44          e.show(a);
45          System.out.println("用 Hongfushi 类型参数调用：");
46          // 使用引用 h 作为参数调用 show 方法
47          e.show(h);
48      }
49  }
```

编译并运行代码，结果如图 3-12 所示。

图 3-12　例 3-9 运行结果

从图 3-12 中可以看出，对于引用型参数，当调用重载的方法时，若与某个重载方法的参数完全匹配，则调用该方法；若没有完全匹配的方法，则寻找重载方法的参数类型中哪个最能兼容传递的参数，就选择哪个方法。

在上述代码中，重载方法有 Fruit 型参数和 Apple 型参数，但向其传递的 Hongfushi 引用寻找的是带 Apple 型参数的方法，虽然 Fruit 型与 Apple 型均能与其兼容，但 Apple 型最能兼容，因为 Apple 类是 Hongfushi 的直接父类。

但是，如果使用 Fruit 型引用指向 Apple 对象，将匹配的方法是 Fruit 型参数的，将上述代码中的 Main 方法修改如下。

```
1   public static void main(String[] args)
2   {
3       EatApple e = new EatApple();
4       // 声明 Fruit 类引用并将其指向 Apple 类的对象
5       Fruit f = new Apple();
6       System.out.print("用 Fruit 类型参数调用：");
7       // 使用引用 v 作为参数调用 show 方法
8       e.show(f);
9   }
```

编译运行修改后的代码，结果如图 3-13 所示。

图 3-13　修改后的运行结果

从图 3-13 中的执行结果可以看出，引用类型决定调用哪个重载方法，而不是对象类型。也有一些特殊情况，同时有多个可以匹配的重载方法，但编译器又不能确定哪个更匹配，例 3-10 说明了这个问题。

【例 3-10】　多匹配选择示例。

```
1    package chapter03.sample3_10;
2    //类 A
3    public class A {
4    }
5    //类 B
6    public class B {
7    }
8    // TextMethod 中有两个重载方法 show，分别以 A、B 作为参数。
9    public class TestMethod {
10       public void show(A a) {
11          System.out.println("调用的是具有 A 类型参数的方法！！！");
12       }
13       // 该方法参数为 B 型
14       public void show(B b) {
15          System.out.println("调用的是具有 B 类型参数的方法！！！");
16       }
17    }
18   public class Sample3_10 {
19       public static void main(String[] args) {
20          //创建对象，调用方法
21          TestMethod t = new TestMethod();
22          System.out.println("用 null 类型参数调用：");
23          //用 null 作为参数对 show 方法进行调用
24          //对参数为引用型的方法，null 也是合法参数，因为 null 是任何类型引用允许的值。
25          t.show(null);
26       }
27    }
```

编译代码，结果如图 3-14 所示。

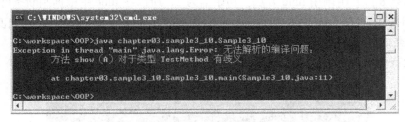

图 3-14　例 3-10 编译结果

从图 3-14 中可以看出，由于"null"可以看成任何类型的引用，A 与 B 之间没有派生关系，不能说哪个更匹配，故编译系统无所适从，编译器报"对 show 的引用不明确，wyf.jc.UseMethod

中的方法 show(wyf.jc.A)和 wyf.jc.UseMethod 中的方法 show(wyf.jc.B)都匹配"错误。

想让代码正确编译运行，有如下两种方法。

（1）让 A、B 间有派生关系（A 继承 B 或 B 继承 A），则系统会匹配子类为入口参数的方法，因为子类范围更窄，被看作更匹配。

（2）给"null"加上强制类型转换，指出"null"的具体类型，如"u.show((A)null);"或"u.show((B)null);"。

3.5.3 递归

程序由方法组成，而方法又以层次的方式调用其他的方法，但有些时候，这些方法需要调用自身从而方便地求解一些特殊的问题。递归方法就是自调用方法，在方法体内直接或间接地调用自己，即方法的嵌套是方法本身。递归的方式分为 2 种：直接递归和间接递归，下面分别介绍这 2 种递归。

1. 直接递归

直接递归即在方法体中调用方法本身。下面的例子中求斐波那契数列第 n 项，斐波那契数列第一和第二项是 1，后面每一项是前两项之和，即 1、1、2、3、5、8、13……

【例 3-11】 直接递归示例。

```
1    package chapter03.sample3_11;
2    public class Sample3_11{
3        public static void main(String args[]) {
4            int x1 = 1;
5            int sum = 0;
6            int n = 7;
7            for (int i = 1; i <= n; i++) {
8                x1 = func(i);
9                sum = sum + x1;
10           }
11           System.out.println("sum=" + sum);
12       }
13       public static int func(int x) {
14           if (x > 2)
15               //在 func 内部递归调用 func
16               return (func(x - 1) + func(x - 2));
17           else
18               return 1;
19       }
20   }
```

在程序的第 8 行开始调用 func 方法。初始值为 1，所以在 func 中根据判断条件直接返回 1，sum=1；为 2 时，依然在 func 中返回 1，sum=2；为 3 时，程序第 16 行调用 func 自身计算返回 2，sum=4，依此类推，直到 i 小于 7 时停止循环，得到结果 33。

编译并运行代码，结果如图 3-15 所示。

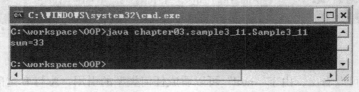

图 3-15　例 3-11 运行结果

2. 间接递归

间接递归指函数中调用了其他函数，而该其他函数又调用了本函数。下面仍以计算斐波那契数列演示间接递归，如例 3-12 所示。

【例 3-12】 间接递归示例。

```
1   package chapter03.sample3_12;
2   public class Sample3_12 {
3       public static void main(String args[]) {
4           int x1 = 1;
5           int sum = 0;
6           int n = 7;
7           for (int i = 1; i <= n; i++) {
8               x1 = func1(i);
9               sum = sum + x1;
10          }
11          System.out.println("sum=" + sum);
12      }
13      //在 func1 调用 func2
14      public static int func1(int a) {
15          int b;
16          b = func2(a);
17          return b;
18      }
19      //在 func2 中调用 func1，间接实现递归
20      public static int func2(int b) {
21          if (b > 2)
22              return (func1(b - 1) + func1(b - 2));
23          else
24              return 1;
25      }
26  }
```

该过程与直接递归的过程类似。编译并运行代码，结果如图 3-16 所示。

图 3-16 例 3-12 运行结果

递归的目的是简化程序设计，使程序易读。虽然同样的程序也可以不使用递归实现，但不使用递归的程序可读性略差于递归程序。

递归程序虽然有诸多的好处，但其缺点也是明显的，增加了系统开销，也就是说，每递归一次，栈内存就多占用一截。在实际的编程中，还需要根据情况选择递归。

3.6 静态成员

在 Java 中声明类的成员变量和成员方法时，可以使用 static 关键字把成员声明为静态成员。静态变量也叫类变量，非静态变量叫实例变量；静态方法也叫类方法，非静态方法叫实例方法。

静态成员最主要的特点是它不属于任何一个类的对象,它不保存在任意一个对象的内存空间中,而是保存在类的公共区域中。所以任何一个对象都可以直接访问该类的静态成员,都能获得相同的数据值。修改时,也在类的公共区域修改。

本节介绍 Java 中静态成员,包含静态方法、变量和常量,以及一些特殊的静态方法,如 main 方法和 factory 方法。

3.6.1 静态方法和静态变量

通常情况下,方法必须通过它的类对象访问。但是如果希望该方法的使用完全独立于该类的任何对象,可以利用 static 关键字。通过该关键字可以创建这样一个方法,它能够被自己使用,而不必引用特定的实例。在方法的声明前面加上 static 即可。使用 static 关键字的方法即静态方法。

如果一个方法被声明为 static,它就能够在它的类的任何对象创建之前被访问,而不必引用任何对象。但是在静态方法中,不能以任何方式引用 this 或 super。

静态变量与静态方法类似,即使用 static 修饰该变量。下面的例子中,演示了静态方法和静态变量的使用。

【例 3-13】 静态方法和静态变量示例。

```
1    package chapter03.sample3_13;
2    public class StaticDemo {
3        //s 为静态变量
4        public static String s="我是静态变量";
5        // printInfo 为静态方法
6        public static void printInfo() {
7            System.out.println("我是静态方法");
8        }
9    }
10   public class Sample3_13 {
11       public static void main(String args[]) {
12           //调用 StaticDemo 中的 printInfo 方法时,需要创建新的 StaticDemo 对象,直接访问即可
13           StaticDemo.printInfo();
14           //调用 StaticDemo 中的 s 变量时,直接访问即可
15           System.out.println(StaticDemo.s);
16       }
17   }
```

编译代码,结果如图 3-17 所示。

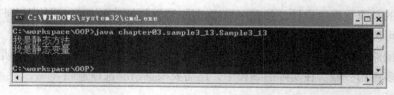

图 3-17 例 3-13 运行结果

3.6.2 静态变量和常量

在 Java 中没有一个直接的修饰符来实现常量,而是通过静态成员变量的方式来实现的,如下代码说明了这个问题。

```
1    //声明3个常量X、Y、Z
2    public static final int X=10;
3    static public final int Y=20;
4    final static public int Z=40;
```

static 表示属于类，不必创建对象就可以使用，因为常量应该不依赖于任何对象，final 表示值不能改变。一般用作常量的静态成员变量访问权限都设置为 public，因为常量应该允许所有类或对象访问。

另外需要注意的是，static 可以与其他修饰符组合使用，且顺序可以任意调换。

前面章节介绍过的 Math 类中的 PI 与 E 常量就是 Math 类的静态成员，如果想实现常量也可以用这个方法。

对于非静态成员变量时，系统不会为其分配默认值，必须在构造器完成之前对其初始化。对于静态最终成员变量，系统也不会为其分配默认值，也要求开发人员必须对其进行初始化。但是静态变量属于类，是不能等到构造器运行再初始化的，因为类加载完成之后其值必须可以使用。

在 Java 中，静态成员变量的初始化要求在静态语句块结束之前必须完成。即 Java 中静态成员变量的初始化时机有两个，在声明的同时进行初始化或者在静态语句块中进行初始化。例 3-14 说明了如何进行初始化。

【例 3-14】 初始化静态成员变量。

```
1    package chapter03.sample3_14;
2    public class Sample3_14 {
3        // 声明并初始化常量const1
4        public static final int const1 = 1111;
5        // 声明常量const2
6        public static final int const2;
7    /******************************************************************
8    第 11～14 行为静态语句块，也是静态成员的一种。在此静态语句块中初始化了常量const2。
9    静态语句块在类加载时执行一次，可以将对类进行初始化的代码写在其中。
10   ******************************************************************/
11       static {
12           // 初始化常量const2
13           const2 = 2222;
14       }
15       public static void main(String[] args) {
16           // 打印两个常量的值
17           System.out.println("两个常量的值分别为: const1=" + const1 + ", const2=" +
18               const2);
19       }
20   }
```

编译运行代码，结果如图 3-18 所示。

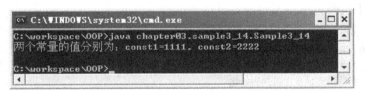

图 3-18　例 3-14 运行结果

从图 3-18 中可以看出，代码正常运行。如果将第 11 行的代码注释掉，再次进行编译，就会报"可能尚未初始化变量 const2"错误。

在代码第 14、15 行间插入如下代码。

```
const2=1000;
```

再次进行编译，系统报"不能对终态字段 Sample3_14.const2 赋值"错误。

从上面的两次修改和编译可以看出，必须在静态语句块完成之前对静态最终成员变量进行初始化，否则将无法通过编译。

3.6.3 静态成员的访问

上小节已经介绍过静态成员是属于类的，因此对其进行访问应该不需要创建对象，可以使用"<类名>.<静态成员名>"的语法调用静态成员变量。例 3-15 演示了如何访问静态成员。

【例 3-15】 静态成员访问示例。

```
1    package chapter03.sample3_15;
2    public class Sample3_15 {
3        // 声明静态成员变量并初始化
4        static int staticVar = 13;
5        public static void main(String[] args) {
6            // 调用静态成员变量
7    /************************************************************************
8    直接用名称"staticVar"调用了静态成员变量 staticVar，在静态成员所在的同一个类中是可以
9    的。在其他类中调用时要使用类名，或相应的对象引用，受访问限制级别的约束。
10   ************************************************************************/
11           Sample3_15.staticVar = 16;
12           System.out.println("静态成员变量 staticVar 的值为: " + staticVar);
13       }
14   }
```

编译运行代码，结果如图 3-19 所示。

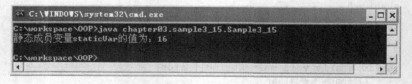

图 3-19　例 3-15 运行结果

从图 3-19 中可以看出代码正常运行，打印出正确的值。下面分别从两个方面介绍同一个类中静态成员与非静态成员之间的访问，静态方法访问非静态成员和非静态方法访问静态成员。

1. 静态方法访问非静态成员

首先考察如下代码。

【例 3-16】 静态方法访问非静态成员示例 1。

```
1    package chapter03.Sample3_16;
2    public class Sample3_16 {
3        // 声明静态成员变量并初始化
4        int staticVar = 13;
5        public static void main(String[] args) {
```

```
6            System.out.println("成员变量 staticVar 的值为: " + staticVar + "。");
7        }
8    }
```

编译代码，结果如图 3-20 所示。

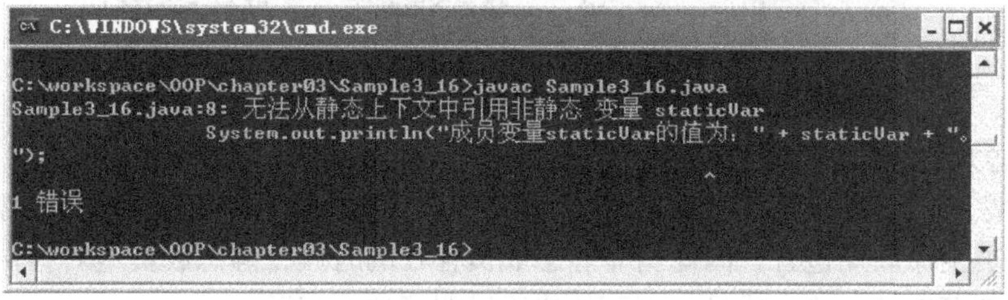

图 3-20　例 3-16 编译结果

从图 3-20 中可以看出，编译报"无法从静态上下文中引用非静态变量 staticVar"错，这是因为 main()方法自身便是一个静态方法，而 staticVar 是非静态成员，如图 3-20 所示，因为静态成员不依赖于该类的任何对象，所以当其所在的类加载成功后，就可以被访问了，此时对象并不一定存在，非静态成员自然也不一定存在，静态成员的生命周期比非静态成员的长。图 3-21 显示了静态成员与非静态成员的生命周期关系。

即使访问时存在非静态成员，静态方法也不知道访问的是哪一个对象的成员，因为静态方法属于类，非静态成员属于对象，所以静态方法将不知道关于其所属类对象的信息。

Main()方法之所以被定义为静态的也正因为如此，其只是程序开始执行的入口，不需要依赖任何对象。若要在静态方法中访问非静态成员只要使用指向特定对象的引用即可，详细的信息可以查看下一节。

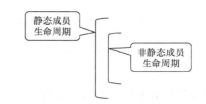

图 3-21　静态成员与非静态成员的生命周期关系

而静态方法访问静态成员时，自然是任何时候都没有问题，静态成员都属于类，只要类存在，静态成员都将存在。

同样的道理，在静态方法中是不能使用 this 预定义对象引用的，即使其后边所操作的也是静态成员也不行。因为 this 代表指向自己对象的引用，而静态方法是属于类的，不属于对象，其成功加载后，对象还不一定存在，即使存在，也不知道 this 指的是哪一个对象。

【例 3-17】　静态方法访问非静态成员示例 2。

```
1    package chapter03.sample3_17;
2    public class Sample3_17 {
3        // 声明静态成员变量
4        static int x = 1000;
5        public static void main(String[] args) {
6            // 在静态方法 main 中使用 this
7            int y = this.x;
8        }
9    }
```

若试图编译如上代码，结果如图 3-22 所示，编译系统将报"无法从静态上下文中引用非静态变量 this"错误。

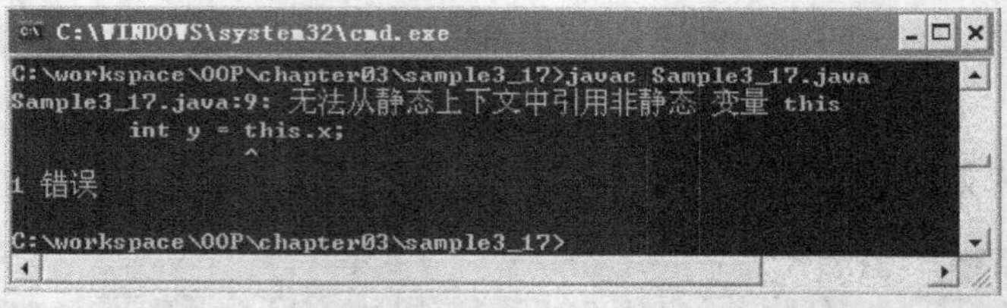

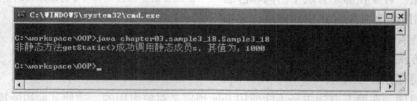

图 3-22　例 3-17 编译结果

2. 非静态方法访问静态成员

非静态方法访问静态成员的时候，规则比较简单。从图 3-27 中可以看出，非静态成员的生命周期被静态成员生命周期包含，因此当非静态成员存在的时候，静态成员绝对存在。故非静态方法在任何时候都可以访问静态成员，下面的代码说明了这个问题。

【例 3-18】　非静态方法访问静态成员。

```
1    package chapter03.sample3_18;
2    public class Sample3_18 {
3        static int s = 1000;
4        //在非静态方法中调用静态成员 s
5        public void showStatic() {
6            System.out.println("非静态方法 getStatic()成功调用静态成员 s，其值为：" +
7                Sample3_18.s);
8        }
9        public static void main(String[] args) {
10           Sample3_18 sa = new Sample3_18();
11           sa.showStatic();
12       }
13   }
```

编译运行如上代码，结果如图 3-23 所示。

图 3-23　例 3-18 运行结果

3.6.4　main()方法

在 Java 中，main()方法是 Java 应用程序的入口方法，也就是说，程序在运行的时候，第一个执行的方法就是 main()方法，这个方法和其他的方法有很大的不同，比如方法的名字必须是 main，方法必须是 public static void 类型的，方法必须接收一个字符串数组的参数等。

因为 main()方法是由 Java 虚拟机调用的，所以必须为 public，虚拟机调用 main()方法的时候不需要产生任何对象，所以 main 方法声明为 static，且不需要返回值，所以声明为 void，最终格式如下所示。

public static void main(String[] args)

在学习 Java 中的 main()方法之前，先看一个最简单的 Java 应用程序"HelloWorld"。通过这个例子说明 Java 类中 main()方法的奥秘，程序的代码如下。

```
1    public class HelloWorld {
2        public static void main(String args[]) {
3            System.out.println("Hello World!");
4        }
5    }
```

HelloWorld 类中有 main()方法，说明这是个 Java 应用程序，通过 JVM 直接启动运行的程序。

既然是类，Java 允许类不加 public 关键字约束，当然类的定义只能限制为 public 或者无限制关键字（默认的）。为什么要这么定义，这和 JVM 的运行有关。

main()方法中还有一个输入参数，类型为 String[]，这个也是 Java 的规范，main()方法中必须有一个入参，类型必须 String[]，至于字符串数组的名字，这个是可以自己设定的，根据习惯，这个字符串数组的名字一般和 Sun Java 规范范例中 main()的参数名保持一致，取名为 args。而且 main()方法不准抛出异常，因此 main()方法中的异常要么处理，要么不处理，不能继续抛出。

main()方法中字符串参数数组的作用是接收命令行输入参数，命令行的参数之间用空格隔开。下面例子演示如何初始化和使用这个数组的。

【例 3-19】 main()方法参数示例。

```
1    package chapter03.sample3_19;
2    public class Sample3_19 {
3        public static void main(String args[]) {
4            System.out.println("打印 main 方法中的输入参数！");
5            for (int i = 0; i < args.length; i++) {
6                System.out.println(args[i]);
7            }
8        }
9    }
```

编译运行代码，结果如图 3-24 所示。

图 3-24 例 3-19 运行结果

当一个类中有 main()方法，执行命令"java 类名"则会启动虚拟机执行该类中的 main()方法。由于 JVM 在运行这个 Java 应用程序的时候，首先会调用 main()方法，调用时不实例化这个类的对象，而是通过类名直接调用，因此需要限制其为 public static。

3.6.5 Factory 方法

Java 的静态方法有一种常见的用途，就是使用 Factory 方法产生不同风格的对象，例如 NumberFormat 类使用 Factory 方法产生不同风格的格式对象。Factory Method 是最常用的模式了，Factory 方法在 Java 程序系统中可以说是随处可见。

Factory 方法就相当于创建实例对象的 new，我们经常要根据类 Class 生成实例对象，如 A a=new A()，Factory Method 也是用来创建实例对象的，所以以后 new 时可以考虑实用工厂模式，虽然这样做，可能多做一些工作，但会给系统带来更大的可扩展性和尽量少的修改量。

下面以类 Sample 为例，如果要创建 Sample 的实例对象。

```
Sample sample=new Sample();
```

但实际情况是，通常用户都要在创建 sample 实例时做初始化的工作，例如赋值、查询数据库等。首先想到的是，可以使用 Sample 的构造函数，这样生成实例就写成

```
Sample sample=new Sample(参数);
```

但是，如果创建 sample 实例时所做的初始化工作不是像赋值这样简单的事，可能是很长一段代码，如果也写入构造函数中，那么代码就很难看了。初始化工作如果是很长一段代码，说明要做的工作很多，将很多工作装入一个方法中，相当于将很多鸡蛋放在一个篮子里，是很危险的，这也是有悖于 Java 面向对象的原则的，面向对象的封装（Encapsulation）和分派（Delegation）告诉我们，尽量将长的代码"切割"成段，将每段再"封装"起来（减少段和段之间耦合性），这样，就会将风险分散，以后如果需要修改，只要更改每段，不会再发生牵一动百的事情。

所以，首先需要将创建实例的工作与使用实例的工作分开，也就是说，让创建实例所需要的大量初始化工作从 Sample 的构造函数中分离出去。

这时就需要使用 Factory 方法来生成对象了，不能再用上面的"new Sample（参数）"了。还有，如果 Sample 有个继承如 MySample，按照面向接口编程，则需要将 Sample 抽象成一个接口。现在 Sample 是接口，有两个子类 MySample 和 HisSample，要实例化它们：

```
1   Sample mysample=new MySample();
2   Sample hissample=new HisSample();
```

上面所示的 Sample 类可能还会"生出很多儿子出来"（继承，将在下一章讲述），那么要对这些儿子一个个实例化，而且可能还要对以前的代码进行修改，加入到后来生出的儿子的实例中。下面是一个简单的 Factory 例子。

【例 3-20】 Factory 方法示例。

```
1   package chapter03.sample3_20;
2   //Fruit 接口包含水果的种植生长和收获，实现该接口类的都必须覆盖这些方法。
3   public interface Fruit {
4       // 种植
5       void plant();
6       // 生长
7       void grow();
8       // 收获
9       void harvest();
10  }
11  //苹果类实现了 Fruit 接口
12  public class Apple implements Fruit {
13      private int treeAge;
14      // 种植
15      public void plant() {
16          System.out.println("苹果已经种植");
17      }
18      // 生长
19      public void grow() {
20          System.out.println("苹果正在生长中.....");
21      }
22      // 收获
```

```
23      public void harvest() {
24          System.out.println("苹果已经收获");
25      }
26      // 返回树龄
27      public int getTreeAge() {
28          return treeAge;
29      }
30      // 设置树龄
31      public void setTreeAge(int treeAge) {
32          this.treeAge = treeAge;
33      }
34  }
35  // AppleGardener 为生产苹果的工厂
36  public class AppleGardener {
37      public static Apple factory() {
38          Apple f = new Apple();
39          System.out.println("水果工厂(AppleGardener)成功创建一个水果：苹果！");
40          return f;
41      }
42  }
43  public class Sample3_20 {
44      private void test() {
45          //生产苹果
46          Apple a = AppleGardener.factory();
47      }
48      public static void main(String args[]) {
49          Sample3_20 test = new Sample3_20 ();
50          test.test();
51      }
52  }
```

编译运行代码，结果如图 3-25 所示。

图 3-25 例 3-20 运行结果

在上面的例子中，苹果实现了水果接口。苹果的生产由专门的苹果 Factory 负责，这样，在不涉及苹果的具体子类的情况下，达到了封装效果，也就减少了错误修改的机会。

3.7 包

在实际项目开发中，往往需要开发很多不同的类，能否方便高效地组织这些类对项目的开发与使用具有很重要的意义。Java 中提供包（Package）将不同类组织起来进行管理，借助于包可以方便地组织自己的类代码，并将自己的代码与别人提供的代码库分开管理。

使用包的目的之一就是可以在同一个项目中使用名称相同的类，假如两个开发人员不约而同地建立了两个相同名字的类，只要将其放置在不同的包中，就不会产生冲突。本节将从类的放置与导入两个方面对包及其使用进行介绍。

3.7.1 包的定义

要想将类放入指定的包中，就必须使用 package 语句，语法如下。

```
package <包名>;
```

package 语句必须放在源文件的最前面，其之前不可以有其他任何语句。每个源文件中最多有一句 package 语句，因为一个类不可能属于两个包，就如同不能把一件衣服同时放进两个箱子一样。包名可以是用点"."分隔的一个序列，如 java.lang，这就表示此源文件中的类在 java 包下的 lang 子包中。在实际开发中，包可能分很多级，越复杂的系统，包越多，级也可能越多。

例如，下面代码将类 Sample3_21 放在了 chapter03 包中。

【例 3-21】 包的定义示例。

```
1    package chapter03.sample3_21;
2    public class Sample3_21 {
3        public static void main(String[] args)
4        {
5            System.out.println("我在chapter03.sample3_21！！！");
6        }
7    }
```

包实际上代表的是文件夹（目录路径）。有了包以后，将类文件放在不同的包中，方便管理，避免冲突。如果不将编译后的 class 文件放到相应的文件夹中，则无法运行。

运行本例，结果如图 3-26 所示。

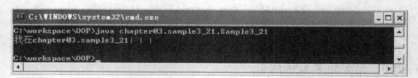

图 3-26 例 3-21 运行结果

从图 3-26 中可以看出，运行在具体包中的类时要使用类名全称，就是包名与类名顺次用"."隔开，如果没有使用全称类名，则系统报"java.lang.NoClassDefFoundError"异常，如图 3-27 所示。

图 3-27 异常情况

在运行程序时，要将当前目录设置为最外层的包文件夹所在的目录，而不是类文件所在目录，否则在有些情况下运行可能报错，这取决于操作系统和机器的情况。另外，在开发中要注意不要把类文件随意复制到别的目录中，否则将可能引起程序不能正常运行。

如果没有在源文件中使用 package 语句，那么这个源文件中的类就被放置在一个匿名包中。匿名包是一个没有名字的包，代码编译后类文件与源文件在同一个目录中即可。在本书此节之前的章节中，定义的所有类都在匿名包中。

3.7.2 类的导入

当一个类要使用与自己处在同一个包中的类时，直接访问即可。若要使用其他包中的类就必须使用 import 语句，基本语法如下。

import <包名>.*;
import <包名>.类名;

包名可以是一个由 "." 分隔的序列，如 "java.lang"、"java.util" 等。第 1 种语法表示要使用指定包中所有的类，但不包括子包中的类，也称为通配引入，"*" 为通配符。第 2 种语法表示要使用指定包中一个特定的类。

一个源文件中根据需要可以有多句 import 语句。import 语句要放在 package 语句之后，类声明之前。如果有多个 import 语句多句 import 语句先后顺序无所谓。

下面的代码给出了一个简单使用 import 语句的例子。

import java.util.*;
import java.io.InputStream;

多个 import 语句并不影响程序的运行性能。因为 import 语句只在编译的时候有作用。另外，java.lang 包中的类，系统是自动引入的，相当于每个源文件中系统都会在编译时自动加上 "import java.lang.*;" 语句。

另外，需要特别注意的是，不能使用星号（*）代替包，例如下面使用的导入语句是非法的。

import java.*.*;

有 "*" 号代替所有包中的类就可以了，指定具体的类名岂不很不方便？是的，如果只使用一个包中的类或多个包中不同名称的类确实如此，但若要使用多个包中的同名类就不行了，本小节分如下两个方面对这个问题进行介绍：两个包中有同名类，但只用到其中一个及其他不同名的类；两个包中有同名类，且都要使用。

1. 两个包中有同名类，但只用到其中一个及其他不同名的类

例如，java.util 和 java.sql 包中都有名称为 Date 的类，在程序中要同时使用这两个包中的其他很多类，但只用到 java.util 包中的 Date 类，代码如下。

【例 3-22】 同名类导入示例 1。

```
1    package chapter03.sample3_22;
2    import java.util.*;
3    import java.sql.*;
4    public class Sample3_22 {
5        public static void main(String[] args) {
6            // 使用 Date 类
7            Date d = new Date();
8        }
9    }
```

编译代码，结果如图 3-28 所示。

从图 3-28 中可以看出，系统报 Date 类匹配失败，因为在源代码中用 import 语句引入了两个包中的所有类，两个包中都有 Date 类，系统不知道应该匹配哪一个。如果只用到 java.util 包中的 Date 类，可以将代码中的 import 部分修改成如下代码。

```
1    import java.util.*;
2    import java.util.Date;
3    import java.sql.*;
```

这时再编译，就不会报错了，因为编译时系统会优先匹配 import 语句中明确给出类名的类。

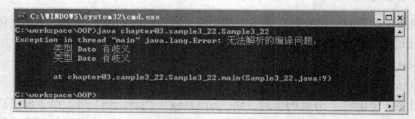

图 3-28　例 3-22 编译失败

2. 两个包中有同名类，且都要使用

如果要使用两个不同包中的同名类，只靠 import 就无法解决了。例如，将例 3-22 代码修改为如下代码。

【例 3-23】　同名类导入示例 2。

```
1    package chapter03.sample3_23;
2    import java.util.*;
3    //引入java.util.Date类
4    import java.util.Date;
5    import java.sql.*;
6    //引入java.sql.Date类
7    import java.sql.Date;
8    public class Sample3_23 {
9        public static void main(String[] args) {
10           // 使用java.util中Date类
11           Date d1 = new Date();
12           // 使用java.sql中Date类
13           Date d2 = new Date(123);
14       }
15   }
```

编译代码，结果如图 3-29 所示。

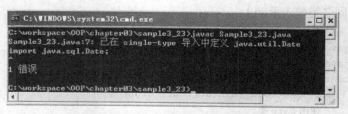

图 3-29　改动后例 3-23 编译结果

从图 3-29 中可以看出，系统报具体指定名称的同名类只能引入一次的错误，因为如果允许明确引入两个不同包中的同名类，在匹配时系统又不知道应该找哪个了。

真正解决的办法是在使用同名类的地方使用全称类名，将例 3-23 代码修改如下。

【例 3-24】　同名类导入示例 3。

```
1    package chapter03.sample3_24;
2    import java.util.*;
3    import java.sql.*;
4    class Sample7_2
5    {
```

```
6       public static void main(String[] args)
7       {
8               //使用java.util中Date类
9               java.util.Date d1=new java.util.Date();
10              //使用java.sql中Date类
11              java.sql.Date d2=new java.sql.Date(123);
12
13      }
14  }
```
这样，修改后就可以正常运行了。

3.7.3 静态导入

从 Java SE 5.0 开始，导入语句不但可以导入类，还具有导入静态方法和静态成员变量的功能，不过需要在关键字"import"和包名之间添加关键字"static"，语法如下。

import static <包名>.<类名>.*;

import static <包名>.<类名>.<具体方法/成员变量名>;

"*"还是代表通配符，不过这里表示的是指定类下面所有静态的方法或成员变量。如果要明确指明要使用的方法或成员变量，用第2行语法。碰到不同类下同名静态方法或成员变量时，解决冲突的方法类似上一小节，这里不再赘述。

下面的例子说明了静态引入的使用，代码如下。

【例 3-25】 静态导入示例。

```
1   package chapter03.sample3_25;
2   //引入System类下所有的静态成员，包括方法和成员变量
3   import static java.lang.System.*;
4   //引入Math类下的sqrt方法    import static java.lang.Math.sqrt;
5   import static java.lang.Math.sqrt;
6   public class Sample3_25 {
7       public static void main(String[] args) {
8               //在第9、10行调用println与sqrt方法时不需要像以前一样列出方法所在类的类名了
9               out.println("简单的打印功能!!!");
10              out.println("25.25的平方根为: " + sqrt (25.25));
11      }
12  }
```
编译运行代码，结果如图 3-30 所示。

图 3-30 例 3-25 运行结果

从图 3-30 中可以看出，程序正常编译运行并打印出结果。

实际上，并没有很多开发人员采用静态引入，因为这种代码编写形式非常容易降低代码的可读性，造成维护困难。因此，在使用此项功能时一定要注意不影响代码的可读性，否则有害无益。

3.8 成员的访问控制

上一节已经介绍了类的访问控制,本节将介绍成员(包括方法和成员变量)的访问控制。在介绍成员的访问控制之前,首先需要了解的是成员的访问指的是什么。成员的访问是指以下两种不同的操作。

- 一个类中的方法代码是否能够访问(调用)另一个类中的成员。
- 一个类是否能够继承其父类的成员。

子类继承父类的问题将在下一章讲继承时详细介绍,本章仅给出规则。Java 中的成员不止包括方法和成员变量,还有语句块、内部类等,这些知识在后面的章节会详细介绍。

成员的访问权限有如下 4 种。

- 公共类型
- 私有类型
- 默认类型
- 保护类型

本节将对上述 4 种访问权限逐一进行介绍,并在最后介绍 Java 中封装性的实现。

成员的访问权限基于类的访问权限。也就是说,若类 A 有权访问类 B,类 B 中成员的访问权限对类 A 才起作用。否则,类 B 对类 A 不可见,谈不上成员的访问。

3.8.1 公共类型:public

公共类型使用 public 关键字来进行修饰,当一个成员被声明为 public 时,所有其他类,无论该类属于哪个包,均能够访问该成员。例 3-26 的代码说明了如何在不同的包中调用 public 方法。

【例 3-26】 public 方法示例。

```
1    package chapter03.sample3_26.Test;
2    public class Test {
3        public void methodTest() {
4            System.out.println("调用的方法为public类型");
5        }
6    }
7    //在另一包中创建Sample3_26类
8    package chapter03.sample3_26;
9    import chapter03.sample3_26.Test.Test;
10   public class Sample3_26 {
11       public static void main(String[] args) {
12           Test a = new Test();
13           a.methodTest();
14       }
15   }
```

编译上述两个源代码文件,并运行类 Sample3-26,结果如图 3-31 所示。

从图 3-31 中可以看到,methodTest 方法被正确地调用了。这是因为类 Sample3-26 及其方法 methodTest 都被标识为 public。

对于继承而言,规则为如果父类的成员声明为 public,那么无论这两个类是否在同一个包中,该子类都能继承其父类的该成员。

图 3-31　例 3-26 运行结果

3.8.2　私有类型：private

本小节将介绍成员被标识为私有类型后的含义与用法，并且在本小节最后将介绍面向对象中的封装及其优点。标识为私有类型的成员用 private 关键字修饰，其不能被该成员所在类之外的任何类中的代码访问。例如对代码 Test 稍做修改，改为 PrivateTest 类，而代码 Sample3-26 不变，更名为 Sample3-27。使 PrivateTest 类与 Sample3-27 类在一个包中。

【例 3-27】　private 方法示例。

```
1    package chapter03.sample3_27;
2    public class TestPrivate {
3        private void methodTest() {
4            System.out.println("调用的方法为private类型");
5        }
6    }
7    public class Sample3_27 {
8        public static void main(String[] args) {
9            TestPrivate a = new TestPrivate();
10           a.methodTest();
11       }
12   }
```

编译上述两个源代码文件，并运行类 Sample3-27，编译器报错，如图 3-32 所示。

图 3-32　改动后编译结果

从图 3-32 可以看出，虽然两个类在同一个包中，方法 methodTest 却不能被调用。因为其被设置为 private 类型，对该成员自己类之外的任何代码来说都是不可见的。

对于继承而言，规则为如果父类的成员声明为 private，子类在任何情况下都不能继承该成员。

3.8.3　默认类型：default

当一个成员前面没有写任何访问限制修饰符时，其访问权限为默认类型。具有此访问权限的成员，只对与此成员所属类在同一个包中的类是可见的。也就是说，对同一个包中的类，默认类型相当于 public，而对包外的类则相当于 private。下面的两段代码说明了默认类型的使用。

【例 3-28】　default 方法示例。

```
1    package chapter03.sample3_28.test;
2    // TestDefault 的 test 方法的访问类型为默认类型
3    public class TestDefault {
4        void test() {
5            System.out.println("test 方法为默认(不写)类型，方法调用成功！！！");
6        }
7    }
8    //下面的代码说明试图调用位于不同包中 TestDefault 类对象的 test 方法
9    package chapter03.sample3_28;
10   import chapter03.sample3_28.test.TestDefault;
11   public class Sample3_28 {
12       public static void main(String[] args) {
13           // 创建对象并调用方法
14           TestDefault t = new TestDefault();
15           t.test();
16       }
17   }
```

编译代码 TestDeault 后，若试图编译例 3-28，将会显示如图 3-33 所示的错误。

图 3-33　例 3-28 运行结果

上述问题的解决方法为，将两个类放入同一个包中，或者将 test 方法标识为 public 类型。

3.8.4　保护类型：protected

标识为保护类型的成员用 protected 关键字修饰，其规则与默认类型几乎一样，当访问该成员的类位于同一包内，则该类型成员的访问权限相当于 public 类型。只是有一点区别，若访问该成员的类位于包外，则只有通过继承才能访问该成员。

表 3-2 列出了本章中所有访问限制修饰符和其对应的可见性。

表 3-2　　　　　　　　　　　　成员访问修饰符

可 见 性	public	protected	默 认	private
对同一个类	是	是	是	是
对同一个包中的任何类	是	是	是	否
对包外所有非子类	是	否	否	否
对同一个包中的子类基于继承访问	是	是	是	否
对包外的子类基于继承访问	是	是	否	否

访问限制修饰符不能用来修饰局部变量，否则将导致编译报错，而且局部变量作用域为局部，也没有必要。

3.9 封　　装

封装是一个面向对象的术语，其含义很简单，就是把东西包装起来。换言之，成员变量和方法的定义都包装于类定义之中，类定义可以看成是将构成类的成员变量和方法封装起来。

通过限定类成员的可见性，可以使类成员中的某些属性和方法能够不被程序的其他部分访问，它们被隐藏了起来，只能在定义的类中使用，这就是面向对象中实现封装的方式。

尽管技术上允许把成员变量标识为 public，但是在实际中最好把所有成员变量都设置为 private，如果需要修改、设置或读取该成员变量，开发人员应该使用公共的访问方法。因此任何其他类中的代码必须通过调用方法来访问该成员变量，而不是直接使用。

这样有助于提高程序的灵活性，便于代码修改和维护，可以有效避免修改代码"牵一发而动全身"。而且，在成员变量被访问时还可以避免错误，提高程序健壮性，例 3-29 说明了这个问题。

【例 3-29】 封装示例 1。

```
1   package chapter03.sample3_29;
2   public class Desk {
3       // height 为桌子的高，width 为桌子的宽
4       private c int height;
5       private int width;
6       // setProperty 设置桌子的高和框。只有输入的值大于 0 时，才合法
7       public void setProperty(int i, int j) {
8           if (i > 0) {
9               this.height = i;
10              System.out.println("设置桌子高成功");
11          } else {
12              System.out.println("设置桌子高出错");
13          }
14          if (j > 0) {
15              this.width = j;
16              System.out.println("设置桌子宽成功");
17          } else {
18              System.out.println("设置桌子宽出错");
19          }
20      }
21  }
22  public class Sample3_29 {
23      public static void main(String[] args) {
24          //创建 desk 对象
25          Desk d = new Desk();
26          // 访问成员变量 height 和 width
27          d.height = -100;
28          d.width = 200;
29      }
30  }
```

编译运行代码，结果如图 3-34 所示。

从图 3-34 可以看出，由于对 width 和 height 成员变量进行了封装，必须通过 setProperty 方法设置 width 和 height 的值，而在 setProperty 方法方法中编写了验证值正确性的规则，所以不可能

再设置错误的 width 和 height 的值。对成员变量进行封装，在设置成员值的方法中编写值正确性验证规则，这样可以大大提高代码的健壮性。

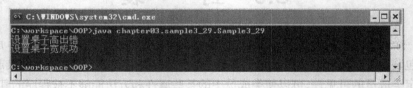

图 3-34　例 3-29 运行结果

使用了封装后不但可以提高健壮性还可以提高灵活性，便于维护代码。例如，由于某种原因，需要将 height 或者 weidth 的类型修改为 String。这时如果没有使用封装，一旦代码修改，所有调用 size 的代码都将不能使用。

而使用了封装后只要对设置成员值的方法进行一定的修改，可以使外面的调用者感觉不到变化，将变化限制在一个较小的范围内。在例 3-30 中，将 width 类型修改为 String，但外界仍感觉不到该变化。

【例 3-30】　封装示例 2。

```
1    package chapter03.sample3_30;
2    public class Desk {
3        private int height;
4        //将 width 改为 String 型，虽然类型发生变化，但外界是感觉不到的
5        private String width;
6        public void setProperty(int i, int j) {
7            if (i > 0) {
8                this.height = i;
9                //Integer.toString(i)将 int 类型转为 String 类型
10               System.out.println("设置桌子高成功,高为"+ Integer.toString(i));
11           } else {
12               System.out.println("设置桌子高出错");
13           }
14           if (j > 0) {
15               //将输入的 int 类型转为 String 类型
16               String width_s = Integer.toString(j);
17               this.width = width_s;
18               System.out.println("设置桌子宽成功，宽为"+width);
19           } else {
20               System.out.println("设置桌子宽出错");
21           }
22       }
23   }
24   //在主类中为 Desk 对象的宽和高进行赋值
25   import chapter03.sample3_30.Desk;
26   public class Sample3_30 {
27       public static void main(String[] args) {
28           //创建 desk 对象
29           Desk d = new Desk();
30           // 访问成员变量 height 和 width
```

```
31            d.setProperty(120, 230);
32        }
33   }
```
编译运行修改后的代码，结果如图 3-35 所示。

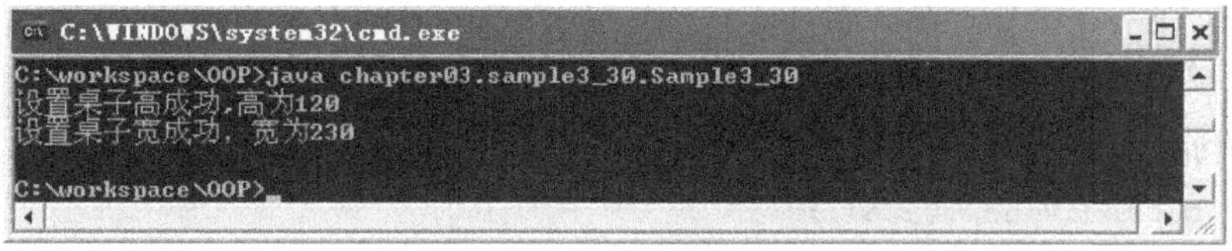

图 3-35　例 3-30 运行结果

从图 3-35 可以看到，代码正确运行。同时，可以体会到封装的优点，在代码发生变化时可以通过修改访问方法，使得修改不影响外界的访问。通过隐藏设计细节，可以把对代码修改而造成的负面影响缩小到最小的范围内，这样就可以写出可维护性、灵活性和可扩展性很高的代码。

下面总结了 Java 中封装需要遵循的规则。
- 用访问限制修饰符保护成员变量，通常是 private。
- 建立公有的访问方法，强制调用代码通过这些方法访问成员变量。

3.10　利用系统已有的类

通过前面几节的介绍，读者已经对类的定义及对象的创建与使用有了一定的了解。本节将介绍 Java 类库中提供的几个常用的处理日期时间的类。通过对这几个类的介绍，使读者了解利用系统已有的类的思想。

3.10.1　Date 类

在标准 Java 类库中包含一个 Date 类，其对象用来描述一个时间点，如 "September 22, 2007, 23:59:59 GMT"。在使用 Date 类时要在代码的开始添加 "import java.util.Date"，这里可以理解为将其导入的意思，下一章将详细介绍此语句的功能和用法。

Date 类与前面第 3 章介绍的 Math 类不同，在开发中不是访问类的静态方法，而是要使用其对象，可以用如下代码创建 Date 对象。

```
1   //创建表示当前系统时间的 Date 对象
2   new Date();
3   //创建表示 2006 年 12 月 8 日日期的 Date 对象
4   new Date(106,11,8);//106 表示 2006 年, 11 表示 12 月, 8 表示 8 号
```

Date 对象中存放的是对象被创建时系统时间信息，可以用如下代码打印系统时间。

`System.out.println(new Date());`

Date 类中提供了很多操作日期时间的方法，下面将介绍其中常用的几个。

1. boolean after(Date when)

此方法用于测试此日期是否在指定日期之后，参数为一个 Date 对象。此方法返回一个 boolean 值，当此 Date 对象表示的瞬间比 when 表示的瞬间晚，返回 True；否则返回 False，例如：

```
1   Date birthday=new Date();
```

```
2    Date today=new Date();
3    if(today.after(birthday)){
4        System.out.println("birthday在today之后");
5    }
```

2. boolean before (Date when)

此方法与上述方法对应,用于测试此日期是否在指定日期之前,其参数为一个 Date 对象。此方法将返回一个 boolean 值,当此 Date 对象表示的瞬间比 when 表示的瞬间早,返回 True；否则返回 False,例如:

```
1    Date birthday=new Date();
2    Date today=new Date();
3    if(today.before(birthday)){
4        System.out.println("birthday在today之前");
5    }
```

3. 提取时间的方法

另外,Date 类有一些按不同单位提取时间的重要方法,通常需要通过这些方法得到系统时间的具体信息,并且对时间进行操作。这些方法均采用本地时区,如表 3-3 所示。

表 3-3　　　　　　　　　　　　提取时间的方法

方法	功能
int getYear()	此方法将返回一个整数值,此值是从包含或开始于此 Date 对象表示的瞬间的年份减去 1900 的结果
int getMonth()	此方法返回表示月份的数字,该月份包含或开始于此 Date 对象所表示的瞬间。返回的值在 0～11 之间,值 0 表示 1 月,依此类推
int getDate()	此方法返回此 Date 对象表示的月份中的某一天。返回的值在 1～31 之间,表示包含或开始于此 Date 对象表示的时间的月份中的某一天
int getDay()	此方法返回此日期表示的周中的某一天。返回值(0 = Sunday, 1 = Monday, 2 = Tuesday, 3 = Wednesday, 4 = Thursday, 5 = Friday, 6 = Saturday)表示一周中的某一天,该周包含或开始于此 Date 对象所表示的瞬间
int getHours()	此方法返回此 Date 对象表示的小时。返回值是一个数字(0～23),表示包含或开始于此 Date 对象表示的瞬间的小时
int getMinutes ()	此方法返回此日期所表示的小时已经过去的分钟数(用本地时区进行解释)。返回值在 0～59 之间
int getSeconds()	此方法返回此日期所表示的分钟已经过去的秒数。返回的值在 0～61 之间。值 60 和 61 只能发生在考虑了闰秒的 Java 虚拟机上

下面的给出了一个使用 Date 类的例子,功能为显示当前的时间,代码如下。

【例 3-31】 Date 类示例。

```
1    package chapter03.sample3_31;
2    import java.util.Date;
3    public class Sample3_31 {
4        public static void main(String[] args) {
5            Date now = new Date();
6            int year = now.getYear() + 1900;        // 获得当前年份
7            int month = now.getMonth() + 1;         // 获得当前月份
8            int date = now.getDate();               // 获得当前天
9            String day = "";
```

```
10              // 提取当前星期数，并为其转义
11              switch (now.getDay() + 1) {
12                  case 0:
13                      day = "星期日";
14                      break;
15                  case 1:
16                      day = "星期一";
17                      break;
18                  case 2:
19                      day = "星期二";
20                      break;
21                  case 3:
22                      day = "星期三";
23                      break;
24                  case 4:
25                      day = "星期四";
26                      break;
27                  case 5:
28                      day = "星期五";
29                      break;
30                  case 6:
31                      day = "星期六";
32                      break;
33              }
34              int hour = now.getHours();              // 获得当前小时
35              int temp = now.getMinutes();            // 获得当前分钟
36              String min = temp < 10 ? "0" + temp : "" + temp;
37              temp = now.getSeconds();                // 获得当前秒钟
38              String sec = temp < 10 ? "0" + temp : "" + temp;
39              System.out.println("现在的时刻为: " + year + "年" + month + "月" + date +
40                      "日 "+ day + " " + hour + "点" + min + "分" + sec + "秒");
41      }
42  }
```

编译如上代码，运行结果如图 3-36 所示。

图 3-36 例 3-31 运行结果

从图 3-36 中可以看出，虽然编译通过了，但在 Eclipse 中仍然提示警告信息，如图 3-37 所示。

图 3-37 Eclipse 警告信息

这是因为 Date 中的大部分提取时间的方法都有了更好的替代方法，有兴趣的读者可以自己查阅 API；当连续运行 3 次后，每次运行结果都不同，因为其每次执行都将提取系统的当前时间，而时间是一直在变化的，故连续多次运行时，结果永远不可能一样。

3.10.2 GregorianCalendar 类

上小节中介绍的 Date 类，主要的功能是储存时间点的信息，而对日期/时间的处理功能并不强大。其记录的时间是距离一个固定时间点的秒数（可正可负），这个固定时间点是 UTC 时间 1970 年 1 月 1 日 00:00:00（UTC 即协调世界时间，是 Coodinated Universal Time 的缩写，与 GMT 一样是一种国际标准时间）。

虽然 Date 类可以打印出类似于 "February 17，2007，23:59:59 GMT" 这样的日期表示形式，但此形式只是公历的表示方式，若需采用中国的农历表示日期，Date 类就无能为力了。

面向对象设计思想认为在设计类的时候，最好使用不同的类表示不同的概念。因此，Java 中将记录时间的类与表示日期的类分开，分别为表示时间点信息的 Date 类；表示人们所熟悉的公历表示法的 GregorianCalendar 类。

GregorianCalendar 类提供的方法有很多，而构造其对象的方式也多了很多种，可以像 Date 类一样创建一个表示当前时间的 GregorianCalendar 对象，例如：

`new GregorianCalendar();`

也可以在创建对象的时候为其设置日期，日期以参数的形式放在圆括号中，例如：

`new GregorianCalendar(2007,1,17);`

因为月份的范围为 0～11，0 表示 1 月，依此类推。因此上述构造的对象的日期是 2007 年 2 月 17 日。为了清晰起见，可以使用常量，例如：

`new GregorianCalendar(2007,Calendar.FEBRUAY,17);`

同时也可以在创建对象时给出具体的时间信息，例如：

`new GregorianCalendar(2007,Calendar.FEBRUAY,17,18,15,23);`

上面创建的对象所储存的时间为 2007 年 2 月 17 日 18 时 15 分 23 秒。

在 Java 中对于不便于记忆的一些数值往往设计成类的最终属性（常量）来表示，如前面章节的 Math.PI，这里的 Calendar.FEBRUAY 等，这样可以方便开发。Calendar 类中还有很多有用的常量，有兴趣的读者可以自己查阅 API。关于类的最终属性的内容请参考后面的章节。

表 3-4 列出了 GregorianCalendar 类中的一些常用方法。

表 3-4　　　　　　　　　　GregorianCalendar 类提供的常用方法

方　　法	说　　明
void add(int field,int amount)	field 为需要修改的日历字段，可以使用系统提供的常量，amount 为字段添加的日期或时间量
int get(int field)	field 为需要修改的日历字段，可以使用系统提供的常量。将按照所给的字段返回当前的日期或时间
void set(int field,int value)	field 为需要修改的日历字段，可以使用系统提供的常量。value 为给定日历字段将要设置的值
Date getTime()	该方法将返回当前对象所描述的时间点
void setTime(Date date)	date 为需要设置的 Date 时间对象，将时间点设置到当前对象中

下面是一个利用 GregorianCalendar 类功能在控制台显示当前月日历的例子,该例说明了上述很多方法的使用。

【例 3-32】 GregorianCalendar 类示例。

```
1   package chapter03.sample3_32;
2   import java.util.*;
3   public class Sample3_32 {
4       public static void main(String[] args) {
5           // 创建当前日历对象
6           GregorianCalendar now = new GregorianCalendar();
7           // 从当前时期对象中取出时间日期对象
8           Date date = now.getTime();
9           // 将时间日期对象按字符串形式打印
10          System.out.println(date.toString());
11          // 重新将时间对象设置到日期对象中
12          now.setTime(date);
13          // 从当前日期对象中取出当前月份、日期
14          int today = now.get(Calendar.DAY_OF_MONTH);
15          int month = now.get(Calendar.MONTH);
16          // 设置日期为本月开始日期
17          now.set(Calendar.DAY_OF_MONTH, 1);
18          // 获取本月开始日期在一周中的编号
19          int week = now.get(Calendar.DAY_OF_WEEK);
20          // 打印日历头并换行
21          System.out.println("星期日 星期一 星期二 星期三 星期四 星期五 星期六");
22          // 设置当前月中第一天的开始位置
23          for (int i = Calendar.SUNDAY; i < week; i++)
24              System.out.print("       ");
25          // 按规格循环打印当前月的日期数字
26          while (now.get(Calendar.MONTH) == month) {
27              // 取出当前日期
28              int day = now.get(Calendar.DAY_OF_MONTH);
29              // 设置日期数字小于 10 与不小于 10 两种情况的打印规格
30              if (day < 10) {
31                  // 设置当前日期的表示形式
32                  if (day == today)
33                      System.out.print(" <" + day + ">   ");
34                  else
35                      System.out.print("  " + day + "    ");
36              } else {
37                  // 设置当前日期的表示形式
38                  if (day == today)
39                      System.out.print("<" + day + ">   ");
40                  else
41                      System.out.print(" " + day + "    ");
42              }
43              // 设置什么时候换行
44              if (week == Calendar.SATURDAY) {
45                  System.out.println();
46              }
47              // 设置日期与星期几为下一天
```

```
48              now.add(Calendar.DAY_OF_MONTH, 1);
49              week = now.get(Calendar.DAY_OF_WEEK);
50          }
51      }
52  }
```

编译运行代码，结果如图 3-38 所示。

从上面的例子可以看出，GregorianCalendar 类对日期的处理功能要比 Date 类强大得多，读者以后在开发中可以很方便地加以使用。

在 Java 中只提供了对公历的实现——GregorianCalendar 类，如果需要处理农历等其他类型的日历，读者可以自己扩展 java.util.Calendar 类。

图 3-38　例 3-32 运行结果

小　结

本章简单介绍了面向对象的思想，并详细介绍了类的定义及其使用，访问控制和封装，最后通过对系统中提供的几个类的介绍阐述了利用系统已有类的思想。通过本章的学习，读者可以构造出自己的类，通过这些类的对象的相互协作，便能开发出具有一定功能的应用程序。

习　题

1. 面向对象的语言通常具有以下特征：_____、_____和_____。
2. 面向过程编程模式的程序的处理过程为_____。
3. 面向对象程序设计方法的优点包含_____。
   A. 可重用性　　　　　　　　　　　　B. 可扩展性
   C. 易于管理和维护　　　　　　　　　D. 简单易懂
4. Java 中基本的编程单元为_____。
   A. 类　　　　　　　　　　　　　　　B. 函数
   C. 变量　　　　　　　　　　　　　　D. 数据
5. 类之间存在以下几种常见的关系_____。
   A. "USES-A" 关系　　　　　　　　　B. "HAS-A" 关系
   C. "IS-A" 关系　　　　　　　　　　D. "INHERIT-A" 关系
6. 什么是构造器？它的作用是什么？
7. 编写一个 Java 片段，定义一个表示学生的类，包含学生的姓名、学号、班级。
8. 什么是包？如何定义包？如何导入包？

9. 什么时候需要用到访问控制，有哪些访问控制？

上机指导

类和对象是面向对象思想中最基本、最关键的元素。本章在讲述面向对象思想的基础上，详细讲述了 Java 语言中类和对象的实现。本节将对类和对象这两个关键概念进行巩固。

实验一　类的定义

实验内容
编写一个类，该类的对象为飞机，飞机汽油储备充足时可以起飞。可以起飞时，在命令行中输出"汽油储备量充足，飞机可以启动"。

实验目的
巩固知识点——创建类。

实现思路
类是与对象相对应的，在 Java 中可以通过使用类创建用户需要的对象。创建类时使用 Class 关键字。在 3.4.2 中介绍"USE-A"关系时，以轿车为例。可以将轿车换为飞机，少量改动该代码后，就可以创建飞机对象，飞机也可以在油充足的情况下启动，改动后运行结果如图 3-39 所示。

图 3-39　实验一结果

实验二　成员变量的使用

实验内容
创建一个工资员工类，该类包含员工的信息：姓名、年龄、部门。创建 2 个公司员工：张三、李四，输出他们的姓名、年龄、部门信息。

实验目的
巩固知识点——成员变量。成员变量就是类的属性，类定义的属性指定了使一个对象区别于其他对象的值。成员变量定义在方法中。

实现思路
在 3.4.4 中讲述类成员时，创建了学生类，并定义了学生的姓名、班级、年龄。把学生换为员工可以获得相同的效果。学生的班级可以转换为员工的部门，改动少量代码，运行结果如图 3-40 所示。

图 3-40　实验二示例结果

实验三　编写更复杂的类

实验内容
仍然以公司员工为例，创建为员工加薪的类。输入员工的信息以及加薪的百分比后输出新的薪水。这里假设加薪7%，创建3个员工对象，输出他们涨后的薪水。

实验目的
扩展知识点——类和成员变量。在上面例子的基础上，可以编写更为复杂的例子。

实现思路
实现员工的加薪的过程如下所示。

（1）创建 Employee 类，在构造器中初始化员工的信息。
```
1    public Employees(String n,double s){
2        this.name =n;
3        this.salay =s;
4    }
```
（2）在 Emplyees 类中创建加薪的方法。
```
1    public void raiseSalary(double p){
2        double raise = salary*p/100;
3        salary = salary+raise;
4
5    }
```
（3）在 main()方法中创建3个员工，分别为每个员工加薪7%。
```
1    Employees ee[] = new Employees[3];
2    ee[0] = new Employees("张三", 1000);
3    ee[1] = new Employees("李四", 2000);
4    ee[2] = new Employees("王五", 1800);
5    for (int i = 0; i < ee.length; i++) {
6        ee[i].raiseSalary(7);
7        System.out.println("名字=" + ee[i].getName() + "    薪水="
8                + ee[i].getSalary());
9    }
```
运行结果如图 3-41 所示。

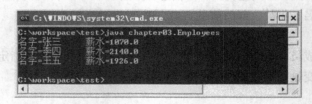

图 3-41　实验三结果

实验四　静态成员的创建

实验内容
编写员工 ID 的静态方法，可以通过该方法改变公司员工的 ID。

实验目的
扩展知识点——静态成员。在 Java 中声明类的成员变量和成员方法时，可以使用 static 关键字把成员声明为静态成员。

实现思路

可以利用 static 关键字创建静态成员，它能够被自己使用，而不必引用特定的实例。在方法的声明前面加上 static 即可。实现改变员工 ID 的过程如下所示。

（1）创建 Employee 类，在构造器中初始化员工的信息。
```
1    public Employees2(String n,int i){
2        name =n;
3        id =i;
4    }
```
（2）将 id 变量设置为 static。
```
private static int id;
```
（3）在 Emplyees 类中创建改变 Id 的静态方法。
```
1    public static void setId(){
2        id++;
3    }
```
（4）在 main()方法中创建 3 个员工，分别为每个员工改变 ID。
```
1    Employees2 ee[] = new Employees2[3];
2    ee[0] = new Employees2("张三", 1000);
3    ee[1] = new Employees2("李四", 2000);
4    ee[2] = new Employees2("王五", 1800);
5    for (int i = 0; i < ee.length; i++) {
6        setId();
7        System.out.println("名字=" + ee[i].getName() + "    ID="
8            + ee[i].getId());
9    }
```
运行结果如图 3-42 所示。

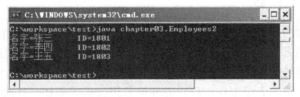

图 3-42　实验四结果

第4章 继承与多态

上一章主要阐述了类和对象的概念。本章将学习面向对象程序设计中两个重要的概念——继承和多态。利用继承，可以基于已经存在的类构造新类，还可以在新类中添加一些新的成员或修改继承了的成员，以满足新的需求。而多态是在继承的基础上引出的，可以解决子类父类中的成员重名问题。

4.1 继承概述

利用继承可以很好地实现代码重用问题。在利用已有的类构造新类时，新类保留已有类的属性和行为，并可以根据要求添加新的属性和行为。例如，卡车具有一般汽车的属性，而特有的属性就是载货。在第3章中，曾经介绍过类之间的关系："USES-A"关系、"HAS-A"关系、"IS-A"关系。其中，"IS-A"关系是继承的一个特征。

4.1.1 超类、子类

被继承的类一般称为"超类"或"父类"，继承的类称为"子类"。当子类继承超类时，不必写出全部的实例变量和方法，只需声明该类继承了的已定义的超类的实例变量和方法即可。超类、子类是继承中非常重要的概念，它们形象地描述了继承的层次关系。

继承节省了定义新类的大量工作，可以方便地重用代码。例如，把汽车作为父类，当创建汽车的子类轿车时，品牌、价格、最高时速等属性会自动地被定义，调用刹车方法时会自动调用在汽车类中定义的刹车方法。但一个子类不必非要使用继承下来的属性和方法，一个子类可以选择覆盖已有的属性和方法，或添加新的属性和方法。

由继承产生的子类比超类具有更多的特征，因此有时很容易混淆二者的概念。通常情况下，每个子类的对象"is"它的超类的对象。一个超类可以有很多个子类，所以超类的集合通常比它的任何一个子类集合都大。例如交通工具包含飞机、汽车、自行车等，而汽车子类只是交通工具中的一个小子集。

4.1.2 继承层次

继承关系可以用树形层次表达出来。图4-1所示为汽车类的继承层次关系，注意，汽车类定义了品牌、价格、最高时速等属性（成员变量），以及刹车、启动等方法。当定义继承汽车类的子类卡车时，它自动继承汽车类的属性和方法。

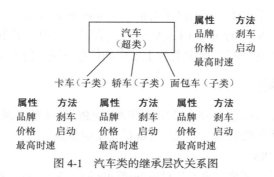

图 4-1 汽车类的继承层次关系图

继承只是代码重用的一种方式,滥用继承会造成很严重的后果。只有当需要向新类添加新的操作,并且把已存在类的默认行为融合进新类中时,才需要继承已存在的类。

4.2　Java 中的继承

在 Java 中,实际上所有的类均直接或间接继承自 java.lang.Object 类,也可以说 Object 类是 Java 中的总根类。实际开发中,如不特殊指定,开发人员自己定义的类均直接继承自 Object 类。

4.2.1　派生子类

在 Java 中,类的继承通过 entends 关键字实现。在创建新类时,使用 extends 指明新类的父类,具体语法如下。

```
class 子类名 extends 父类名
{
    子类类体
}
```

Java 中不允许多重继承,子类只能从一个超类中继承而来,即单一继承,但可以通过接口实现多重继承。有关接口的概念将在下一章介绍。

下面的代码中,汽车 Car 类继承交通工具 Vehicle 类,卡车 Truck 类继承 Car 类。

```
1    //此为一个交通工具类
2    class Vehicle {  }
3    //此为一个继承交通工具的汽车类
4    class Car extends Vehicle {  }
5    //此为一个继承汽车类的卡车类
6    class Truck extends Car {  }
```

对于代码中的继承关系,在面向对象中可以使用图 4-2 所示的描述方式。

- Vehicle 是 Car 的父类,Car 是 Vehicle 的子类。
- Car 是 Truck 的父类,Truck 是 Car 的子类。
- Car 继承自 Vehicle,Truck 继承自 Car,Truck 继承自 Vehicle。
- Car 派生自 Vehicle,Truck 派生自 Car,Truck 派生自 Vehicle。

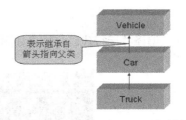

图 4-2　Vehicle、Car 和 Truck 继承树

可以使用"IS-A"关系表述上面的继承关系:"Car extends Vehicle"指"Car IS-A Vehicle",并且也可以说"Truck IS-A Vehicle",因为 Vehicle 类在继承树中位于 Truck 类的上面。所以可以得到如下规则:只要类 A 位于继承树中类 B 上层中的任意一级,便可以说"B IS-A A"。

4.2.2 继承规则

当类 B 成功继承类 A 后,就涉及成员变量的继承问题。下面将从两个方面介绍成员变量继承的相关知识,主要包括成员变量的继承规则与成员变量的隐藏。

1. 成员变量的继承规则

成员变量能否被继承,完全取决于其对应的访问限制,在上一章中提到的访问限制修饰符对继承造成的影响,将在本小节进行详细介绍,主要分如下 4 个方面。

- 公有成员
- 私有成员
- 默认(不写)成员
- 受保护的成员

在上一章中已经提到,对于子类,如果其父类的成员声明为 public 类型,那么无论这两个类是否在同一个包中,子类均能继承其父类的该成员,例 4-1 说明了这个问题。

【例 4-1】 public 类型成员变量示例 1。

```
1    packgae chapter04.sample4_1
2    // Myclass 类把 String 类型的成员变量 str 声明为 public,若建立 Myclass 的子类,则
3    //成员变量 str 将被其子类继承。
4    public class Myclass
5    {
6        public String str="该成员变量为public类型,能够被子类成功继承!!!";
7    }
8    //下面的 Sample4_1 类继承上面的 Myclass 类
9    public class Sample4_1 extends Myclass{
10       public void getShow()
11       {
12           System.out.print("\n子类内代码调用结果:"+this.str);
13       }
14       public static void main(String[] args)
15       {
16           //创建对象并访问方法与成员
17           Sample4_2 s=new Sample4_2();
18           System.out.print("子类外代码调用结果:"+s.str);
18           s.getShow();
19       }
20   }
```

编译并运行代码,结果如图 4-3 所示。

图 4-3 例 4-1 运行结果

当成员变量声明为 private 类型时，任何子类都不能继承该成员。例如，对代码 Myclass 稍做修改，修改后代码如下。

```
public class Myclass{
    private String str="该成员变量为private类型，不能被成功继承！！！";
}
```

重新编译 Myclass 代码，运行结果如图 4-4 所示。

图 4-4　修改后运行结果

从结果中可以看出，在编译 Sample4_1 代码时，系统报 "str 在 Myclass 中访问 private 错误"。表达的含义是，由于 str 是 private 的，只能在声明其的类中被访问。

当成员变量声明为默认类型时，包外的子类不能继承该成员变量，而在包内则相当于 public，任何子类都可以继承该成员变量，下面的例子说明了这个问题。

【例 4-2】　public 类型成员变量示例 2。

```
1   package chapter04.sample4_2;
2
3   public class MyClass {
4       String str = "该成员变量为默认类型，其在包内能够被成功继承！！！";
5   }
6   package chapter04.sample4_2;
7   // Sample4_2j 继承 MyClass
8   public class Sample4_2 extends MyClass {
9       public void getShow() {
10          System.out.println("\n子类内代码调用结果：" + this.str);
11      }
12      public static void main(String[] args) {
13          Sample4_2 s = new Sample4_2();
14          System.out.print("子类外代码调用结果：" + s.str);
15          s.getShow();
16      }
17  }
```

编译并运行代码，结果如图 4-5 所示。

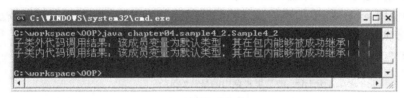

图 4-5　例 4-2 运行结果

2．成员变量的隐藏

对于成员变量来说，当子类本身具有与继承自父类的成员变量名称相同的成员变量时，便构成了成员变量的隐藏。其含义是，在子类中直接调用该成员变量时，将调用的是子类中本身具有的成员变量，而不是从父类继承的成员变量，例 4-3 说明了这个问题。

【例 4-3】 成员变量隐藏示例。

```
1   package chapter04.sample4_3;
2   //父类
3   Publlic class Father
4   {
5       String s="父类的成员变量";
6   }
7   //子类
8   Publlic class Son extends Father
9   {
10      String s="子类的成员变量";
11      public void show()
12      {
13          System.out.println("这里将调用的是："+s);
14      }
15  }
16  public class Sample4_3 {
17      public static void main(String[] args)
18      {
19          //创建对象并调用方法
20          Son s=new Son();
21          s.show();
22      }
23  }
```

编译并运行代码，结果如图 4-6 所示。

图 4-6 例 4-3 运行结果

从图 4-6 可以看到，打印的是子类的成员变量，而非父类的。那么父类的成员是否被继承过来了呢？答案是肯定的，因为父类中的变量对其子类来说是可继承的。只是由于子类本身具有与其名称相同的成员变量，所以被隐藏起来了。

在子类中使用 super 关键字，便可以访问该变量，如将代码 Son 中的 show 方法修改如下。

```
1   //子类的方法
2   public void show()
3   {
4       System.out.print ("这里将调用的是："+s);
5       System.out.println("；这里将调用的是："+super.s);
6   }
```

编译运行修改后的代码，结果如图 4-7 所示。

从图 4-7 可以看出，子类成功地调用了被隐藏的成员变量。

图 4-7　修改后运行结果

4.2.3　方法的继承与覆盖

在类继承机制中，方法的继承和覆盖是其核心内容之一。方法继承允许子类使用父类的方法，而覆盖是在子类中重新定义父类中的方法，更显示了继承的灵活性。

1．方法的继承

从本质上讲，方法也是一种成员，因此继承规则与成员变量的继承规则完全一样，其是否能被继承同样取决与访问限制。例 4-4 说明了 public 的方法被继承的情况。

【例 4-4】　方法继承示例。

```
1   package chapter04.sample4_4;
2   public class Father {
3       public void show()
4       {
5           System.out.println("该方法为public类型，方法被成功继承！！！");
6       }
7   }
8   public class Son extends Father{
9       public void getShow()
10      {
11          System.out.print("\n子类内代码调用结果：");
12          this.show();
13      }
14  }
15  public class Sample4_4 {
16      public static void main(String[] args) {
17          Son s = new Son();
18          System.out.println("子类外代码调用结果：");
19          s.show();
20          s.getShow();
21      }
22  }
```

编译运行代码，结果如图 4-8 所示。

图 4-8　例 4-4 运行结果

从例 4-4 可以看出，方法的继承规则与成员变量完全相同，其他类型访问限制的方法，读者可以参照成员变量的继承规则以及上述代码自行验证。

2. 方法的覆盖

子类的自身方法中，若与继承过来的方法具有相同的方法名，便构成了方法的重写（有的资料称之为方法的覆盖）。重写的主要优点是能够定义各子类的特有行为，例 4-5 说明了这个问题。

【例 4-5】 方法覆盖示例。

```
1   package chapter04.sample4_5;
2   class Vehicle
3   {
4       public void startUp()
5       {
6           System.out.println("一般交通工具的启动方法！！！");
7       }
8   }
9   class Car extends Vehicle
10  {
11      public void startUp()
12      {
13          System.out.println("轿车的启动方法！！！");
14      }
15  }
16  public class Sample4_5
17  {
18      public static void main(String[] args)
19      {
20          //创建对象并调用方法
21          Car c=new Car();
22          System.out.print("实际调用的方法为：");
23          c.startUp();
24      }
25  }
```

编译运行代码，结果如图 4-9 所示。

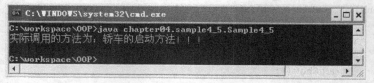

图 4-9 例 4-5 运行结果

如果将第 11～14 行代码注释掉，再次编译运行，结果图 4-10 所示。

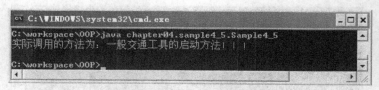

图 4-10 修改后再次运行结果

从上面的两次运行可以看出，如果子类重写了方法，则调用子类重写的方法，否则将调用从父类继承的方法。同样，若用父类引用指向子类对象，当父类引用调用被重写的方法时，Java 会如何处理呢？将例 4-5 中主方法修改为如下代码，并将 11～14 行代码注释去掉。

```
1   public static void main(String[] args)
2   {
3       //创建对象并调用方法
4       Vehicle v=new Car();
5       System.out.print("实际调用的方法为: ");
6       v.startUp();
7   }
```

语法上，父类引用只能调用父类中定义的方法，若只是子类中有的方法，不能通过父类引用调用，否则编译报错。

编译运行修改后的代码，读者会发现运行结果与图 4-9 所示完全一样，这说明当父类的引用指向子类对象时，若访问被重写的方法，则将访问被重新定义的子类中的方法。

要特别注意的是，方法的调用按对象的类型调用，无论使用什么类型的引用，其调用的都是具体对象所在类中定义的方法。这与成员变量不同，成员变量按引用的类型调用，前面已经介绍过，这里不再赘述。同时，这也是实现多态的方式，多态的问题在本章的最后介绍。

若想构成方法的重写，子类中方法名与参数列表必须完全与被重写的父类方法相同。一旦构成重写，必须遵循如下规则。

- 返回类型若为基本数据类型，则返回类型必须完全相同；若为对象引用类型，必须与被重写方法返回类型相同，或派生自被重写方法的返回类型。
- 访问级别的限制一定不能比覆盖方法的限制窄，可以比被重写方法的限制宽。
- 不能重写被表示为 final 的方法。
- 覆盖是基于继承的，如果不能继承一个方法，则不能构成重写，不必遵循覆盖规则。

4.2.4 this 与 super

在 Java 中，this 和 super 与继承是密切相关的。this 常用来引用当前对象，而 super 常用来引用父类对象。

1. this

方法中的某个对象与当前对象的某个成员有相同的名字，这时为了不至于混淆，可以使用 this 关键字来指明要使用某个成员，使用方法是 "this.成员名"，即使用 this 隐式地引用对象的实例变量和方法。例 4-6 是使用 this 引用的简单例子。

【例 4-6】 this 使用示例 1。

```
1   package chapter04.sample4_6;
2   public class Sample4_6 {
3       private String s = "haha";
4
5       public String getString() {
6           String s = "kaka";
7           System.out.println("方法中:" + s);
8           return this.s;
9       }
10      public static void main(String args[]) {
11          Sample4_6 g = new Sample4_6();
12          System.out.println(g.getString());
13      }
14  }
```

编译运行代码，结果如图 4-11 所示。

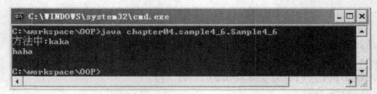

图 4-11　例 4-6 运行结果

在上面的例子中，getString()中声明变量 s，并输出 s 的内容，而利用 this 引用当前类中的 private 变量作为方法的返回值。运行后，结果显示输出该类的私有变量 s 中的内容，而不是 getString() 方法中的 s 变量。

除引用当前类对象外，this 更多的用来将当前对象的引用作为参数传递给方法或者对象。例 4-7 体现了 this 的该用法。运行结果如图 4-12 所示。

【例 4-7】　this 使用示例 2。

```
1    package chapter04.sample4_7;
2    import java.applet.Applet;
3    import java.awt.Graphics;
4    import java.awt.Label;
5    import java.awt.TextField;
6    import java.awt.event.ActionEvent;
7    import java.awt.event.ActionListener;
8    public class Sample4_7 extends Applet implements ActionListener {
9        Label info;
10       TextField input;
11       double d = 0.0;
12       public void init() {
13           info = new Label("请输入要转换的英镑数目");
14           input = new TextField(15);
15           add(info);
16           add(input);
17           input.addActionListener(this);
18       }
19       public void paint(Graphics g) {
20           g.drawString("转换为人民币为:" + d, 25, 70);
21       }
22       public void actionPerformed(ActionEvent e) {
23           d = (Double.valueOf(input.getText()).doubleValue()) * 10.356;
24           repaint();
25       }
26   }
```

init()中调用 TextField 的 addActionListener()方法，该方法将 ActionListener 的对象作为参数。而在类 Sample4_7 中使用 implements 实现了 ActionListener，所以使用关键字 this 将当前的 Sample4_7 类对象作为 addActionListener()方法的参数。

除上述用法外，this 还可以调用当前类的构造函数，方法是 this (实参)。例 4-8 说明了 this 的这种用法。

图 4-12　例 4-7 运行结果

【例 4-8】　this 使用示例 3。

```
1    package chapter04.sample4_8;
2    public class Sample4_8 {
3        private int x, y;
```

```
4      public Sample4_8(int x, int y) {
5          this.x = x;
6          this.y = y;
7      }
8      public Sample4_8() {
9          this(0, 0);  //this(参数)调用本类中另一种形成的构造函数
10     }
11     public static void main(String srgs[]) {
12         Sample4_8 s = new Sample4_8();
13         System.out.println(s.x);
14         System.out.println(s.y);
15     }
16 }
```

编译运行代码，结果如图 4-13 所示。

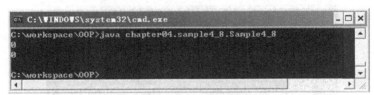

图 4-13　例 4-8 运行结果

在上面的例子中，Sample4_8 类有 2 个构造函数，一个有参数，一个没参数。在不带参数的构造函数中使用 this 调用该类中另一个带参数的构造函数。

2. super

super 用来引用父类的成员，包含父类的构造函数、属性以及方法。使用方法为 super 变量名或 super.方法名（实参）。

【例 4-9】　super 使用示例。

```
1  package chapter04.sample4_9;
2  public class Person {
3      public String info = "我是父类";
4      public static void printMessage(String s) {
5          System.out.println(s);
6      }
7      public Person() {
8          printMessage("A Person.");
9      }
10     public Person(String name) {
11         printMessage("A person name is:" + name);
12     }
13 }
14 // Sample4_9 继承 Person 类
15 public class Sample4_9 extends Person {
16     public Sample4_9() {
17         super();
18         printMessage("相关信息:");
19         System.out.println(super.info);
20     }
21     public Sample4_9(String name) {
22         super(name);
23         printMessage("名字:" + name);
```

```
24        }
25        public Sample4_9(String name, int age) {
26            this(name);
27            printMessage("年龄:" + age);
28        }
29        public static void main(String[] args) {
30            Sample4_9 cn = new Sample4_9();
31            cn = new Sample4_9("张三");
32            cn = new Sample4_9("张三", 22);
33        }
34    }
```

编译运行代码，结果如图 4-14 所示。

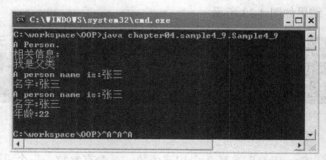

图 4-14　例 4-9 运行结果

在上面的例子中，Sample4_9 类继承 Person 类后，在 3 个构造函数中分别使用 super 关键字引用父类中的 3 个构造函数。在 Sample4_9 构造函数中使用 super.info 获得父类中 info 变量的内容。

4.3　强制类型转换

在前面的章节中曾经介绍过，将一个类型强制转换为另一个数据类型的过程称为强制类型转换。本节中的强制类型转换只在继承过程中发生引用类型转换，而不是基本数据类型的转换。

引用类型转换指对象引用的强制类型转换，在学习对象引用的强制类型转换之前，先介绍一下对象引用能指向什么样的对象。通过前面几章的学习，可以知道不管什么类型的对象引用，均能指向其自身类型的对象实例，下面的代码说明了这个问题。

```
1    //汽车类型的引用 c 指向汽车类型的对象
2    Car c=new Car();
3    //卡车类型的引用 t 指向卡车类型的对象
4    Truck t=new Truck();
```

另外，父类的引用变量还可以指向由其派生出的直接或间接子类的对象。也就是说，只要类 B 派生自类 A（类 B 可以不是类 A 的直接子类），类 A 的引用变量便可以指向类 B 的对象。例如，有如下 3 个类的声明。

```
1    class Vehicle { }
2    //Car 类继承自 Vehicle 类
3    class Car extends Vehicle { }
4    //Truck 类继承自 Car 类
5    class Truck extends Car { }
```

Truck 类继承自 Car 类，所以 Truck 类也是 Vehicle 类派生出来的子类（间接）。

对于如上 3 个类的引用变量可以这样进行赋值，代码如下：

```
1    Vehicle v=new Car();
2    v=new Truck();
3    Car c=new Truck();
```

上面的代码中，汽车是交通工具，卡车不仅是汽车，而且也是交通工具。这样交通工具所具有的特征和行为，汽车和卡车也一定具有，可以将汽车或卡车看作交通工具，都是由父类引用指向子类对象。这是因为，由父类派生出来的子类，具有了父类的特征和行为，可以将子类对象看作父类对象。

汽车具有的属性和行为，交通工具不一定具有，但是卡车则一定具有。因此可以说，汽车一定是交通工具，但交通工具不一定是汽车。所以，交通工具类型的引用可以指向汽车或者卡车对象，汽车类型的引用可以指向卡车对象，但汽车引用则不能指向车辆对象。

这样做的意义是实现基于继承的多态，有了多态可以大大提高程序的灵活性。所谓基于继承的多态是指，父类的引用可以根据需要将引用指向不同的子类对象，来调用不同的子类实现。这样父类引用的选择性将变得很灵活，在本章的最后将详细介绍基于继承的多态。

Java 中引用类型的转换实现起来要比 C++ 简单得多，如果一个对象与另一个对象没有任何的继承关系，那么它们就不能进行类型转换。下面的例子显示了如何进行引用类型的转换。

【例 4-10】 引用类型的转换示例。

```
1    package chapter04.sample4_10;
2    public class Car {
3        String aMember="我是汽车类的成员变量";
4    }
5    // Truck 基础 Car 类
6    public class Truck extends Car{
7        String aMember="我是卡车类的成员变量，汽车类也有";
8    }
9    public class Sample4_10 {
10       public static void main(String[] args) {
11           Car c = new Truck();
12           System.out.println("访问的成员为: " + c.aMember + "!");
13       }
14   }
```

编译运行代码，结果如图 4-15 所示。

从图 4-15 中可以看出，虽然对象是子类 Truck 的，但打印的是父类 Car 的成员变量。这是因为在运行时，对于成员变量的访问系统接受的是引用类型，引用是哪个类的，系统就访问哪个类的成员。若要访问子类 Truck 对象的成员，则需要将指向对象的父类引用转换为子类类型。

图 4-15 例 4-10 运行结果

将第 13 行代码（确认表述是否正确）修改如下。

```
System.out.println("访问的成员为: "+((Truck)c).aMember+"!");
```

上面代码中，在 c 引用前加上一对圆括号，在圆括号中放类名的语法称为强制类型转换，表示把 Car 型引用转换为 Truck 型。

强制类型转换转的只是引用类型，真正指向的对象是不会发生变化的，可以将引用看作看待对象的角度、层次。这就像可以将红富士看作苹果，也可以看作水果一样，看待的角度、层次虽然变了，但苹果还是那个苹果。

编译运行修改后的代码，结果如图 4-16 所示。

图 4-16 例 4-10 修改后运行结果

从图 4-16 中可以看出，此次打印的是子类的成员，因为引用的类型已经转换成子类 Truck 型了。要注意的是，对于编译，只要被转换的引用类型与转换后的目标类型是派生或被派生关系编译就会通过，请考察例 4-11。

【例 4-11】 引用类型的转换示例。

```
1    package chapter04.sample4_11;
2    //水果类
3    public class Fruit {
4    }
5    class Fruit {
6    }
7    //苹果类继承水果类
8    public class Apple extends Fruit {
9    }
10   //梨类继承水果类
11   public class Pear extends Fruit {
12   }
13   public class Sample4_11 {
14       public static void main(String[] args) {
15           Fruit f = new Apple();
16           Pear p = f;
17       }
18   }
```

编译代码，将不会报告任何错误，编译通过。但是代码的第 7 行是有问题的，苹果怎么能看成梨呢？确实如此，只是编译的时候系统并不知道引用指向的具体对象是什么，只能根据引用类型来判断。

如果将水果（Fruit）对象转成梨（Pear），而梨派生自水果，编译会通过的。如果将水果转换为没有任何关系的其他引用类型，则编译报错，这点读者请自行操作。运行代码，结果如图 4-17 所示。

图 4-17 例 4-11 运行结果

从结果可以看出，系统报"java.lang.ClassCastException"异常，这是因为 Fruit 型引用 f 实际上指向的是 Apple 型对象，不能被看作是梨。还可以看出，在运行时才真正能确定是否能进行引用的强制类型转换。

4.4 动 态 绑 定

所谓的动态绑定，通俗的就是指，对象在调用方法的时候能够自己判断该调用谁的方法。所以动态绑定一般发生在继承、方法重载时。

那么发生方法重载时，编译器如何确定调用的方法呢？例如，调用 c.f（arg）时，首先需要将 c 声明为 B 类的对象。此时，如果在 B 类中，存在多个 f 方法，只是 f 的参数类型不同，调用 f（int）或者 f（String）时，编译器逐一列举 B 类中所有名为 f 的方法以及 B 类超类中访问权限为 public 的名为 f 的方法。如果存在与 c.f（arg）中 arg 类型相匹配的方法，那么就调用这个方法。由此，调用哪个方法依赖于隐式参数的实际类型。这个过程可以就是一个动态绑定的过程。

例 4-12 是一个动态绑定的例子。

【例 4-12】 动态绑定示例。

```
1   package chapter04.sample4_12;
2   public class Test {
3       public Test() {
4       }
5       public void setName(String n) {
6           this.name = n;
7           System.out.println("在父类中");
8       }
9       public String getName() {
10          return this.name;
11      }
12      private String name;
13  }
14  //Sample4_12 继承 Test 类
15  public class Sample4_12 extends Test {
16      public void setArea(String a) {
17          this.area = a;
18      }
19      public String getArea() {
20          return this.area;
21      }
22      public static void main(String[] args) {
23          Sample4_12 child = new Sample4_12();
24          Test test[] = new Test[2];
25          test[0] = child;
26          test[0].setName("silence");
27          test[1] = new Test();
28      }
29      private String area;
30  }
```

运行结果如图 4-18 所示。

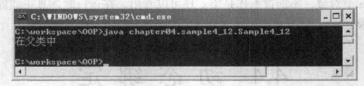

图 4-18 例 4-12 运行结果

上面的例子执行过程如下。

（1）查看 test[0]声明的类型，即 Sample4_12 类，然后获得方法名 setName，接着把 PolymorphicTest 类中的所有名为 setName 的方法以及其父类中所有名为 setName 的 public 方法列出来。若没有名为 setName 的方法，则调用失败，否则转到（2）。

（2）根据调用方法的参数类型来对上一步列出来的所有方法进行匹配，直到找到一个匹配的转到（3），如果没有匹配则调用失败。

（3）若 test[0]所指向（refer to）的对象的类型为其一个子类，则需查看子类有没有覆盖该方法，若有，则执行子类中的方法。

如果这个方法是 private、static 或者 final 类型的，就不用进行动态绑定了，因为编译器可以很准确地知道要调用哪个方法。且查询匹配方法时，是按照继承树逐级向上查找的，直到找到第一个匹配的为止。

但是由于 Java 中允许类型转换，所以寻找合适的方法是一个复杂的过程，如果编译器没有找到合适的方法，或者发现类型转换后有多个方法与之匹配，则编译器会报错。

4.5 终止继承：Final 类和 Final 方法

关键字 Final 不但可以用来修饰变量，而且对类及其方法的继承也有很大的影响，本节将从类与方法两方面介绍 final 关键字的功能。

4.5.1 Final 类

当关键字 final 用来修饰类时，其含义是该类不能再派生子类。换句话说，任何其他类都不能继承用 final 修饰的类，即使该类的访问限制为 public 类型，也不能被继承；否则，将编译报错。

那么什么时候应该使用 final 修饰类呢？只有当需要确保类中的所有方法都不被重写时才应该建立最终（final）类，final 关键字将为这些方法提供安全，没有任何人能够重写 final 类中的方法，因为不能继承。

下面的例子说明了 final 的类不能被继承。

【例 4-13】 final 类示例。

```
1    //Father 类是 final 的
2    package chapter04.sample4_13;
3    public final class Father {
4    }
5    // Sample4_13 试图继承 final 的类 Father
```

```
6    public class Sample4_13 extends Father
7    {
8           ……
9    }
```
编译代码，结果如图 4-19 所示。

图 4-19 例 4-13 编译结果

从图 4-19 可以看出，编译找不到 Father 类。由于将 Father 声明为 final，所以 Sample4_13 类无法继承 Father 类。

4.5.2 Final 方法

当用 final 关键字修饰方法后，该方法在子类中将无法重写，只能继承，下面的代码说明了这个问题。

【例 4-14】 final 方法示例。
```
1    package chapter04.sample4_14;
2    public class Father {
3        public final void show() {
4            System.out.println("我是Final方法,可以被继承,但是不能被重写");
5        }
6    }
7    //Son 类继承 Father 类
8    public class Son extends Father{
9    }
10   public class Sample4_14 {
11       public static void main(String[] args) {
12           // 创建对象并调用方法
13           Son s = new Son();
14           s.show();
15       }
16   }
```
编译运行代码，结果如图 4-20 所示。

图 4-20 例 4-14 运行结果

从图 4-20 可以看出，代码正常编译运行，final 的方法 show 被成功继承。但是若试图将 final 的方法在子类中重写，将编译报错。例如，将上述代码中的 Son 类修改为：

```
1    Public class Son extends Father
2    {
3        public void show()
4        {
5            System.out.println("重写 Finla 方法");
6        }
7    }
```

重新编译，结果如图 4-21 所示。

图 4-21 重新编译结果

从图 4-21 可以看出，无法找到 Son 类。那是因为在 Son 类中的 show()无法覆盖 Father 中的 show()，被覆盖的方法被 final 修饰，说明 final 的方法不能被继承。

要恰当使用 final 的方法，只有在子类覆盖某个方法会带来问题时，再将此方法设为 final 的方法，一般情况下可以不必使用。因为防止子类覆盖会失去一些面向对象的优点，包括通过覆盖实现的可扩展性。

4.6 抽 象 类

在现实世界中，当人们认识世界时，也会把现实世界很多具有相同特征的事物归为一个抽象类。例如，水果是很多种具体植物果实的总称（抽象类），当需要拿出一个水果的实例时，拿出来的不是苹果就是香蕉等具体种类的实例，拿不出只是水果的实例。在需要一个抽象类实例时，只能用某个具体类的实例来代替。

Java 是用来抽象和描述现实世界的，因此也提供抽象类，并且其永远不能实例化，其唯一用途是用于继承扩展，这与人们认识现实世界的方式是相同的。本节介绍抽象类和抽象方法。

4.6.1 抽象类

如果从上而下观察类的层次结构，位于上层的类更具有通用性。一般情况下，人们将这些通用的类作为派生其他类的基类。在 Java 中，可以使用 abstract 关键字声明抽象类和抽象方法。下面的例子将 Car 类声明为抽象类。

【例 4-15】 抽象类示例。

```
1    package chapter04.sample4_15;
2    //声明了抽象的类 Car
```

```
3    public abstract class Car {
4        private double price;
5        private String brand;
6        private int speed;
7    }
8    public class Sample4_15 {
9        public static void main(String[] args)
10       {
11       }
12   }
```

Car 类表示轿车，里面有 3 个成员变量，分别表示所有轿车都有的价格、品牌、最高时速等属性。

编译代码，系统不会报告任何错误，编译通过。但是如果想创建 Car 类的对象，就不能通过编译了，在代码的 10、11 行间插入如下代码。

```
Car c;
c=new Car();
```

编译修改后的代码，运行结果图 4-22 所示。

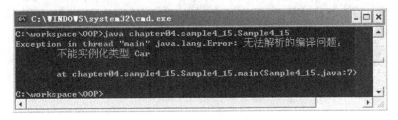

图 4-22　例 4-15 运行结果

从图 4-22 可以看出，添加代码的第一行没有问题，抽象的类可以声明引用。第二行报"不能实例化 Car"错误，因为抽象的类不能实例化，也就是创建对象。

不能把一个类同时标识为 abstract 和 final，这两个关键字有着相反含义，abstract 的类表示很多类的事物总称，可以再分子类；而 final 的类一定不能再分子类。若一起使用上述两个关键字修饰同一个类，代码将不能通过编译。

4.6.2　抽象的方法

抽象方法充当着占位的角色，其具体实现在子类中。抽象方法是只有方法声明，没有方法体，使用 abstract 关键字来声明的方法。因为抽象方法没有方法体，用分号表示声明结束，下面给出了抽象方法的声明。

```
public abstract void startup (…)
```

抽象类与抽象方法之间的关系是，抽象的方法只能存在于抽象的类中，例 4-16 说明了这个问题。

【例 4-16】　抽象方法示例。

```
1    package chapter04.sample4_16;
2    //非抽象的类 Car
3    public class Car
4    {
5        private double price;
6        //抽象的方法 startUp
7        public abstract void startUp();
```

```
8        //非抽象方法 getPrice
9        public double getPrice()
10       {
11           return this.price;
12       }
13   }
14   public class Sample4_16
15   {
16       ......
17   }
```

抽象类中可以有非抽象的方法。抽象类中的非抽象方法，往往是抽象类所有子类都具有的，且不会因为子类的不同而不同，如例 4-16 中获取价格的 getPrice 方法。

抽象类中的抽象方法没有方法体，也就是没有方法的实现，是因为这些方法会因为子类的不同而具体实现不同，例如上面例子中汽车的启动方法 startUp()。

编译 Car 类代码，结果如图 4-23 所示。

图 4-23　例 4-16 编译结果

从结果可以看出，系统报"Car 不是抽象的，并且未覆盖 Car 中的抽象方法 startUp()"错误，其含义是非抽象类 Car 中不能有抽象的方法 startUp()。如果想正常通过编译，将 Car 类声明为抽象类即可。

当某类继承自抽象类时，如果其本身不是抽象类，则必须实现所继承抽象类中的抽象方法。抽象类的第一个非抽象子类必须实现其父类所有的抽象方法，其中也包括父类继承的抽象方法，否则编译报错。

例如，具有启动（startUp）方法的抽象车辆类 Car，其每个具体子类都必须实现其自己的、专属于某种类型车辆的具体启动（startUp）方法，例 4-17 说明了上述规则。

【例 4-17】 抽象方法示例 2。

```
1   package chapter04.sample4_17;
2   //定义抽象类 Car
3   abstract class Car {
4       // 定义抽象方法 startUp
5       public abstract void startUp();
6   }
7   //定义抽象类 Mazda 并使该类继承自 Car
8   abstract class Mazda extends Car {
9       //定义抽象方法 turbo
10      public abstract void turbo();
11  }
12  //定义非抽象类 Mazda6 继承自 Mazda
13  public class Mazda6 extends Mazda {
14      // 实现 startUp 方法
```

```
15      public void startUp() {
16          System.out.println("调用了Mazda6的启动功能！！！");
17      }
18      // 实现turbo方法
19      public void turbo() {
20          System.out.println("调用了Mazda6的加速功能！！！");
21      }
22  }
23  //定义非抽象类Mazda3继承自Mazda
24  public class Mazda3 extends Mazda {
25      // 实现startUp方法
26      public void startUp() {
27          System.out.println("调用了Mazda3的启动功能！！！");
28      }
29      // 实现turbo方法
30      public void turbo() {
31          System.out.println("调用了Mazda3的加速功能！！！");
32      }
33  }
34  public class Sample4_17 {
35      public static void main(String[] args) {
36          // 创建Mazda6对象并使该类引用m6指向该对象
37          Mazda6 m6 = new Mazda6();
38          // 调用Mazda6对象中的方法
39          m6.startUp();
40          m6.turbo();
41          // 创建Mazda3对象并使该类引用m3指向该对象
42          Mazda3 m3 = new Mazda3();
43          // 调用Mazda3对象中的方法
44          m3.startUp();
45          m3.turbo();
46      }
47  }
```

例4-17的代码中定义了4个类，Car、Mazda、Mazda6和Mazda3，其中Car、Mazda为抽象类。由于它们分别代表轿车与Mazda轿车，故不能是具体类，因为轿车与奥迪轿车还能分很多子类。Mazda6和Mazda分别代表Mazda 6与Mazda 3的具体车型，故为非抽象类。

4个类之间的继承关系是，Mazda继承Car，Mazda6和Mazda3继承Mazda。

Mazda6和Mazda3在继承了Mazda抽象类后分别实现了其中Mazda车特有的加速（turbo）方法，还实现了Mazda从Car继承而来的启动（startUp）方法。可以看出Mazda6和Mazda3的实现是不同的，这也符合现实世界。

编译运行代码，结果图4-24所示。

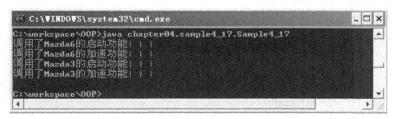

图4-24 例4-17运行结果

从上面的例子可以看出，具体的 Mazda6 和 Mazda3 实现了启动、加速的方法后，这些方法才有了具体的实现。同时，这也是实现面向对象中多态的一种方式，多态的问题，将在下面的章节介绍。

另外需要注意的是，方法永远不可能同时标识为 abstract 和 final，二者之间存在着相反的含义，abstract 修饰的方法为必须要重写实现的方法，而 final 是阻止重写的。当然 private 与 abstract 也不能同时修饰方法，因为 private 阻止继承，也就阻止了重写实现，这与 abstract 也是违背的。例如，下边声明的抽象方法均是非法的。

```
public abstract final void startUp();
private abstract void startUp();
```

4.7 多 态

前面介绍继承与覆盖以及强制类型转换时都曾提及"多态"的概念。多态性（Polymorphism）在实际中的含义就是不同的对象有相同的轮廓或形态，但具体执行的过程却大相径庭。例如，驾驶员在开车时都知道"遇到红灯时刹车"，这与驾驶员驾驶的是什么型号的车无关，所有的车都具有相同的轮廓或形态的刹车。

在 Java 开发中，基于继承的多态就是指对象功能的调用者用超类的引用来进行方法调用。这样，可以提高灵活性，因为用超类的引用能调用各种不同的子类实现，就像汽车驾驶员可以开各种不同的汽车一样。

例 4-18 说明了这个问题。

【例 4-18】 多态示例。

```
1    //定义抽象类 Car
2    package chapter04.sample4_18;
3    public abstract class Car {
4        //定义抽象方法 brake
5        public abstract void brake();
6    }
7    //定义非抽象类 Truck 继承自 Car 类
8    public class Truck extends Car{
9        //实现 brake 方法
10       public void brake()
11       {
12           System.out.println("卡车刹车！！");
13       }
14   }
15   //定义非抽象类 SUV 继承自 Car 类
16   public class SUV extends Car {
17       //实现 brake 方法
18       public void brake() {
19           System.out.println("正在 SUV 上刹车！！");
20       }
21   }
22   public class Sample4_18 {
23       public static void main(String[] args)
24       {
```

```
25          //声明 Car 引用 c 并将其指向 Truck 类的对象
26          Car c=new Truck();
27          System.out.print("调用的方法为: ");
28          //使用引用 c 调用 brake 方法
29          c.brake();
30          //将引用 c 指向 Mini 类的对象
31          c=new SUV();
32          System.out.print("调用的方法为: ");
33          //使用引用 c 调用 brake 方法
34          c.brake();
35      }
36  }
```

上面代码中定义了 3 个类 Car、Truck 和 SUV，其中 Car 表示汽车，为抽象类，其中有抽象的刹车（brake）方法，方法的名称表示所有汽车刹车的一般形态。Truck 与 SUV 分别表示卡车与 SUV 汽车，分别重写实现了它们父类 Car 中的抽象刹车方法，提供不同子类的刹车实现。

在 main 方法中，驾驶者（定义 Car 型引用 c）可以去开卡车（引用 c 指向 Truck 对象），同样也可以去开 SUV 汽车（引用 c 指向 SUV 对象）。

编译运行上述代码，结果如图 4-25 所示。

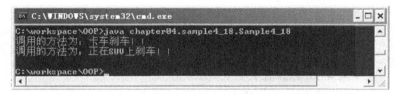

图 4-25　例 4-18 运行结果

从图 4-25 中可以看出，虽然是在汽车（Car）的角度调用刹车方法，但是实际调用的是所指向的具体对象的方法，这样就实现了多态。以后有其他类型汽车的子类也一样可以调用，程序具有很好的灵活性。

下面列出了 Java 中多态的实质、含义与作用。

- 实际上，抽象类中的抽象方法，只是起到了契约的作用。例如，继承自汽车的非抽象类，必须实现具体的刹车方法，否则编译不通过。父类中抽象方法个数是具体子类需要实现方法个数的最低限度，不能比其少，但是可以比父类中抽象方法的个数多，如一些子类中特有的方法。
- 因为具体子类遵守了契约，所以对于调用者而言，只要使用父类的引用就可以使用所有子类实现的各种不同功能，调用者不必了解子类方法中的实现细节。
- 但是，如果站在具体子类的角度上（使用特定具体子类类型的引用），就没有这么强的灵活性了，因为特定类型的子类引用只能指向这个类的对象，要想使用其他类型的对象就不方便了。

4.8　所有类的超类：Object 类

Java 中的所有类都直接或间接继承自 Object 类，因此 Object 类具有的功能所有的类都具有。本节将对 Object 类当中的一些重要的方法进行介绍，主要包括 toString、equals 与 hashCode 方法。

1. toString 方法

toString 方法是 Object 中的重要方法之一，该方法将返回此对象的字符串表示，以便在实际运行或调试代码时可以获取字符串表示的对象状态信息，下面给出了该方法的定义形式。

```
public String toString()
```

Java 中的大多数类都重写了这个方法，通常的方式是将类名以及成员变量的状态信息组合转换为一个字符串返回。

例 4-19 给出了重载 toString 方法的例子。

【例 4-19】 重载 toString 方法示例。

```
1   package chapter04.sample4_19;
2   public class Student {
3       public String name;
4       public int age;
5       public int classNum;
6       // 学生类的无参构造器
7       public Student() {
8       }
9       // 学生类的有参构造器
10      public Student(String name, int age, int classNum) {
11          this.name = name;
12          this.age = age;
13          this.classNum = classNum;
14      }
15      // 重写 toString 方法
16      public String toString() {
17          // 将类名引导的属性序列字符串返回
18          return "学生 t[名字=" + this.name + ",年龄=" + this.age + ",班级="
19                  + this.classNum + "]";
20      }
21  }
22  public class Sample4_19 {
23      public static void main(String[] args) {
24          // 创建名为 jc, 年龄为 21, 学号为 97001 的学生对象
25          Object oo = new Student("张三", 21, 97001);
26          // 打印这个学生对象
27          System.out.println(oo.toString());
28          System.out.println(oo);
29      }
30  }
```

在实际使用过程中，有很多情况都是通过多态调用 toString 方法的，如本例中的第 27 行。这样可以提供很大的方便，无论有什么类型的引用，都可以调用指向对象的 toString 方法。

编译运行代码，结果如图 4-26 所示。

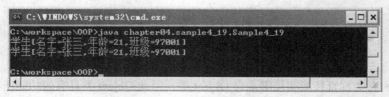

图 4-26 例 4-19 运行结果

从图 4-26 中可以看出，两次打印的结果完全相同。这是因为 System.out.println 方法在打印引用时若引用不为空，则首先调用引用指向对象的 toString 方法获取字符串，然后打印字符串内容。

这也正是 System.out.println 方法可以打印任何对象的原因，不过如果没有重写 toString 方法，就按 Object 类的实现获取字符串，打印出来的内容就很难理解了。因此，开发自己的类时如果没有特殊的要求都应该重写 toString 方法，这是一个良好的习惯。

2. equals 方法的意义

前面介绍比较两个 String 的类内容是否相同时，使用了 equals 方法。其实，equals 方法都是来自 Object 类的，String 类对其进行了重写以满足比较字符串内容的要求。Object 类中设计这个方法就是为了让继承它的类来重写，以满足比较不同类型对象是否等价的要求。

在 Object 类中，该方法的实现相当于如下代码。

```
1    public boolean equals(Object obj)
2    {
3        return (this == obj);
4    }
```

从代码中可以看出，Object 类的实现并没有比较两个对象是否等价的功能，而只是对两个引用进行了"=="比较，相当于比较两个引用是否指向同一个对象。因此，想真正具有比较对象是否等价的功能，需要在特定的类中根据比较规则重写此方法。

前面字符串章节介绍的 StringBuffer 的 equals 方法不能比较内容是否相同，就是因为 StringBuffer 类没有重写 equals 方法。

例 4-20 是一个没有重写 equals 方法的例子。

【例 4-20】 equals 方法示例。代码如下。

```
1    package chapter04.sample4_20;
2    public class Student {
3        // 学生的成员属性
4        public String name;
5        public int age;
6        public int classNum;
7        // 无参构造函数
8        public Student() {
9        }
10       // 有参构造函数
11       public Student(String name, int age, int classNum) {
12           this.name = name;
13           this.age = age;
14           this.classNum = classNum;
15       }
16   }
17   public class Sample4_20 {
18       public static void main(String[] args) {
19           // 创建两个内容相同的学生对象 s1 与 s2
20           Student s1 = new Student("张三", 21, 97001);
21           Student s2 = new Student("李四", 21, 97001);
22           // 使用 equals 方法测试学生对象 s1 与 s2 是否等价(内容是否相同)
23           if (s1.equals(s2)) {
24               System.out.println("学生对象 s1 与 s2 是相同的！！");
25           } else {
```

```
26            System.out.println("学生对象s1与s2是不相同的！！");
27        }
28    }
```

编译运行代码，结果如图 4-27 所示。

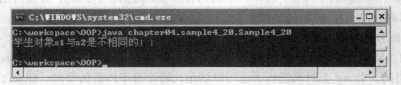

图 4-27　例 4-20 运行结果

从本例中可以看出，通过继承来的 equals 方法不能按照具体的要求测试两个对象是否等价，这就需要在编写特定类时重写该方法，以便符合 equals 的实际需求。

3. hashCode 方法

管理很多对象时，如果采用数组这一类的线性表结构，在进行随机查找时效率将非常差，经常需要遍历整个线性表，随着被管对象的增多性能急剧下降。因此希望产生一种高效的管理方式，这时一般会用到哈希存储的方式。

使用哈希时被存储的对象需要提供一个哈希码（hash code），一般是一个整数值。hashCode 方法的功能就是用来提供所在对象的哈希码，根据对象的不同哈希码的值有所不同。一般每定义一个新的类，都要为其重写一个适合的 hashCode 方法。

图 4-28 所示为哈希存储的工作原理。

进入哈希存储前，首先调用对象的 hashCode 方法获取哈希码，定位对象所在的哈希桶。在哈希桶内部，所有的哈希码相同的不同对象是按照线性表的方式存储的。

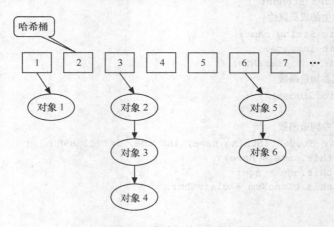

图 4-28　哈希存储的原理

从上面的工作原理中可以看出：

● 如果管理的对象很多，直接用线性表存储，查找的量将非常大，而采用哈希以后，对哈希桶的定位是由计算一步完成的，与对象的个数无关，速度很快；

● 在定位了哈希桶以后，只要保证桶里的对象个数不多，进行线性查找也是很快的。

假如有 1021 个对象，如果在长度为 1021 的线性表中查找一个特定对象，需要很长时间。如果将这 1021 个对象按照某种算法分成 1000 份放在不同的哈希桶里，则只要先确定要找的对象在哪个桶里，然后在桶里对 1000 个对象进行线性查找即可，速度提高了将近 1000 倍！

那么为什么不让每个对象的哈希码都不一样呢？那样不是查找效率更高吗？是的，查找效率会更高，但维护数量庞大的哈希桶会占用太多的时间，另外空间利用率也太低。因此，采用了兼顾查找与维护两方面性能的哈希桶策略。

哈希码决定了分离度，而分离度是否合适很重要，太高不好，太低也不好。若分离度太高，如 100%的分离度，每个对象独自占用一个哈希桶，这样使得桶的数量太多，维护消耗太大；分离度太低也不好，如将所有对象放在一个桶里，这样并没有达到将其分离，使线性查找次数降低的目的。

其实生活中也是如此，例如图书馆对书籍的管理，图书管理员总是将同一类的书放在同一个书架上，当寻找书时，先确定在哪个书架，然后去特定书架上找书。管理员不可能将所有书放在一个书架上，也不可能在一个书架上只放一本书。因为分离度太低或太高，要么查找慢，要么维护费用太高。

小 结

本章首先介绍了 Java 的一项基本特性——继承，及其具体的实现方法。然后介绍了成员变量与方法的继承、方法的重载、final 与 abstract 的类与方法，最后讨论了基于继承的多态在 Java 中的实现。通过本章的学习，为读者后面学习更多其他面向对象的知识打下了良好的基础。

习 题

1. 被继承的类一般称为_____或_____，继承的类称为_____。
2. 在继承中发生的强制类型转换称为_____。
3. 有下面两个类的定义：
   ```
   class Person {}
   class Student extends Person {
   public int id;      //学号
   public int score;   //总分
   public String name; // 姓名
   public int getScore(){return score;}
   }
   ```
   类 Person 和类 Student 的关系是_____。
   A. 包含关系   B. 继承关系
   C. 关联关系   D. 无关系，上述类定义有语法错误
4. 设有下面的两个类定义：
   ```
   public class Father{
       public Father(){
           System.out.println("我是父类");
       }
   public class Child extends AA {
       public Child(){
   ```

```
            System.out.println("我是子类");
        }
    }
```

则顺序执行如下语句后输出结果为_____。

```
    Father   a;
    Child    b;
```

A. 我是父类　　　　　　　　B. 我是子类
   我是子类　　　　　　　　　我是父类

C. 我是父类　　　　　　　　D. 我是父类
   我是父类　　　　　　　　　我是子类

5. 什么是覆盖，它有什么优点？
6. this 和 super 的作用是什么？
7. 什么是动态绑定？

上机指导

继承和多态是面向对象的核心特征。本章在继承基础上介绍了抽象、多态，并在最后讲述了 Java 中的基类——Object 类。在了解这几个概念的基础上，本节对这些知识点进行巩固。

实验一　抽象类的定义及调用

实验内容

建立鱼的抽象类。鱼类 fish，可以分为淡水鱼和热带鱼，这里以淡水鱼为例，淡水鱼包含鲤鱼 carp、鲈鱼 weever、鲶鱼 catfish 等，每种鱼都可以游动。

实验目的

巩固知识点——抽象。抽象是将一类对象中共有的行为放在单独的抽象类中，子类继承抽象类时，即可继承抽象类中的方法，但抽象类中的方法通常什么都不做，需要在子类中实现方法。

实现思路

在 4.7 节中讲述抽象方法时，使用了 mazda 汽车为例实现抽象方法。也可将该例用于其他地方，少量改动该例子，就可以将抽象用于鱼类中，改动后运行结果如图 4-29 所示。

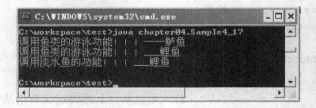

图 4-29　实验一结果

实验二　使用多态

实验内容

计算机可以有多个品牌，如联想、惠普等。可以利用计算机编写一个显示多态的程序，不同品牌的计算机启动时,输出该计算机所属品牌。

实验目的

巩固知识点——多态。多态是 Java 面向对象的特征之一,充分体现了 Java 语言的灵活性。

实现思路

在讲述多态时以汽车为例,现在需要使用多个品牌的计算机,惠普、联想。改动该例的代码后,可以得到下面的结果,如图 4-30 所示。

图 4-30 实验二结果

实验三 使用 Object 类

实验内容

修改 4.9 节中的例子,使输出格式变为

学生的名字=张三

年龄为 21

班级为 97001

实验目的

巩固知识点——Object 类中的 toString()方法,该方法的功能是将其他对象转换为字符串。

实现思路

在 4.9 节中,通过覆盖 toString()方法,定制学生的显示信息;通过覆盖 toString 方法重新定义信息。修改该例中的 toString()方法,可以获得输出结果,如图 4-31 所示。

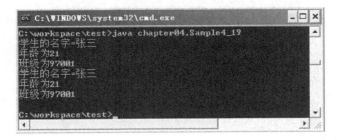

图 4-31 实验三结果

实验四 构造函数的继承

实验内容

在父类中,定义了 2 个构造函数,在子类中,也定义了 2 个构造函数。编写程序显示父类、子类构造函数的调用过程,在子类中实现构造函数的继承。

实验目的

扩展知识点——继承,实现构造函数的继承。

实现思路

定义父类和子类，在每个类中定义 2 个构造函数，当运行子类时，可以发现先调用父类的构造函数，再调用子类的构造函数。

实现这个继承的过程如下所示。

（1）在父类中定义两个构造函数。其代码如下所示。

```
1   public class Father {
2       // 不带参数的构造器
3       public Father() {
4           System.out.println("父类中的构造器");
5       }
6       // 带参数的构造器
7       public Father(String s) {
8           System.out.println(s+"父类中的构造器");
9       }
10  }
```

（2）定义子类，其代码如下所示。

```
1   public class Child extends Father {
2       public Child() {
3           System.out.println("子类中的构造器");
4       }
5       public Child(String s) {
6           System.out.println("子类中的构造器");
7       }
```

（3）在调用子类时，分别使用带参数的构造器和不带参数的构造器，代码如下所示。

```
1   Child c = new Child("哈哈");
2   Child c1 = new Child();
```

运行结果如图 4-32 所示。

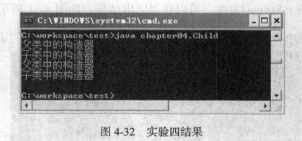

图 4-32 实验四结果

实验五　对象引用的多态

实验内容

以员工类为父类，经理、功能均继承该类，创建经理类和工人类，输出经理和工人的工资。在父类中编写 getSalary() 方法，并在子类中覆盖，实现多态。

实验目的

扩展知识点——多态。多态是通过相同的方法名实现不同的功能。方法的覆盖和重载都可以实现多态，不仅如此，还可以通过对象的引用实现多态。创建不同的 Employee 对象，实现不同岗位不同的薪水。

实现思路

对单位的职工进行抽象。创建 3 个类：员工类，经理类，工人类，代码如下所示。

```
1    public class Employee{}
2    public class Manager extends{}
3    public class worker extends{}
```

创建上面 3 个类的引用。

```
1    Employee ee = new Employee();
2    Employee ee = new Employee();
3    Employee ee = new Employee();;
```

对象 ee 不仅可以表示 Employee 类，还可以表示 Manager 类和 Worker 类。所以可以使用 Employee 数组来定义。

```
Employee[]  eee =new Employee[20];
```

为 eee 赋值时，可以看作是为 Manager 类和 Worker 类赋值。即 eee 中的元素可以指向 Manager 也可以指向 Worker，这就可以看作是多态性的体现。

以单位职位为例，创建对象引用多态的步骤如下所示。

（1）创建 Employee 类，代码如下所示。

```
1    public class Employee {
2        private String name;
3        private int age;
4        private float salary;
5        public Employee(String n, int i) {
6            this.name = n;
7            this.age = i;
8        }
9        public float getSalary() {
10           // 基本工资 = 基本工资 + 工龄*20
11           this.salary = 3000 + this.age * 20;
12           return this.salary;
13       }
```

每个员工的工资除基本工资外，与具体的岗位有关，工资等于基本工资加上津贴，经理和工人的津贴不同。

（2）创建经理类 Manager，代码如下所示。

```
1    public class Manager extends Employee {
2        private float alllance = 3000;
3        public Manager(String n, int i) {
4            super(n, i);
5            System.out.print("经理的工资为" + (super.getSalary() + this.alllance) +
6                "\n");
7        }
8    }
```

（3）创建工人类 Worker，代码如下所示。

```
1    public class Worker extends Employee{
2        private float alllance = 1000;
3        public Worker(String n, int i) {
4            super(n, i);
5            System.out.print("工人的工资为"+(super.getSalary()+this.alllance) +"\n");
6        }
7    }
```

（4）在主类中创建经理对象和工人对象，代码如下所示。
1   new Manager("张三", 40);
2   new Worker("李四", 24);

运行结果如图4-33所示。

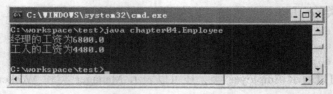

图4-33　实验五结果

第 5 章
接口与内部类

在学习了类、对象和继承后，本章学习 Java 中 2 个较为高级的技术：接口和内部类。Java 中的接口是 Java 灵活性的基石，主要用来描述类可以具有什么样的功能，但并不给出每个功能的具体实现。内部类是指在一个外部类的内部再定义一个类。内部类作为外部类的一个成员，是依附于外部类而存在的。在编写图形类接口的时候，内部类有助于写出专业高效的代码。

5.1 接口的特性

Java 中的接口是一系列方法的声明，是一些方法特征的集合，一个接口只有方法的特征，没有方法的实现。因此，这些方法可以在不同的地方被不同的类实现，而这些实现可以具有不同的行为或者功能。

在 Java 语言规范中，一个方法的特征仅包括方法的名字，参数的数目和种类，而不包括方法的返回类型，参数的名字以及抛出的异常。在 Java 编译器检查方法的重载时，会根据这些条件判断两个方法是否是重载关系。但在 Java 编译器检查方法的置换时，则会进一步检查返回类型和抛出的异常是否相同。

Java 接口本身没有任何实现，只描述公共的行为，不涉及表象，所以 Java 接口比 Java 抽象类更抽象化。因为 Java 接口的方法只能是抽象的和公开的，所以 Java 接口不能有构造器，Java 接口可以有 public、static 和 final 属性。

接口把方法的特征和方法的实现分割开来。接口常常代表一个角色，它包装与该角色相关的操作和属性，而实现这个接口的类便是扮演这个角色的演员。一个角色由不同的演员来演，而不同的演员之间除了扮演一个共同的角色之外，并不要求其他共同之处。

使用接口可以实现类似于类的多重继承的功能。实现接口和实现继承的规则不同，一个类只有一个直接父类，但可以实现多个接口。

那么，为什么使用接口？假设这样一种情况，两个类中的两个类似的功能，调用他们的类动态地决定使用哪一种实现，为它们提供一个抽象父类，子类分别实现父类所定义的方法。问题在于，Java 是一种单继承的语言，一般情况下，某个具体类可能已经有了一个超类，解决办法是给它的父类加父类，或者给它父类的父类加父类，直到移动到类等级结构的最顶端。这样一来，对一个具体类的可插入性的设计，就变成了对整个等级结构中所有类的修改。

一个等级结构中的任何一个类都可以实现一个接口，这个接口会影响到此类的所有子类，但不会影响到此类的任何超类。此类将不得不实现这个接口所规定的方法，而其子类可以从此类自动继承这些方法，当然也可以选择置换掉所有这些方法，或者其中的某些方法，这时候，这些子类具有了可插入性，并且可以用这个接口类型装载，传递实现了它的所有子类。

所以在接口中，我们关心的不是某一个具体的类，而是这个类是否实现了我们需要的接口。接口提供了关联以及方法调用上的可插入性，软件系统的规模越大，生命周期越长，接口使得软件系统的灵活性、可扩展性和可插入性得到保证。

5.2 接口的定义

当定义一个接口时，实际上是在编写一个合约，该合约规定了用来描述实现该接口的类能够做什么，能够充当什么样的角色。而接口中并没有功能的具体实现，具体实现由签了合约的类自己来完成，但实现时必须满足接口中的要求。

例如，可以编写一个接口 aerocraft，代表飞行器的角色。在该接口中定义了飞行器起飞方法。这样，具有飞行器功能的所有类都可以实现该接口，并具体实现接口中的方法，不同的类可以有不同的方法实现。声明接口的基本语法如下。

```
<访问限制修饰符> [abstract] interface <接口名>
{
    //方法与成员变量的声明
}
```

其中访问限制修饰符与类的访问限制修饰符相同，可以是 public 或不写，含义也完全相同。如果接口定义为 public 类型，必须位于与其同名的 Java 文件中。方括号中的 abstract 代表可选，可写可不写，但如果不写，系统在进行编译时也会自动加上。也就是说，接口一定是抽象的。interface 关键字说明定义的是接口，与 class 说明定义的是类是一样的。

一对花括号中包含的内容称为接口体，其中可以声明接口的方法与成员变量。因为接口声明中隐含了 abstract，由于 abstract 代表抽象，final 代表最终（很具体），它们是矛盾的，所以永远不能用 final 来修饰接口。

下面是两个合法的接口声明。

```
1    public abstract interface Aerocraft
2    {}
3    public interface Ship
4    {}
```

接口也可以像类一样进行继承扩展，如喷气飞行器接口可以继承飞行器接口。

```
1    interface aerocraft{ }
2    interface JetPlane extends Flyer{ }
```

这样 JetFlyer 接口也就具有了 Flyer 接口的所有功能，并且其可以定义自身特有的成员变量与方法。接口与类的不同是，在 Java 中类不允许继承自多个类，但接口可以同时从多个接口继承。在使用接口继承时，需要注意，接口只能继承自接口，接口以外的任何类型，都不可以被接口继承。

下面是一个接口多重继承的例子。

```
1    interface Aerocraft
2    {}
3    interface Jet
4    {}
5    interface JetPlane extends Aerocraft,Jet
6    {}
```

喷气式飞机 JetPlane 接口同时继承了 Aerocraf 与 Jet 两个接口，两个接口之间用逗号分隔，如果有更多接口也是一样。

5.3 接口的使用

在学习了如何定义接口后，本节将详细介绍接口的实现，包括接口实现的基本语法、接口中方法的实现与使用。

5.3.1 接口实现的基本语法

实现接口时，需要使用关键字 implements，该关键字指定该类实现接口，基本语法如下。
class <类名> implements <接口名列表>

接口名列表中可以有多个接口名，因为接口代表的是角色，一个类可以扮演多个角色，下面给出了一个合法的接口实现的代码片段。

```
1    //Employee 接口
2    public interface Employee
3    {}
4    //manager 接口
5    public interface Manager
6    {}
7    // Person 类实现了 Employeer 与 Manager 接口
8    public class Person implements Developer,Lecturer
9    {}
```

Employee、Manager 都是接口，分别代表普通员工与经理。Person 是一个类，代表自然人，实现了 Employee、Manage 接口，表示人同时扮演普通员工与经理两个角色。

5.3.2 接口中方法的实现与使用

类的继承使得开发人员可以处理同类的事物，但不能处理不同类但具有相同功能的事物。接口能够被很多不同的类实现，但接口中定义的方法仅仅是实现某一特定功能的规范，而并没有真正实现这些功能。这些功能都需要在实现该接口的类中完成。

例如，直升机与民航客机都可以充当飞行器（Aerocraft）这个角色，但直升机与民航客机没有任何继承关系，但是直升机与民航客机通过实现 Flyer 接口，使得二者都能够作为飞行器进行处理。因为类对接口的实现有上述含义，因此当一个类实现了某个接口，其应当为该接口中的所有方法提供具体实现，除非该类为抽象类，例 5-1 说明了这个问题。

【例 5-1】 接口示例。

```
1    package chapter05.sample5_1;
2    //飞行器接口
3    public interface Aerocraft {
4        public void fly();
5    }
6    public interface AirPlane {
7        //载客飞行
8        public void passenger();
9    }
```

```
10      //直升机接口
11      public interface Helicopter{
12          //垂直飞行
13          public void verticaStart();
14      }
15      //阿帕奇直升机类,同时实现 Aerocraft 和 Helicopter 接口
16      public class Apache implements Aerocraft, Helicopter {
17          //实现 Aerocraft 中的 fly 方法
18          public void fly() {
19              System.out.println("飞行器可飞行");
20          }
21          //实现 Helicopter 中的 verticaStart 方法
22          public void verticaStart() {
23              System.out.println("直升飞机可以垂直起飞");
24          }
25      }
26      //A380 客机机类,同时实现 Aerocraft 和 AirPlane 接口
27      public class A380 implements Aerocraft, AirPlane {
28          // 实现 Aerocraft 中的 fly 方法
29          public void fly() {
30              System.out.println("飞行器可飞行");
31          }
32          // 实现 AirPlaner 中的 passengert 方法
33          public void passenger() {
34              System.out.println("A380可以载客625人飞行");
35          }
36      }
37      //主类分别实现阿帕奇直升机对象和空客 A380 对象
38      public class Sample5_1 {
39          public static void main(String args[]) {
40              // 创建阿帕奇直升飞机对象
41              Apache a = new Apache();
42              a.fly();
43              a.verticaStart();
44              // 创建 A380 对象
45              A380 a1 = new A380();
46              a1.fly();
47              a1.passenger();
48          }
49      }
```

编译运行代码,结果如图 5-1 所示。

上面的例子中,阿帕奇直升机实现了飞行器和直升飞机接口,空客 A380 实现了飞行器和民航飞机的接口。无论在阿帕奇直升机类还是在空客 A380 类中都必须实现接口中定义的方法,否则编译器会报错。

图 5-1 例 5-1 运行结果

5.4 接口与抽象类

到目前为止，看起来接口与抽象类很像，它们里面都有抽象的方法，都不能实例化。甚至有的读者会想，既然这么像，只要一种不是更好。但其实它们的含义及其想解决的问题都是截然不同的，本节将从两个方面介绍它们之间的区别。

1．语法上的不同

接口与抽象类在语法上有着明显的区别，表 5-1 列出了它们之间在语法上的不同之处。

表 5-1　　　　　　　　　　　　接口与抽象类在语法上的区别

对比项	接　　　口	抽　象　类
声明	用 interface 声明接口	用 abstract class 声明抽象类
成员变量	在接口中，没有变量，其成员无论怎样去定义，都是公共常量——公有的、最终的、静态的。即使不显式标识，编译器也会为其自动加上	抽象类的成员变量则是完全依据显式定义的不同而不同，编译器将不会做任何动作，没有任何强制限制
方法	所有接口中的方法均隐含为公有的和抽象的，即使不显式修饰，编译器也会自动添加，接口中不能有非抽象方法，其方法一定不能是静态的、最终的或非公有的	编译器不会为抽象类中的方法，自动添加任何修饰符，这完全取决于开发人员，可以有抽象方法，也可以没有抽象方法，但只要有一个方法是抽象的，该类就必须为抽象类，若有抽象方法，该方法不能为最终的、静态的或私有的
继承	接口可以继承自多个来自不同继承树上的接口，但是其只能继承自接口，不能继承自类。继承后，不能设计其父接口中的方法，接口不能实现别的接口，也就是定义接口时不能出现 implements 关键字	抽象类只能继承一个父类，但可以实现多个接口，其可以选择性地设计父类或父接口中的抽象方法
多态	接口类型的引用可以指向任何实现自该接口或实现自该接口的子接口的类，通过接口引用可以访问其指向的对象中实现自接口的方法	抽象类的引用可以指向其子类的对象，通过该引用可以访问子类中继承自抽象类的所有属性和方法

从表 5-1 可以看出，接口与抽象类从语法上有很大的不同之处，体现出了接口要比抽象类更灵活、选择性更大的特点。

2．具体含义的不同

接口与抽象类在具体含义上有很大的不同，抽象类更注重其是什么及其本质；而接口则不是，接口更注重其具有什么样的功能及其能充当什么样的角色。

例如，可以飞的事物有很多，如飞机、鸟或者超人。但是飞机的实质是个机械工具，需要汽油；而鸟与超人的实质是动物，需要进食。所以，鸟可以继承自动物，但其可以扮演飞行器这个角色，例 5-2 说明了这个问题。

【例 5-2】　接口与抽象类差异示例。

```
1    package chapter05.sample5_2;
2    //创建飞行器接口 3
3    public interface Flyer {
4        // 飞行器都可以飞行, fly 为飞行方法。所以继承 Flyer 接口的类都必须实现改方法
5        public void fly();
```

```java
6    }
7    //创建机器抽象类,其中机器类有一个消耗(consume)方法,该方法为抽象方法
8    public abstract class Vehicle {
9        public abstract void consume();
10   }
11   //创建动物抽象类。动物类中有一个进食(eat)方法,该方法也为抽象方法
12   public abstract class Animal {
13       public abstract void eat();
14   }
15   //创建飞机抽象类,该类继承自机器类,实现了飞行器接口
16   //并且实现了从抽象父类和接口过来的抽象方法
17   public class AirPlane extends Vehicle implements Flyer {
18       // 实现抽象方法
19       public void consume() {
20           System.out.println("消耗汽油的飞行器!!!");
21       }
22       public void fly() {
23           System.out.println("我是飞机!!!");
24       }
25   }
26   //创建鸟类,鸟类继承自动物类,实现了飞行器接口
27   public class Brid extends Animal implements Flyer {
28       // 实现继承的抽象方法
29       public void eat() {
30           System.out.println("鸟需要吃东西!!");
31       }
32       public void fly() {
33           System.out.println("我是一只鸟!!!");
34       }
35   }
36   //主类,在主方法中创建了飞机对象与鸟对象,并且演示了鸟与飞机的异同
37   public static void main(String[] args) {
38       //创建鸟类对象
39       Brid b = new Brid();
40       //创建飞机对象
41       AirPlane air = new AirPlane();
42       //飞机执行的动作
43       System.out.println("******飞机执行的动作*******");
44       air.fly();
45       air.consume();
46       //鸟执行的动作
47       System.out.println("******鸟执行的动作*******");
48       b.fly();
49       b.eat();
50   }
```

编译运行代码,结果如图 5-2 所示。

从例 5-2 可以看出,飞机与鸟有相同之处,即都会飞,也就是都实现了飞行器这个接口。但是飞机与鸟之间有本质的区别,即其没有任何继承关系,一个是机械,一个是动物。

由此可见,接口的实现与抽象类的继承的含义是不同的,应该站在不同的角度看待这两个概念,一个是物体的本质,而另一个则是物体可以充当的角色。

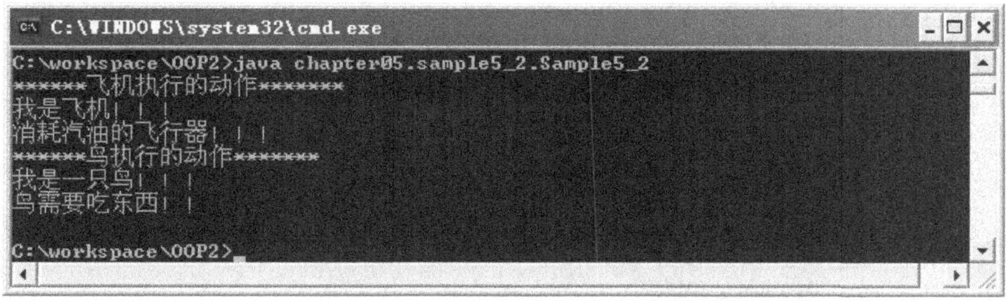

图 5-2 例 5-2 运行结果

5.5 接口与回调

回调是一种常见的程序设计模式，利用回调技术可以处理这样的问题，事件 A 发生时要执行处理事件 A 的代码，判断何时发生事件 A 及何时执行处理的代码。这些代码是固定的，先行编写完毕，供使用。但事件 A 的处理代码开放给其他开发人员编写，可以有很多不同的实现，使用时可以注册具体需要的实现来处理。

Java 中 Swing 与 AWT 的事件监听处理模型就是使用接口与回调实现的，学习了第 8 章内容后可以进一步体会接口与回调带来的好处。在这里举一个简单的例子来说明这个问题，如例 5-3 所示。

【例 5-3】 回调示例。

```
1   //MyListener 为事件处理接口，其中有 specialProcessEvent 方法，表示处理事件的方法
2   public interface MyListener {
3       void specialProcessEvent();
4   }
5   public class MyMoniter {
6       MyListener mylistener;
7       // 注册监听器方法
8       public void regListener(MyListener ml) {
9           this.mylistener = ml;
10      }
11      // 事件处理方法
12      public void generalProcessEvent() {
13          this.mylistener.specialProcessEvent();
14      }
15  }
16  //方式 A 实现 MyListener 接口
17  public class WayA implements MyListener{
18      public void specialProcessEvent() {
19          System.out.println("我采用 A 方式处理事件！！！");
20      }
21  }
22  //方式 B 实现 MyListener 接口
23  public class WayB implements MyListener{
24      public void specialProcessEvent(){
25          System.out.println("我采用 B 方式处理事件！！！");
26      }
```

```
27     }
28     public class Sample5_3 {
29         public static void main(String[] args) {
30             // 创建对象
31             MyMoniter mm = new MyMoniter();
32             WayA wa = new WayA();
33             WayB wb = new WayB();
34             // 注册 A 处理器
35             mm.regListener(wa);
36             // 发送事件处理请求
37             mm.generalProcessEvent();
38             // 注册 B 处理器
39             mm.regListener(wb);
40             // 发送事件处理请求
41             mm.generalProcessEvent();
42         }
43     }
```

在上面的例子中，MyMoniter 是一个监控者，当有事件发生时，通知监控类（调用其 generalProcessEvent 方法）处理事件，而 eneralProcessEvent 方法调用注册到监控器的处理器中的 specialProcessEvent 方法来对具体事件处理。

MyMoniter 中 regListener 方法允许把不同的处理器注册给监控者。WayA 与 WayB 是实现了事件处理接口的两个具体的处理器，分别对事件采用不同的处理方法。

编译并运行代码，结果如图 5-3 所示。

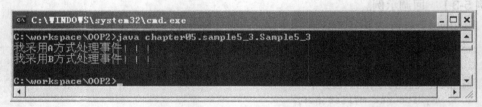

图 5-3 例 5-3 运行结果

从图 5-3 可以看出，由于两次事件处理前注册了不同的处理器实现，故两次事件处理执行的具体任务不同。而且如果有需要，可以实现更多不同的处理方式，提供了很高的灵活性。

5.6 内 部 类

前面章节已经介绍了 Java 中类或对象的成员，包括方法、成员变量和语句块。其实类不但有这些类型的成员，也可以作为另一个类的成员。充当这种角色的类称为内部类，包含内部类的类称为外部类，使用内部类可以完成很多特殊的任务，本节将介绍与内部类有关的内容。

5.6.1 内部类概述

内部类是指在一个外部类的内部再定义一个类。内部类作为外部类的一个成员，依附于外部类而存在。内部类可为静态，可用 protected 和 private 修饰（而外部类只能使用 public 和 protected 的包访问权限）。内部类主要有以下几类：成员内部类、局部内部类、静态内部类、匿名内部类。

为什么需要内部类？典型的情况是，内部类继承自某个类或实现某个接口，内部类的代码创建其外围类的对象。所以可以认为内部类提供了某种进入其外围类的窗口。使用内部类最吸引人的原因是：每个内部类都能独立地继承自一个（接口的）实现，所以无论外围类是否已经继承了某个（接口的）实现，对于内部类都没有影响。如果没有内部类提供的可以继承多个具体的或抽象的类的能力，一些设计或编程问题就很难解决。从这个角度看，内部类使得多重继承的解决方案变得完整。接口解决了部分问题，而内部类有效地实现了"多重继承"。

内部类分为如下几种。

（1）成员内部类，作为外部类的一个成员存在，与外部类的属性、方法并列。

（2）局部内部类，在方法中定义的内部类称为局部内部类。与局部变量类似，局部内部类不能有访问说明符，因为它不是外围类的一部分，但是它可以访问当前代码块内的常量，和此外部类的所有成员。

（3）匿名内部类，没有名字的内部类。匿名内部类为局部内部类，所以局部内部类的所有限制都对其生效。

（4）静态内部类，如果不需要内部类对象与其外围类对象之间有联系，那么可以将内部类声明为 static，这通常称为嵌套类（nested class）。

下面将详细讲述内部类的定义以及上述 4 种内部类的使用。

5.6.2 内部类语法规则

从外面内部类看，完全可以将其看成是外部类的一个成员，与普通的成员没有什么区别，对普通成员的限制、修饰等都可以加之于非静态内部类。只是这个成员不再是基本数据类型，也不再是对象引用，而是一个类，由一个类来扮演成员的角色。

下面给出了定义内部类的基本语法。

```
class <外部类名>
{
    [<成员的访问限制修饰符号>][static]class <内部类名>
    {
    //内部类的成员
    }
    //外部类的其他成员
}
```

内部类和外部类中的其他成员是一个级别的，其也是外部类的一个成员。在内部类类体中，它又是单独的一个类，一样有自己的成员变量或方法。可以加之于其他成员的访问限制修饰符号都可以用来修饰内部类，包括 private、protected、public。非静态成员内部类被 static 关键字修饰后就变成了静态成员内部类。

下面给出了一个很简单的定义内部类的例子，代码如下。

```
1    public class Outter
2    {
3        //内部类
4        public class Inner
5        {
6          //内部类的成员
7          int i=12;
8        }
```

```
9          //外部类的普通成员
10         int count=0;
11    }
```

上述代码中定义了两个类,Outter 与 Inner,Outter 是一个普通的类,Inner 是 Outter 的内部类,它们都有各自的成员变量。

创建内部类的方式有 2 种:在外部类之内创建内部类,或者在外部类之外创建内部类。下面讲述如何使用这 2 种方式创建内部类对象。

1. 在外部类之内创建内部类对象

外部类的工作经常需要内部类对象的辅助,在外部类中创建内部类对象是很常见的一种情况。在外部类中创建内部类对象的语法与创建普通对象的语法相同,即用 new 操作符调用相应构造器即可。但需要注意,非静态内部类是外部类的非静态成员,不能在静态上下文中使用。

例 5-4 是一个在外部类中使用内部类对象的例子,代码如下。

【例 5-4】 外部类之内创建内部类对象示例。

```
1     package chapter05.sample5_4;
2     public class Outter {
3         // 定义内部类
4         public class Inner {
5             // 定义内部类方法 show,用来打印输出
6             public void show() {
7                 // 打印输出
8                 System.out.println("调用了内部类中的show方法");
9             }
10        }
11        // 外部类中的方法,调用内部类
12        public void outterMethod() {
13            // 在外部类中创建内部类的对象
14            Inner i = new Inner();
15            // 调用内部类中的方法
16            i.show();
17        }
18    }
19    public class Sample5_4 {
20        public static void main(String[] args) {
21            // 创建外部类的对象
22            Outter o = new Outter();
23            // 调用外部类中创建内部类对象的方法
24            o.outterMethod();
25        }
26    }
```

编译并运行代码,结果如图 5-4 所示。

图 5-4　例 5-4 运行结果

从例 5-4 可以总结出以下结论。

外部类中创建内部类对象的语法与创建普通对象的语法相同，使用 new 操作符调用构造器即可。对内部类而言，其自身也是一个类，在其类体中也可以拥有类所能拥有的一切成员，例如例 5-4 中，内部类中也拥有其自己的方法。

另外，虽然内部类在外部类的类体中，但编译后内部类与外部类各自产生一个类文件，如图 5-5 所示。

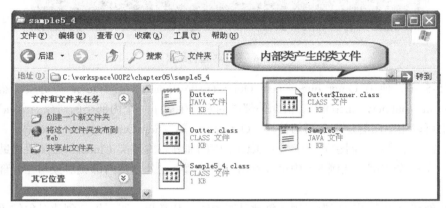

图 5-5　编译后生成的类文件

如图 5-5 所示，本例中的源代码编译后产生了 3 个类文件"Sample5_4.class"、"Outter.class"、"Outter$Inner.class"，其中"Outter$Inner.class"是内部类的类文件。从其文件名可以看出，内部类文件的命名规则为"<外部类类名>$<内部类类名>"，这也表示"Inner"是"Outter"的内部类。

2. 在外部类之外创建内部类对象

上面已经介绍了如何在外部类中创建内部类的对象，下面将介绍如何在外部类之外创建内部类的对象。对于非静态内部类在创建了外部内对象后才可以使用。所以，要调用内部类的对象类，首先要创建内部类的对象。下面给出了在外部类之外创建内部类对象的基本语法：

<外部类类名>.<内部类类名> 引用变量=<外部类对象引用>.new <内部类构造器>；
<外部类类名>.<内部类类名> 引用变量= new <外部类构造器>.new 内部类构造器；

在外部类之外声明内部类的对象引用，其类型为"外部类类名.内部类类名"。创建内部类对象时不能直接使用操作符 new，而要使用"<外部类对象引用>.new"来调用内部类的构造器。

第二种语法与第一种语法含义相同，"new <外部类构造器>"返回的就是外部类的对象引用。可以根据需要决定使用哪种语法。

例 5-5 是一个在外部类之外创建其内部类对象的例子，这里仍然使用例 5-4 中的 Outter 类，不同点在于，不再采用在外部类之内创建内部类对象，而是在外部类外，即 Sample5_5 创建内部类对象。

【例 5-5】　外部类之外创建内部类对象示例。

```
1    package chapter05.sample5_5;
2    public class Sample5_5 {
3        public static void main(String[] args) {
4            //创建外部类的对象
5            Outter out=new Outter();
6            //创建内部类的对象
7            Outter.Inner i= out.new Inner();
8            //调用内部类中的方法
```

```
9         i.show();
10     }
11 }
```

编译并运行代码，结果如图 5-6 所示。

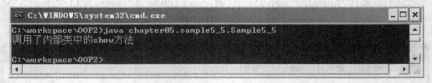

图 5-6 例 5-5 运行结果

在例 5-5 中，使用 Outer out = new Outer ();语句生成了一个 Outer 类对象，然后又使用 Outers.Inner in = out.new Inner();语句借助外部类的实例生成了一个内部类的对象。main()方法中的两条语句也可以用下面的这一条语句替换：Outer.Inner in = new Outers().new Inner ();

所以，在一个类中，创建另一个类（Outer）中的非静态内部类（Inner）必须要借助这个外部类（Outer）的一个实例。从例 5-5 中可以看出，在外部类之外创建内部类对象与在外部类之内有以下区别。

（1）在外部类中声明内部类引用与创建其对象时，和常规声明引用与创建对象的语法相同。

（2）在外部类之外声明内部类引用时，需要用外部类类名加以标识，不能直接使用内部类类名，而创建内部类对象时，首先需要创建外部类的对象，然后才能创建内部类对象。

上面讲述了普通内部类（非静态内部类）的创建方式，对于局部、匿名、静态内部类，有其自身的特殊性，其创建方式将在后面逐一讲述。

5.6.3 局部内部类

在方法内定义的内部类称为局部内部类。在这种情况下，其作用域与局部变量相同，只在其所在的语句块中有效。与局部变量类似，局部内部类不能有成员的访问限制修饰符，因为它不是外部类的一部分，但是它可以访问当前代码块内的常量，和此外部类的所有成员。

使用局部内部类有如下两个优点。

（1）它对外面的所有类来说都是隐藏的，即使是它所属的外部类，仅有它所在的方法知道它。

（2）它不仅可以访问它所属外部类中的数据，还可以访问局部变量，不过局部变量须声明为 final 类型。

由于局部内部类只在局部有效，因此只能在其有效的位置访问或创建其对象，例 5-6 说明了局部内部类的简单使用。

【例 5-6】 局部内部类示例 1。

```
1  package chapter05.sample5_6;
2  public class Outter {
3      /*****************************************************************
4      在 getInner 方法中，定义了局部内部类 Inner，并且随后创建了局部内部类的对象，同时访问了其中的
5      show 方法。
6      *****************************************************************/
7      public void getInner() {
8          // 定义局部内部类
9          class Inner {
```

```
10            // 定义内部类方法 show
11            public void show() {
12                    System.out.println("局部内部类的对象中的 show 方法！！");
13            }
14      }
15      // 创建局部内部类对象
16      Inner i = new Inner();
17      i.show();
18   }
19 }
20 //主类
21 public class Sample5_6 {
22     public static void main(String[] args) {
23         // 创建外部类对象
24         Outter o = new Outter();
25         // 调用外部类中的 getInner 方法
26         o.getInner();
27     }
28 }
```

编译并运行代码，结果如图5-7所示。

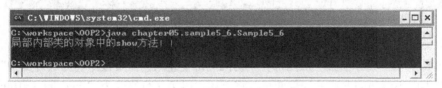

图 5-7 例 5-6 运行结果

在非静态成员内部类中可以访问外部类的任何成员，而在局部内部类中一样可以访问外部类的成员，但却不可以访问同在一个局部的普通局部变量。

例 5-7 中，在 getInne 方法中定义了内部类 Inner，但是 Inner 类却不能访问 getInne 中的局部变量 x。

【例 5-7】 局部内部类示例 2。

```
1   package chapter05.sample5_7;
2   public class Outter {
3       public void getInner() {
4           //定义局部变量
5           int x=100;
6           //定义局部内部类
7           class Inner
8           {
9               //定义局部内部类方法 show
10              public void show()
11              {
12                  //打印输出，并调用该方法中的局部变量
13                  System.out.println("访问方法中的局部变量, x = "+x);
14              }
15          }
16          //创建局部内部类对象
17          Inner i=new Inner();
```

```
18              i.show();
19         }
20     }
21 public class Sample5_7 {
22     public static void main(String[] args) {
23         // 创建外部类对象
24         Outter o = new Outter();
25         // 调用外部类中的 getInner 方法
26         o.getInner();
27     }
28 }
```

编译 Outter 类时，编译器报错，如图 5-8 所示。

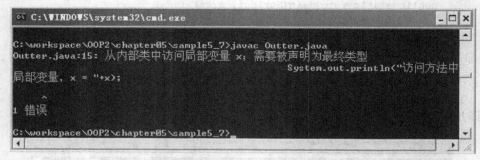

图 5-8 Outter 编译结果

如图 5-8 所示，编译器报"从内部类中访问局部变量 x；需要被声明为最终类型"错误，说明局部内部类中不能访问普通的局部变量。将上述代码第 7 行修改为"final int x=100;"，再次进行编译并运行，结果如图 5-9 所示。

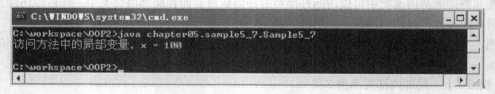

图 5-9 例 5-7 修改后运行结果

从修改后的编译结果图 5-9 可以看出，局部内部类可以访问 final 的局部变量。原因在于，普通的局部变量随着所在语句块的执行结束而消亡，而创建的局部内部类对象并不会随着语句块的结束而消亡。如果在语句块结束后，调用了局部内部类对象中访问普通局部变量的方法就要出现问题，因为此时要访问的局部变量不存在了。

Final 修饰的局部变量的存储方式与普通局部变量不同，其不会因为语句块的结束而消失，还会长期存在，因此可以被局部内部类访问。

5.6.4 匿名内部类

匿名内部类就是没有名字的内部类。本节主要介绍关于匿名内部类的内容，主要包括基本语法、对象的创建与使用以及匿名内部类的具体作用等。

匿名内部类没有名称，因此匿名内部类在声明类的同时也创建了对象。匿名内部类的声明要么是基于继承的，要么是基于实现接口的。本小节主要介绍基于继承的匿名内部类，基本语法如下。

```
new <匿名内部类要继承父类的对应构造器>
{
    //匿名内部类类体
};
```

上述语法既声明了一个匿名内部类，又同时创建了一个匿名内部类的对象。new 后面跟的是匿名内部类要继承父类的某个构造器，可以是无参构造器，也可以是有参构造器。同时，由于匿名内部类没有名称，所以无法为其编写构造器。

在匿名内部类类体中可以覆盖父类的方法，或提供自己新的方法与成员。但要注意的是，因为匿名内部类没有名字，所以没有办法声明匿名内部类类型的引用，因此提供的新的方法与成员只能自己内部使用，外面无法调用。

例 5-8 说明了基于继承的匿名内部类的使用。

【例 5-8】 匿名内部类示例。

```
1   package chapter05.sample5_8;
2   //这里需要注意，Outter 类与前面的 Outter 不同，下面的 Outter 类中没有内部类体
3   public class Outter {
4   /******************************************************************
5   定义了名称为 show 的方法，这样便可以在后边的代码中定义继承自该类的匿名内部类
6   ******************************************************************/
7       public void show()
8       {
9           //打印输出
10          System.out.println("这里是Outter类的方法");
11      }
12  }
13  /******************************************************************
14  在主方法 Sample5_8 中定义了继承自 Ouuter 的匿名内部类，并且重载了其父类的 show 方法，
15  随后通过引用调用了该方法。
16  ******************************************************************/
17  public class Sample5_8 {
18      public static void main(String[] args)
19      {
20          //定义匿名内部类并创建其对象
21          Outter out = new Outter(){
22              //重载 Outter 的方法
23              public void show()
24              {
25                  //打印输出
26                  System.out.println("创建匿名内部类的对象！！！");
27              }
28          };
29          //访问匿名内部类中重写的方法
30          out.show();
31      }
32  }
```

例 5-8 中，一直到主方法，才定义了匿名内部类的类体，如 21～28 行所示。编译并运行代码，结果如图 5-10 所示。

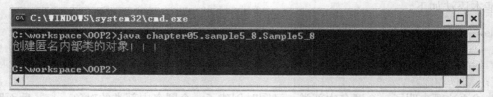

图 5-10 例 5-8 编译运行结果

从上面的例子中可以看出：
- 匿名内部类是没有名字的，所以在定义匿名内部类的同时也就创建了该类的对象，否则过后就无法再创建其对象了；
- 通过引用访问匿名内部类的成员，均是通过多态完成的，因为匿名内部类根本无法定义其自身类型的引用。

另外，由于匿名内部类也是一个独立的类，其编译后也将产生一个独立的类文件。但是由于没有名称，所以其类文件的命名规则为"<外部类名称>$<n>"，其中"n"表示是第 n 个匿名内部类，如图 5-11 所示。

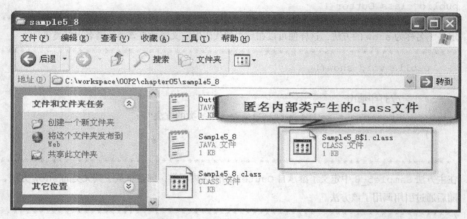

图 5-11 编译后生成的类文件

5.6.5 静态内部类

当内部类名前有 static 关键字时，该内部类为静态内部类。静态内部类是外部类的静态成员，其不依赖于外部类的对象而存在，因此在外部类外面创建静态内部类对象时不需要首先创建外部类的对象。这点与非静态内部类是不同的，下面给出了在外部类之外创建静态内部类对象的基本语法。

<外部类名>.<内部类类名> 引用变量= new <外部类类名>.<内部类构造器>;

从语法中可以看出，声明引用的方式与非静态内部类相同，但创建对象时不用首先创建外部类对象了，直接调用内部类即可。

例 5-9 是一个使用静态内部类的例子，代码如下。

【例 5-9】 静态内部类示例。

```
1    package chapter05.sample5_9;
2    public class Outter {
3        static class Inner {
```

```
4           // 定义内部类方法 show
5           public void show() {
6               // 打印输出
7               System.out.println("创建静态内部类的对象！！！");
8           }
9       }
10          // 定义外部类中普通的方法
11          public void getInner() {
12              // 在外部类中创建内部类对象
13              Inner inner= new Inner();
14              inner.show();
15          }
16      }
17      //主类
18      public class Sample5_9 {
19          public static void main(String[] args) {
20              // 在外部类外创建静态内部类的对象
21              Outter.Inner i = new Outter.Inner();
22              i.show();
23              // 在外部内中使用静态内部类的对象
24              new Outter().getInner();
25          }
26      }
```

例 5-9 中，在外部类 Outter 中创建使用了静态内部类 Inner 的对象，同时在外部类外也进行了相同的操作。

编译并运行代码，结果如图 5-12 所示。

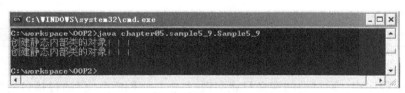

图 5-12 例 5-9 编译运行结果

如图 5-12 所示，两种方式都能够正常工作。在外部类中创建静态内部类对象与创建非静态内部类对象的方式是一样的，只是在外部类外面有所不同。

静态内部类也可以称为静态嵌套类，或称为顶级嵌套类，这是因为静态内部类与非静态内部类有所不同。非静态内部类应该与外部类的对象存在着对成员的共享关系，是外部类对象组成的一部分，用来辅助外部类对象工作。

而静态内部类与外部类对象之间则没有这样的关系，静态内部类其实已经脱离了外部类的控制。在创建其对象时已经不再需要外部类对象的存在，其实质只是一个放置在别的类中的普通类而已。而 static 关键字只是说明其在创建对象时不依赖于外部类对象的存在，并不是说这个类本身是静态的。

5.6.6 关于内部类的讨论

内部类实际上就是由一个类扮演了特定的角色。例如，对于成员内部类来说，其扮演了成员的角色，局部内部类则扮演了局部的角色，而在内部类里面则和在其他普通类里面一样。

因此，从内部类里面来看，内部类就是一个类，而从内部类外面来看，内部类则是外部类的某种组成部分。这样用于修饰内部类的修饰符也随其扮演的角色不同而变化，表 5-2 列出了各种不同内部类可以使用的修饰符。

表 5-2　　　　　　　　　　　　各种内部类的可用修饰符

内　部　类	可以被修饰的修饰符
非静态成员内部类	final、abstract、public、private、protected、static
静态成员内部类	final、abstract、public、private、protected
局部内部类	final、abstract
匿名内部类	不能对匿名内部类使用修饰符

应该从不同的角度去进行理解内部类，作为类，内部类拥有类的任何功能，满足类的一切规则。作为其在外部类中的扮演的角色，内部类拥有所扮演角色的一切功能，满足所扮演角色的一切规则。

小　结

本章介绍了 Java 中的一项重要技术——接口，以及 Java 中一种独特的语法结构——内部类。接口是 Java 中实现多态与程序灵活性的一项重要手段，学习接口能进一步加深对面向对象思想的理解。在以后的实际开发中恰当使用接口，以及在恰当的场合使用不同的内部类（接口）来满足开发的需要，可以简化开发过程。

习　题

1. 在 Java 程序中，通过类的定义只能实现_____重继承，但通过接口的定义可以实现_____重继承关系。
2. 接口使用_____关键字声明。
3. 下面哪些语法结构是正确的？_____。
   A．public class A extends B implements C　　　B．public class A implement A B
   C．public class A implemts B,C,D　　　　　　D．public implements B
4. 局部内部类可以用哪些修饰符修饰？_____。
   　A．public　　　B．private　　　C．abstracted　　　D．final
5. 内部类分为哪几种？
6. 什么是回调？

上机指导

Java 中的接口主要用来描述类可以具有什么样的功能，但并不给出每个功能的具体实现。内部类是指在一个外部类的内部再定义一个类。本节将对这两个知识点进行巩固。

实验一　接口的创建

实验内容

以车为例，创建汽车接口，卡车和吊车均实现该接口。吊车可以吊起货物，卡车可以载货。在创建卡车和吊车对象时，输出"客车可以载货"、"吊车可以吊起货物"。

实验目的

巩固知识点——接口。

实现过程

接口可以通过 interface 关键字创建。改动 5.3.1 中飞行器的例子，将其变为汽车、卡车、吊车。将 fly() 改为 start()，verticalStart() 改为 carry()，其他改动与此类似，运行结果如图 5-13 所示。

图 5-13　实验一运行结果

实验二　内部类的创建

实验内容

编写内部类。在内部类中计算 25*25，并输出结果。

实验目的

巩固知识点——内部类的创建。

实现过程

模仿 5.6.2 中外部类和内部类的例子，在内部类的 show() 方法中编写 25*25，并输出，运行结果如图 5-14 所示。

图 5-14　实验二运行结果

实验三　创建多个接口

实现内容

在 5.3.1 中创建了 Employee 和 Developer 接口，扩展这两个接口。在 Employee 中添加 work() 方法，在 Developer 添加 Code() 方法，并在 Person 类中实现这两个方法，输出"我在工作"和"我在编码"。

实验目的

扩展知识点——实现多个接口。

实现过程

（1）编写 Employee 接口

```
1    public interface Employees3 {
2        public void work();
3    }
```

（2）编写 Developer 接口

```
1    public interface Developer {
2        public void code();
3    }
```

（3）编写 Person 类实现 Employe、Developer 接口

```
1    public class Person implements Employees3,Developer{
2        public void code() {
3            System.out.println("我在工作");
4        }
5        public void work() {
6            System.out.println("我在编码");
7        }
8    }
```

运行结果如图 5-15 所示。

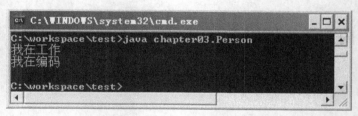

图 5-15　实验三运行结果

实验四　接口和继承的混合使用

实验内容

在实验三中，Person 类不仅继承 Human 类的吃饭 eat()、走路 walk()外，还可以实现员工和开发者的接口。

实验目的

扩展知识点——接口和继承的混合使用。使用继承，子类只能实现一个父类，但使用接口可以实现多个类。

实现过程

实现的过程如下所示。

（1）编写 Human 类，包含 2 个方法：eat()和 walk()

```
1    public class Human {
2        public void eat() {
3            System.out.println("人需要进食");
4        }
5        public void walk() {
```

```
6              System.out.println("人会走路");
7          }
8     }
```

(2) Employee 和 Developer 接口与上面的实验相同

(3) 重新编写 Person 类，使其继承 Human 类，实现 Employee 和 Developer 接口

```
1     public class Person extends Human implements Employees3, Developer {
2         public Person() {
3              super.eat();
4              super.walk();
5         }
6         public void code() {
7              System.out.println("我在工作");
8         }
9         public void work() {
10             System.out.println("我在编码");
11        }
12        public static void main(String args[]) {
13             Person p = new Person();
14             p.code();
15             p.work();
16        }
17    }
```

运行结果如图 5-16 所示。

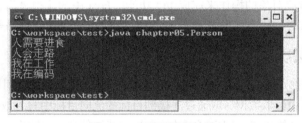

图 5-16　实验四运行结果

第 6 章
输入/输出和异常处理

在实际的应用开发中经常会遇到数据输入/输出的需求，这样的需求在 Java 中使用 I/O 流来实现。本章首先介绍 Java 中用于输入/输出的 I/O 流，然后介绍与输入/输出密切相关的序列化机制和文件管理，最后介绍 Java 中的异常处理，它用于保证代码的容错性。

6.1　I/O 流

一个好的程序语言，完善的输入输出功能是必不可少的。在 Java 中将不同来源和目标的数据统一抽象为流，通过对流对象的操作来完成 I/O 功能。Java 中的流很灵活，可以连接到各种不同的源或目标，如磁盘文件、键盘（输入设备）、显示器（输出设备）、网络等。

6.1.1　流的层次

Java 中所有的 I/O 都是通过流来实现的，可以将流理解为连接到数据目标或源的管道，可以通过连接到源的流从源当中读取数据，或通过连接到目标的流向目标中写入数据。根据流的方向可以将其分为两类：输入流和输出流。用户可以从输入流中读取信息，向输出流中写信息。根据流处理数据类型的不同也可以将其分为两类：字节流与字符流。下面主要从类的层次来介绍 I/O 流。

Java 中 I/O 流是由 java.io 包来实现的，其中的类大致分为输入和输出两大部分。在 java.io 包最顶层包含子类较多的两个类是 InputStream 和 OutputStream。图 6-1 和图 6-2 分别表示 java.io 包中的输入流类和输出流类的层次。这两个类均为抽象类，也就是说不能创建它们的实例对象，必须创建子类之后才能建立对象。java.io 包中的很多类都是从这两个类继承而来的，因此，这些子类有很多相同的方法。

InputStream 继承 Object 类，如图 6-1 所示，有 7 个类直接继承 InputStream，其中子类 FilterInputStream 本身又是一个具有 4 个子类的抽象类。

OutputStream 也是直接继承 Object 类，如图 6-2 所示，有 5 个类直接继承 OutputStream，其中子类 FilterOutputSteam 本身又是一个具有 3 个子类的抽象类。

java.io 包顶层除了图 6-1 和图 6-2 所示的两个类外，还包括如下一些流类。

1. File 类

File 类代表一个操作系统文件，功能十分强大。利用 File 类可以为操作系统文件创建一个 File 对象（目录或文件），也可以访问指定文件的所有属性，包括它的完整路径名称、长度、文件的最后修改时间，还可以建立目录和改变文件名称。

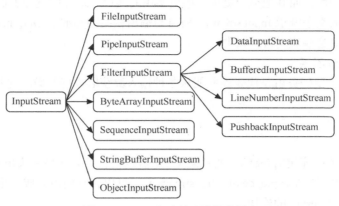

图 6-1　java.io 包中输入流的类层次

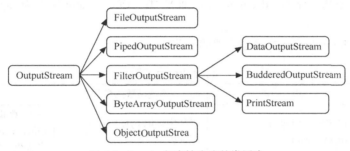

图 6-2　java.io 包中输出流的类层次

2．Reader 和 Writer 类

由于 Java 采用 16 位的 Unicode 字符，因此需要基于字符的输入/输出操作。从 Java 1.1 开始，加入了专门处理字符流的抽象类，Reader 类和 Writer 类。从类的层次来看，它们与 InputStream 和 OutputStream 类似，也有很多子类，用来对具体的字符流对象进行 I/O 操作。

3．RandomAccessFile 类

RandomAccessFile 类代表一个随机访问文件，通过构造 RandomAccessFile 类，可以对文件进行访问操作。

此外，java.io 包还定义了以下 3 个接口。

1．DataInput 和 DataOutput

这两个接口说明，可以使用与机器无关的数据格式读或写简单数据类型的输入和输出流。DataInputStream、DataOutputStream 和 RandomAccessFile 实现这两个接口。

2．FilenameFilter

它是针对文件名的过滤性接口。File 类中的 list()方法可使用 FilenameFilter 来确定一个目录的哪些文件需要列出，哪些文件将被排除。还可以通过 FilenameFilter 实现文件的匹配查找，如查找 abc.*等。

6.1.2　输入流和输出流

前面介绍过，Java 的 I/O 类库分成输入和输出两大部分。所有 InputStream 和 Reader 的派生类都有一个继承下来的，能读取单个或 byte 数组的 read()方法。同理，所有 OutputStream 和 Writer 的派生类都有一个能写入单个或 byte 数组的 write()方法。但通常情况下，这些方法不是直接应用的,而是供其他类使用,而其他类会提供一些更实用的接口。Java 的设计者们遵循这样的原则:让所有与输入相关的类去继承 InputStream,所有与输出相关的类继承 OutputStream。

下面根据功能对这些流类进行归类。

1. InputStream 类系

InputStream 的主要任务就是代表那些能从各种输入源获取数据的类。这些源包括以下几种。
- byte 数组。
- String 对象。
- 文件。
- 类似流水线的"管道(pipe)"。把东西从一头放进去,让它从另一头出来。
- 一个"流的序列(A sequence of other streams)",可以将它们组装成一个单独的流。
- 其他源,如 Internet 的连接。

这些数据源各自都有与之相对应的 InputStream 子类。此外,FilterInputStream 也是 InputStream 的子类,其作用是为基类提供"decorator(修饰)"类,而 decorator 又是为 InputStream 配置属性和接口的。

表 6-1 列出了 InputStream 类系中主要的一些类。

表 6-1　　　　　　　　　　　　　　　　InputStream 类系

类	功能	构造函数的参数	用法
ByteArrayInputStream	以缓冲区内存为 InputStream	要从中提取 byte 的那个缓冲区	一种数据源:要把它连到 FilterInputStream 对象,由后者提供接口
StringBufferInputStream	以 String 为 InputStream	需要一个 String 对象。实际上程序内部用的是 StringBuffer	一种数据源:要把它连到 FilterInputStream 对象,由后者提供接口
FileInputStream	专门用来读文件	一个表示文件名的 String 对象,也可以是 File 或 FileDescriptor 对象	一种数据源:要把它连到 FilterInputStream 对象,由后者提供接口
PipedInputStream	从 PipedOutputStream 提取数据。实现"管道"功能	PipedOutputStream	一种多线程环境下的数据源,把它连到 FilterInput Stream 对象,由后者提供的接口
SequenceInputStream	将两个或更多的 InputStream 合并成一个 InputStream	两个 InputStream 对象,或一个 InputSteam 对象容器的 Enumerator	一种数据源:要把它连到 FilterInputStream 对象,由后者提供接口
FilterInputStream	一个给 decorator 提供接口用的抽象类。而 decorator 的作用是为 OutputStream 实现具体的功能	表 6-5 将对其进行详细说明	表 6-5 将对其进行详细说明

2. OutputStream 类系

OutputStream 类系都是决定向哪里输出的类:byte 的数组(不能是 String,不过可以根据 byte 数组创建字符串)、文件或者"管道"。

另外,FilterOutputStream 也是 decorator 类的基类。它会为 OutputStream 安装属性和适用的接口,后面有专门的介绍。

表 6-2 列出了 OutputStream 类系中主要的一些类。

表 6-2　　　　　　　　　　　　　　　　OutputStream 类系

类	功　能	构造函数的参数	用　法
ByteArrayOutput-Stream	在内存里创建一个缓冲区。数据送到流里就是写入这个缓冲区	缓冲区初始大小，可选	要想为数据指定目标，可以用 FilterOutputStream 对其进行包装，并提供接口
FileOutputStream	将数据写入文件	一个表示文件名的字符串，也可以是 File 或 FileDescriptor 对象	要想为数据指定目标，可以用 FilterOutput Stream 对其进行包装，并提供接口
PipedOutputStream	写入这个流的数据，最终都会成为与之相关联的 PipedInput-Stream 的数据源。否则就不称其为"管道"了	PipedInputStream	要想在多线程环境下为数据指定目标，可以用 FilterOutputStream 对其进行包装，并提供接口
FilterOutputStream	一个给 decorator 提供接口用的抽象类。而 decorator 的作用是为 OutputStream 实现具体的功能	表 6-6 有详细说明	表 6-6 有详细说明

3. Reader 类系和 Writer 类系

第一次看到 Reader 和 Writer 的时候，可能会觉得它们大概是用来取代 InputStream 和 OutputStream 的，但事实并非如此。

虽然 InputStream 和 OutputStream 的某些功能已经淘汰（如果继续使用，编译器就会发警告），但它们仍然提供了很多很有价值的，面向 byte 的 I/O 功能，而 Reader 和 Writer 则提供了 Unicode 兼容的，面向字符的 I/O 功能。Reader 和 Writer 类系中的类读写基于字符的数据。这种数据比字节级的数据更为单一化、标准化，所以字符级输入类也能读取和解释标准的文本编辑器编辑的数据。而字符级输出流类写入的数据也能用于其他应用程序，如标准文本编辑器。这些类的应用也是成对的，大多数写数据的输出类（如表 6-3 所示），都有相应的读数据的输入类（如表 6-4 所示）。

表 6-3　　　　　　　　　　　　　　基于字符数据的输出流

类　名	功　能　描　述
Writer	写字符流的抽象类
BufferedWriter	经过字符缓冲将文本写到一个字符输出流中
PrintWriter	打印格式化对象内容到文本输出流中。这个类中的方法并不抛出 I/O 异常，但客户可以用 checkError 方法来检查是否出错
OutputStreamWriter	从字符流到字节流的桥梁：它能将字符转化为字节，然后将字节写入流
FileWriter	能方便地写字符文件

表 6-4　　　　　　　　　　　　　　基于字符数据的输入流

类　名	功　能　描　述
Reader	读字符流的抽象类
BufferedReader	从字符输入流中读文本，可在必要时缓冲字符
LineNumberReader	一个能记录行数的缓冲字符输入流

类 名	功 能 描 述
InputStreamReader	从字节流到字符流的桥梁:它能读字节并把它们转化成字符
FileReader	能方便地读字符文件

4. 输入流和输出流的过滤

前面提到对输入流和输出流可以进行过滤,过滤输入流 FilterInputStream 与过滤输出流 FilterOutputStream 实现了该功能。它们的主要作用是在输入/输出数据的同时能对传输的数据做指定格式或类型的转换,也就是说可实现对二进制字节数据的编码转换。

表 6-5 和表 6-6 分别列出了 FilterInputStream 与 FilterOutputStream 涉及的主要的类及功能。

表 6-5　　　　　　　　　　　　FilterInputStream 相关的类

类	功 能	构造函数的参数	用 法
DataInput-Stream	与 DataOutputStream 配合使用,这样就能以一种"可携带的方式(portable-fashion)"从流里读取 primitives 数据(int, char, long 等)	InputStream	包含了一整套读取 primitive 数据的接口
BufferedInput-Stream	用这个类来解决"每次要用数据的时候都要进行物理读取"的问题。通过通用缓冲区来解决	InputStream,以及可选的缓冲区的容量	它本身并不提供接口,只是提供一个缓冲区。需要连到一个"有接口的对象(interfaceobject)"
LineNumberInput Stream	跟踪输入流的行号,有 getLineNumber( )和 setLine Number (int)方法	InputStream	只是加一个行号,所以还要连一个"有接口的对象"
PushbackInput-Stream	有一个"弹压单字节"的缓冲区(has a one byte push-back buffer),这样就能把最后读到的那个字节再压回去了	InputStream	主要用于编译器的扫描程序。可能是为支持 Java 的编译器而设计的。使用的机会不多

表 6-6　　　　　　　　　　　　FilterOutputStream 相关的类

类	功 能	构造函数的参数	用 法
DataOutput-Stream	与 DataInputStream 配合使用,这样就可以用一种"可携带的方式(portable fashion)"往流里写 primitive 数据(int, char, long 等)	OutputStream	包括写入 primitive 数据的全套接口
PrintStream	负责生成带格式的输出(formatted-output)。DataOutput Strem 负责数据的存储,而 PrintStream 负责数据的显示	一个 OutputStream 以及一个可选的 boolean 值。这个 boolean 值表示,要不要清空换行符后面的缓冲区	应该是 OutputStream 对象的最终包覆层。用的机会很多
BufferedOutput-Stream	用这个类解决"每次向流里写数据,都要进行物理操作"的问题。用 flush( )清空缓冲区	OutputStream,以及一个可选的缓冲区大小	本身并不提供接口,只是加了一个缓冲区。需要链接一个有接口的对象

6.1.3 字节流和字符流

根据流处理数据类型的不同也可以将其分为两类:字节流与字符流,下面列出了这两种流的不同之处。

- 字节流

字节流以字节为基本单位来处理数据的输入/输出，一般都用于对二进制数据的读写，如声音、图像等。

- 字符流

字符流以字符为基本单位来处理数据的输入和输出，一般都用于对文本类型数据的读写，如文本文件、网络中发送的文本信息等。

虽然文本数据也可以看作二进制数据，但一般采用字符流处理文本数据比采用字节流效率更高，也更方便。

表 6-7 列出了 Java I/O 中字节流与字符流的 4 个抽象基类，Java I/O 中的其他字节流与字符流都派生自这 4 个抽象基类。

表 6-7　　　　　　　　　　　　字节流与字符流的抽象基类

	字 节 流	字 符 流
输入流	InputStream	Reader
输出流	OutputStream	Writer

下面将分别对上述 4 个类的常用方法进行介绍。

1. InputStream 类

InputStream 类是所有输入字节流的祖先，也就是说，所有的输入字节流都派生自 InputStream 类，提供了很多关于字节流输入操作的方法，表 6-8 列出了其中常用的一些方法。

表 6-8　　　　　　　　　　　　InputStream 类中的常用方法

方　　法	功　　能
public abstract int read() throws IOException	从输入流中读取数据的下一个字节。返回 0～255 范围内的 int 值，如果因为已经到达流末尾而没有可读取的字节，则返回值为–1
public int read(byte[] b) throws IOException	从输入流中读取一定数量的字节，并将其存储在缓冲区字节数组 b 中，以整数形式返回实际读取的字节数。若流中实际可读的字节数小于数组 b 的长度，则返回值会小于数组 b 的长度，否则返回值等于数组 b 的长度
public int read(byte[] b,int off,int len) throws IOException	将输入流中最多 len 个数据字节读入字节数组 b，将读取的第一个字节存储在元素 b[off]中，下一个存储在 b[off+1]中，依此类推，方法的返回值为实际读取的字节数。若流中实际可读的字节数小于 len，则返回值会小于 len，否则返回值等于 len
public long skip(long n) throws IOException	跳过此输入流中的指定数量的数据字节，参数 n 为指定的数量，返回值为实际跳过的字节数
public int available() throws IOException	返回此输入流下一次调用方法可以不受阻塞地读取（或跳过）的字节数
public void close() throws IOException	关闭此输入流并释放与该流关联的所有系统资源
public void mark(int readlimit)	在此输入流中标记当前的位置，参数 readlimit 指出从此标记位置开始此流可以记忆的最大字节数，未来调用 reset()方法可以回到标记处重新读取数据。没有使用 mark()方法设置标记的流是不能回到该处再次读取的
public void reset() throws IOException	将此流重新定位到最后一次对此流调用 mark()方法时的位置
public boolean markSupported()	测试此输入流是否支持 mark()和 reset()方法，支持则返回 True，否则返回 False

上述大部分方法都将有可能抛出异常 IOException，因此在调用时必须进行异常处理。

2. OutputStream 类

OutputStream 类是所有输出字节流的祖先，也就是说，所有的输出字节流都派生自 OutputStream 类，其中提供了很多关于字节流输出操作的方法，表 6-9 列出了其中常用的一些方法。

表 6-9　　　　　　　　　　　　OutputStream 类中的常用方法

方　法	功　能
public abstract void write(int b) throws IOException	将指定的字节写入此输出流，参数 b 表示要写入的字节。要注意的是，b 的低 8bit 被作为一个字节写入流，而高 24bit 被忽略
public void write(byte[] b) throws IOException	将指定字节数组 b 的内容写入输入流
public void write(byte[] b,int off,int len) throws IOException	将指定字节数组 b 中从偏移量 off 开始的 len 个字节写入此输出流
public void flush() throws IOException	刷新此输出流并强制写出所有缓冲中的输出字节
public void close() throws IOException	关闭此输出流并释放与此输出流有关的所有系统资源

上述大部分方法都有可能抛出异常 IOException，因此在调用时必须进行异常处理。

请特别注意，write() 系列方法进行写操作时并不一定直接将所写的内容写出，而先将需要写出的内容放到输出缓冲区中，直到缓冲区满、调用 flush() 方法刷新流或调用 close() 方法关闭流时才真正输出。这样处理可以减少实际的写出次数，提高系统效率。如果需要写出的内容立即输出，需要在完成 write() 方法的调用后调用 flush() 方法刷新流，否则程序可能不能正常工作。

3. Reader 类

Reader 类是所有输入字符流的祖先，也就是说，所有的输入字符流都派生自 Reader 类，其中提供了很多关于字符流输入操作的方法，表 6-10 列出了其中常用的一些方法。

表 6-10　　　　　　　　　　　　Reader 类中的常用方法

方　法	功　能
public abstract int read() throws IOException	读取单个字符，返回值若低 16bit 存放读取字符的编码（0～65535），高 16bit 被忽略，如果因为已经到达流末尾而没有可读的字符，则返回值–1。往往都会将此方法的返回值强制类型转换成 char 类型
public int read(char[] cbuf) throws IOException	从输入流中读取一定数量的字符，并将其存储在缓冲区字符数组 cbuf 中，以整数形式返回实际读取的字符数。若流中实际可读的字符数小于数组 cbuf 的长度，则返回值会小于数组 cbuf 的长度，否则返回值等于数组 cbuf 的长度
public abstract int read(char[] cbuf,int off, int len) throws IOException	将输入流中最多 len 个字符读入字符数组 cbuf，将读取的第一个字符存储在元素 cbuf[off] 中，下一个存储在 cbuf[off+1] 中，依此类推，方法的返回值为实际读取的字符数。若流中实际可读的字符数小于 len，则返回值会小于 len，否则返回值等于 len
public long skip(long n) throws IOException	跳过此输入流中的指定数量的字符，参数 n 为指定的数量，返回值为实际跳过的字符数

续表

方 法	功 能
public boolean ready() throws IOException	判断此字符输入流是否准备好被读取，若是则返回 True，否则返回 False
public void close() throws IOException	关闭此输入流并释放与该流关联的所有系统资源
public void mark(int readAheadLimit) throws IOException	在此输入流中标记当前的位置，参数 readAheadLimit 指出从此标记位置开始此流可以记忆的最大字符数，未来调用 reset 方法可以回到标记处重新读取字符。没有使用 mark 方法设置标记的流是不能回到某处再次读取的
public void reset() throws IOException	将此流重新定位到最后一次对此流调用 mark 方法时的位置
public boolean markSupported()	测试此输入流是否支持 mark 和 reset 方法，支持则返回 True，否则返回 False

 请注意上述大部分方法都有可能抛出异常 IOException，因此在调用时必须进行异常处理。

4. Writer 类

Writer 类是所有输出字符流的祖先，也就是说，所有的输出字符流都派生自 Writer 类，其中提供了很多关于字符流输出操作的方法，表 6-11 列出了其中常用的一些方法。

表 6-11　　　　　　　　　　　　　Writer 类中的常用方法

方 法	功 能
public void write(int c) throws IOException	将指定的字符写入此输出流，参数 c 表示要写入的字符。要注意的是，c 若低 16bit 被作为一个字符写入流，而高 16bit 被忽略
public void write(char[] cbuf) throws IOException	将指定字符数组 cbuf 的内容写入输入流
public abstract void write(char[] cbuf, int off,int len) throws IOException	将指定字符数组 cbuf 中从偏移量 off 开始的 len 个字符写入此输出流
public void write(String str) throws IOException	向流中写入指定字符串 str 的各个字符
public void write(String str,int off,int len) throws IOException	将指定字符串 str 中从偏移量 off 开始的 len 个字符写入此输出流
public void flush() throws IOException	刷新此输出流并强制写出所有缓冲中的输出字符
public void close() throws IOException	关闭此输出流并释放与此流有关的所有系统资源

对比字节流与字符流提供的方法，会发现它们的功能很相似，只是操作的基本单位不同，一个是以字节为基本单位，另一个是以字符为基本单位。

6.1.4 随机存取文件流

前面介绍的都是顺序访问的流，在 Java 还有一种支持随机访问的流 RandomAccessFile。这个类的实例支持同时进行的读/写操作。一个随机存取文件好比存储在文件系统中的一个大"数组"。该"数组"有一个文件指针，输入操作从该指针所指示的地方开始读取数据，每读一个字节，指针后移一个字节。如果一个随机存取文件以读/写方式创建，也可对其进行输出（写）操作。输出操作也从文件指针所指的地方写字节，并将指针置于所写字节之后。当输出操作超过了"数组"

的末尾，将导致文件的扩大。文件指针可用 getFilePointer()方法读取，用 seek()方法设置。

对该类的所有读操作，如果还没有读完指定的字节数，但文件指针已指向了文件末尾，将会抛出一个 EOFException（IOException 的一个子类）异常。如果是由于其他原因不能读，将会抛出一个 IOException 异常而不是 EOFException 异常，其中的一个特别情形是，如果文件关闭后再进行读写操作，会抛出一个 IOException 异常。

6.2　I/O 流的使用

Java 的流式输入和输出，是通过使用前面介绍的这些 I/O 流类来实现的。本节将具体介绍如何使用这些流类，包括标准的 I/O 输出、基本的 I/O 流、过滤流、文件的随机读写和流的分割。

6.2.1　标准的 I/O 流

下面首先介绍标准的 I/O 流的使用方法。在 Java 语言中，键盘用 stdin 表示，监视器用 stdout 表示。它们均被封装在 System 类的类变量 in 和 out 中，分别对应于 System.in 和 System.out。事实上，类变量 in 和 out 分别属于类 InputStream 和 PrintStream，只是由于 InputStream 和 PrintStream 不能用 new()方法直接创建，所以才在 System 类中声明为如下的 3 个类变量。

- public static InputStream in
- public static PrintStream out
- public static PrintStream err

PrintStream 是一个格式化的输出流，它含有如下形式的 write()方法。

- public void write (int b)
- public void write(byte b[], int off, int len)

除了 write()方法外，PrintStream 还有两个主要方法：print()和 println()。前面已按如下形式用过这两个方法。

- System.out.println（"Hello China!"）；
- System.out.print（"x =", x）；

这两个方法的主要差别是：print()方法是先把字符保存在缓冲区，然后当遇到换行符"\n"时再显示到屏幕上；而 println()则是直接显示字符，并在结尾显示一个换行符。

print()方法的标准使用方式有以下 7 种。

- public void print（Object obj）：写入一个 Object 对象。
- public void print（char c）：写入一个字符值。
- public void print（int i）：写入一个整型值。
- public void print（long l）：写入一个长整型值。
- public void print（float f）：写入一个浮点值。
- public void print（double d）：写入一个双字长浮点值。
- public void print（boolean b）：写入一个布尔值。

此外，println()方法还有如下一种不带任何参数的形式。
```
public void println( );
```
调用它将在结尾显示一个换行符。

1. 系统输入流

系统输入流是 System 类的一个静态成员，名称为 in，类型为 InputStream，在 Java 程序运行时系统会自动提供。一般情况下，系统的输入流都会连接到键盘设备，也就是可以接收键盘的输入。如果程序在运行时需要在命令行窗口接收输入，可以通过使用系统输入流来实现。

例 6-1 是一个系统输入流的示例。

【例 6-1】 系统输入流示例。

```
1    package chapter06.sample6_1;
2    import java.io.*;
3    public class Sample6_1
4    {
5        public static void main(String[] args)
6        {
7            try
8            {
9                //将System.in返回的InputStream字节流转换成字符流
10               InputStreamReader is=new InputStreamReader(System.in);
11               //将转换后的字符流封装成BufferedReader流
12               BufferedReader br=new BufferedReader(is);
13               //定义字符串引用
14               String s=null;
15               //打印提示内容
16               System.out.print("请输入一行内容(直接回车则退出程序)>");
17               //测试输入的内容是否为空
18               while((s=br.readLine())!=null&&s.length()!=0)
19               {
20                   //若不为空则显示输入的内容，并进入下一次输入
21                   System.out.println("您输入的内容为:"+s);
22                   //打印提示内容
23                   System.out.println("请输入一行内容(直接回车则退出程序)>");
24               }
25           }
26           catch(IOException e)
27           {
28               e.printStackTrace();
29           }
30       }
31   }
```

上述代码的功能为从系统输入流中读取用户的输入，并打印到命令行窗口中。如果用户不输入任何内容即回车，则程序退出。首先将系统输入流封装进 InputStreamReader 处理流，将字节流转换为字符流，接着再将 InputStreamReader 处理流封装进 BufferedReader 处理流得到缓冲与按行读取的功能。

编译并运行代码，结果如图 6-3 所示。

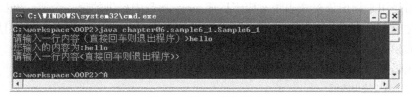

图 6-3 例 6-1 运行结果

图 6-3 中包括了程序运行的初始情况，以及输入一行内容并按下回车后的情况。从程序运行结果可以看出，程序启动后光标一直闪动等待用户输入，当用户输入一行内容并回车后程序打印出用户输入的内容。如果直接回车，则程序退出。

2. 系统输出流

系统输出流即 System.out，是最常用的也是最常见的。通过其可以输出指定的内容。一般情况下，系统输出流都连接到命令行窗口输出，也就是通过其可以向命令行窗口输出信息。

其实，系统输出流也是 System 类的一个静态成员，名称为 out，类型为 PrintStream。PrintStream 除了提供前面介绍过的 print() 与 println() 方法外，从 Java SE 5.0 开始还提供了类似 C 语言中格式化输出的 printf() 方法，下面给出了该方法的一般格式。

```
public PrintStream printf(String format,Object args)
```

format 参数是一个字符串对象，描述了数据输出的格式。该字符串中可以有直接输出的字符内容也可以有特定的格式字符串，格式字符串以 "%" 开头，后跟表示不同格式的字符串。

参数 args 为 format 字符串中的每个格式串提供具体要输出的数据，因此 format 字符串中有几个格式串，就应该有几个 args 参数。

下面的代码片段说明了 printf() 方法的基本使用。

```
1    //定义要输出的值
2    double price=36.5;
3    String bookName="Java 程序设计";
4    //对上述数据进行格式化输出
5    System.out.printf("书名：%s，价格：%5.2f",name,price);
```

上述代码中第 5 行的 "%s"、"%5.2f" 都是格式串，"%s" 表示将输出字符串，"%5.2f" 表示输出 5 个字符宽度保留两位小数的浮点数。当代码的第 5 行运行后将会打印 "这本书叫 Java，其价格为 63.24"。也就是说，printf() 方法执行时会将 format 参数中的格式串依次根据指定的格式替换为 args 参数中的值。

格式字符串有一套完整的声明规则，如图 6-4 所示。

图 6-4 中 "%" 后面白底黑字的部分是可选的，即根据需要可以出现，也可以不出现。不过，"t 转换字符" 与 "转换字符" 则必须出现二者之一，即要么出现 "转换字符"，要么出现 "t 转换字符"。要注意的是，在出现 "t 转换字符" 的情况下不能出现 ".精度"。

图 6-4 格式说明符的完整语法结构

下面将对图 6-4 中的相关部分做简要的介绍。

（1）参数引用$

参数引用是用来指出该格式串将对应于后面 args 参数中提供的哪一个值，例如，"1$" 说明此格式串将对应 args 参数中的第一个值，依此类推。若格式串中没有使用 "参数引用$"，则格式串为第 n 个就相当于 "n$"。

下面的代码片段说明了 "参数引用$" 在格式串中的使用。

```
1    //定义将要输出的值
2    double price=36.52;
```

```
3    String name="Java 程序设计";
4    //对上述数据进行格式化输出
5    System.out.printf("书名%1$s,价格%2$5.2f,支付价格%2$5.1f",name,price,price);
```

上述代码执行后将打印"书名Java程序设计,价格36.52,实际支付价格36.5"。

（2）标志

标志用来指定某些类型数据输出的形式，例如可以指定在打印的数值中出现","分隔符。表6-12中列出了一些比较常用的标志，并且以"6666.6666"为例说明了每种标志使用后的效果。

表6-12　　　　　　　　　　　格式说明符中常用的标志符

标　志	功　能　说　明	效　果　举　例	备　注
+	不论正数与负数均打印符号	[+6666.6666]	效果举例中的"["与"]"表示数据输出的边界，实际程序运行时没有，这里出现是为了看得更清楚
空格	在正数之前添加空格	[6666.6666]	
-	以左对齐进行输出	[6666.6666]	
0	在数字前加0来填充剩余的宽度	[06666.6666]	
,	为数字添加分隔符	[6,666.6666]	

（3）宽度

宽度是指此格式串对应的值在输出时所占字符的个数，使用一个整数来表示。若数据本身的宽度比指定的宽度小，其余的部分将以空格或指定的字符进行填充，若数据本身宽度比指定的宽度大，将按照实际数据的宽度进行输出。

下面的代码片段说明了"宽度"在格式串中的使用。

```
1    //定义将要输出的值
2    int price=666;
3    //对上述数据进行格式化输出
4    System.out.printf("[%1$08d][%1$2d]",price);
```

上述代码片段运行后将输出"[00000666][666]"。

（4）精度

精度是指此格式串对应的浮点值在输出时所使用的小数位数，指定精度时前面要用"."来引导。若实际值小数部分的精度比指定的精度高，则按照指定的精度进行四舍五入，若实际值小数部分的精度比指定的精度小，将使用0来进行填充。

下面的代码片段说明了"精度"在格式串中的使用。

```
1    //定义将要输出的值
2    double price=666.666;
3    //对上述数据进行格式化输出
4    System.out.printf("%1$.2f][%1$.6f]",price);            //输出"[666.67][666.666000]"
```

（5）转换字符

转换字符出现在格式串的最后部分，指出此格式串对应的值以什么类型输出，表6-13列出了一些比较常用的转换字符。

表 6-13　　　　　　　　　　格式说明符中常用的转换字符

转换字符	说　明	转换字符	说　明
d	十进制整数	x	十六进制整数
o	八进制整数	f	浮点数
s	字符串	c	字符
b	布尔值	%	输出"%"

（6）t 转换字符

"t 转换字符"用来指出此格式串对应的日期时间值在输出时所使用的格式，表 6-14 列出了一些常用的日期时间格式符。

表 6-14　　　　　　　　　　常用的日期时间格式符

日期时间格式符	说　明	日期时间格式符	说　明
c	完整的显示日期时间	D	以月/日/年的形式输出日期
T	使用 24 小时制表示时间	r	使用 12 小时制表示时间
R	使用 24 小时制表示时间但是没有秒	B	月的完整拼写
b 或 h	月的缩写形式	m	两位数字的月，前面会补 0
d	两位数字的日，前面会补 0	A	星期的完整拼写
a	星期的缩写	P	上午或下午的大写标志

表 6-14 中仅列举了一些比较常用的日期时间格式符，若需要其他日期时间格式符，可以参阅相关的 API 帮助文档。另外，在使用上表中所列格式符时不要忘记前面要加上"t"，如"tc"、"tT"。实际开发中，可以根据前面介绍的知识以及具体需求自行组装出合适的格式串。

通过前面的介绍，读者应该对 printf()方法中的格式串有了一定的了解，下面给出一个具体的例子进一步介绍 printf()方法的使用。

【例 6-2】　printf()方法示例。

```
1    package chapter06.sample6_2;
2    import java.util.Date;
3    public class Sample6_2
4    {
5        public static void main(String args[])
6        {
7            //创建 Date 对象
8            Date date = new Date();
9            //输出完整时间
10           System.out.printf("当前时间为：%tc。\n", date);
11           //按格式打印字符串
12           System.out.printf("%s://%s/%s\n", "http", "host", "path");
13           //打印 boolean 值
14           System.out.printf("boolean value is %1$b, %1$B\n", true );
15           //创建用来输出的字符串数组
16           String[] words ={"a","aaa","aaaaaaaaaaaaaaaaaaaaaaaaaaaaaa"};
```

```
17                  //使用格式化输出打印表头信息
18                  System.out.printf( "%-10s %s\n","Word","Length" );
19                  for(String word:words)
20                  { //循环打印字符串数组中的字符串
21                      System.out.printf("%-10.10s %s\n",word,word.length());
22                  }
23              }
24          }
```

上述代码中使用不同的格式串对各种数据进行了格式化输出。编译并运行后结果如图 6-5 所示。

图 6-5　格式化输出的结果

从本例中可以看出到，通过使用 printf()方法的格式化输出功能，能够为程序的开发提供很大的方便。在以后的实际开发中，可以根据需要选用。

3. 系统错误流

系统错误流也是 System 类的一个静态成员，名称为 err，类型为 PrintStream。其实，系统错误流也是一个输出流，一般情况下也连接到命令提示符窗口的输出，与系统输出流的区别是，系统输出流输出的是程序正确运行时的信息，而系统错误流输出的是程序出错时的信息，如异常信息。

因此当开发程序时，程序正确运行时的信息应该用 System.out 流输出，程序的出错信息应该使用 System.err 输出。例 6-3 说明了这个问题。

【例 6-3】　系统错误示例。

```
1   package chapter06.sample6_3;
2   public class Sample6_3
3   {
4       public static void main(String args[])
5       {
6           if(args.length!=1)
7           {
8               System.err.println("本程序运行需要输入一个参数！！！");
9               return;
10          }
11          try
12          {
13              int i=Integer.parseInt(args[0]);
14              System.out.println("您输入数据的十倍为："+(10*i)+"。");
15          }
16          catch(NumberFormatException e)
17          {
18              System.err.println("数据格式不对，请输入整数参数！！！");
19          }
20      }
```

图 6-6 错误流的输出

21 }

例 6-3 代码的功能为接收一个整数字符串参数,并将参数表示的整数以十倍输出。其中使用 System.err 输出程序的出错信息,使用 System.out 输出程序正确运行的信息。编译并运行代码,结果如图 6-6 所示。

从图 6-6 中可以看出,在 3 次不同的运行中程序打印了不同的信息。也许在本例中会觉得错误流的存在没有太大的价值,也是输出到命令提示符窗口中,与系统输出流完全相同。其实不然,将正确与错误信息的输出分为两个流在很多情况下是非常有用的。

6.2.2 基本的 I/O 流

基本的 I/O 流主要包括 InputStream 类、OutputStream 类、PipedInputStream 类和 PipedOutputStream 类以及 SequenceInputStream 类,下面分别加以介绍。

1. InputStream 类

InputStream 类是以字节为单位的输入流。数据来源可以是键盘,也可以是诸如 Internet 这样的网络环境。这个类可作为许多输入类的基类。InputStream 是一个抽象类,因此不能建立它的实例,用户只能使用它的子类。注意,大多数输入方法都抛出了 IOException 异常,因此如果程序中调用了这些输入方法,就必须捕获和处理 IOException 异常。

InputStream 类的主要方法是 read(),它有以下 3 种方式。

(1) public abstract int read( ) throw IOException

该方法从流中读入一个字节,并将该字节作为一个整数返回,若没有数据则返回-1。在 Java 中,不能直接把一个整数转换为字符,因为 Java 的整数为 32 位,而字符则为 16 位。还需注意的是,该方法一般是通过 InputStream 的子类来实现的,所以通常通过 System.io.read() 来调用。

(2) public int read (byte b[]) throw IOException

该方法以一个字节类型的数组作为参数,可用于一次读取多个字节。读入的字节直接放入数组 b 中,并返回读取的字节数。使用该方法必须保证数组有足够的大小来保存所要读入的数据,否则 Java 就会抛出 IOException 异常。下面是一个代码片段,实现了 ASCII 码字符集到 Unicode 字符集之间的转换。

```
1    byte bu[] = new byte[20];
2    try{
3        System.in.read(bu);
4        }catch(IOException e){
5            System.out.println(e.toSting())
6        }
7        String s = new String (bu,0);      //把一个字节型数组转换成字符串数组
8        System.out.println(s);
9    }
```

上述代码中有注释的语句行的作用是把一个字节型数组换成字符串数组。转换过程中以第二个参数作为字符串数组中每个元素的最高 8 位(均为 0)。实际上,这个程序实现了从 ASCII 码字符集到 Unicode 字符集之间的转换。

（3）public int read(byte b[], int off, int len)

该方法类似于上一种 read 方法，不同的是设置了偏移量（off）。这里的偏移量指的是可以从字节型数组的第 off 个位置起，读取 len 个字节。这种方法还可以用于防止数组越界，其用法是：把偏移 off 设置为 0，len 设成数组长度。这样，既可填充整个数组，又能保证不会越界。例如，System.in.read(buf, 0, 20);

InputStream 类的常用方法还有以下几种。

- public long skip(long n) throws IOException：跳过指定的字节数。
- public int available()throws IOException：返回当前流中可用字节数。
- public void close()：关闭当前流对象。
- public Synchronized void mark(int readlimit)：在流中标记一个位置。
- public Synchronized void reset()throws IOException：返回流中放标记的位置。
- public boolean markSupport()：返回一个表示流是否支持标记和复位操作的布尔值。

一个输入流在创建时自动打开，使用完毕后可以用 close()方法显式地关闭，或者在对象不再被引用时，被垃圾收集器隐式地关闭。

使用 InputStream 有如下几点值得注意。

- 当程序中调用 InputStream 请求输入时，所调用的方法就处在等待状态，这种状态属于"堵塞"。例如，当程序运行到 System.in.read()的时候就等待用户输入，直到用户输入一个回车键为止。
- InputStream 类操作的是字节数据，不是字符。ASCII 字符和字节数据对应为 8 位数据，Java 的字符为 16 位数据，Unicode 字符集对应的是 16 位字节数据，Java 的整数为 32 位。这样，利用 InputStream 类接收键盘字符将接收不到字符的高位信息。
- 流是通过-1 来标记结束的。因此，必须用整数作为返回的输入值才可以捕捉到流的结束。否则，如果使用的是相当于无符号整数的字符来保存，则无法确认流何时结束。

2．OutputStream 类

OutputStream 是与 InputStream 相对应的输出流类，它具有输出流的所有基本功能。由于 OutputStream 实现输出流的许多方法与 InputStream 流的方法相对应，下面仅简单列出与输入流类相对应的方法。

- public abstract void write(int b) throws IOException：向流中写入一个字节。
- public void write(byte b[]) throws IOException：向流中写入一个字节数组。
- public void write(byte b[],int off,int len) throws IOException：在从数组中的第 off 个位置开始的 len 个位置上写入数据。
- public void flush ( ) throws IOException：清空流并强制将缓冲区中所有数据写入到流中。
- public void close ( ) throws IOException：关闭流对象。

使用过程中要注意，OutputStream 是抽象类，不能直接建立它的实例，但可以使用如下语句建立输出流对象。

```
OutputStream os = new FileOutputStream("test.dat");
```

下面简单介绍一些非抽象类，它们是直接从 InputStream 和 OutputStream 创建子类得到的。

3．PipedInputStream 和 PipedOutputStream 类

管道流用于线程之间的通信。一个 PipedInputStream 必须连接一个 PipedOutputStream，而且一个 PipedOutputStream 也必须连接一个 PipedInputStream。这两个类用于实现与 Unix 中的管道相似的管道流。PipedInputStream 实现管道的输入端，而 PipedOutputStream 用于实现管道的输出端。

PipedInputStream 类从管道中读取数据时，这个管道数据是由 PipedOutputStream 类写入的。因此，在使用 PipedInputStream 类之前，必须将它连接到 PipedOutputStream 类。可以在实例化 PipedInputStream 类时建立这个连接，或者调用 Connect()方法建立连接。PipedInputStream 中包含用于读数据的底层方法，同时也提供了读数据的高层接口。

下面是一个使用管道流的例子，代码片段如下。

```
1    PipedInputStream ps = PipedInputStream( );
2    PipedOutputStream pos = PipedOutputStream(ps);
3    // 一个生产者线程用 pos 进行写操作
4    for (;;){
5       int x;
6       pos.write(x);
7    }
8    // 对应的消费者线程从 pis 中读取
9    for (;;){
10      int x;
11      x = ps.read( );
12   }
```

4. SequenceInputStream 类

SequenceInputStream 类是 InputStream 类的一个子类。使用这个类可以将两个独立的流合并为一个逻辑流。合并后的流中的数据按照在各个流中指定的顺序读出。第一个流结束时，使用无缝连接的方式开始从第二个流中读取数据。

下面是一个使用 SequenceInputStream 类的例子，代码片段如下。

```
1    InputStream is1 = new FileInputStream("file1.dat");
2    InputStream is2 = new FileInputStream("file2.dat");
3    SequenceInputStream sis = new SequenceInputStream(is1,is2);
4    // 合并两个流
5    for(;;) {
6       int data = sis.read( );
7       if (data = = -1) break;
8    }
```

另外，基本 I/O 流中常用的类还有 ByteArrayInputStream 和 ByteArrayOutputStream，用于对存储的字节型数组读写数据；StringBufferInputStream 允许程序将一个 StringBuffer 用作输入流，并使用 ByteArrayInputStream 从中读取数据；FileInputStream 和 FileOutputStream 对本地文件系统上的文件读写数据。这些类的具体用法读者可以参看 JDK 帮助文档。

6.2.3 过滤流

从前面的介绍可以知道，过滤流 FilterInputStream 和 FilterOutputStream 分别是 InputStream 和 OutputStream 的子类，而且它们也都是抽象类。FilterInputStream 类和 FilterOutputStream 类都重写了超类 InputStream 和 OutputStream 的方法。

FilterInputStream 和 FilterOutputStream 为读写处理数据的过滤流定义接口。其子类则进一步实现接口和方法。这些子类有以下几种。

- DataInputStream 类和 DataOutputStream 类

使用与机器无关的格式读或写 Java 的简单数据类型，在一般的输入输出和网络通信中使用较多。

- BufferedInputStream 类和 BufferedOutputStream 类

用于增加流的其他功能。在读或写的过程中设置缓冲数据，以减少需要访问数据源的次数。而且，这两个流类支持 mark()和 reset()方法。缓冲流一般比同一类的非缓冲流更有效,可以加速读写过程。
- LineNumberInputStream 类

带行号的输入流。LineNumberInputStream 类用于记录输入流中的行号。行号在 mark()和 reset()操作中记录。可以用 getLineNumber()获得当前行的行号,而 setLineNumber()可以用于设置当前行的行号。改变某一行的行号后,其后的行就从这个新的行号开始重新编号。LineNumberInputStream 类是 FilterInputStream 类的子类。
- PushbackInputStream 类

以字节为单位的输入流。其作用也是为其他流增加功能,它能够支持退回一个字节(push back)或复位(reset)操作。PushbackInputStream 类还可以使用 unread()方法将一个字节送回输入流中。送回 InputStream 中的这个字符可以在下一次调用 read()时被读出。PushbackInputStream 类可用于实现"先行一步"的功能,它返回下一个要读出的字符。编写用于输入分析的程序时,这个功能很有用。

过滤流还包括 PrintStream,这个流已在标准的 I/O 流中作过介绍。

6.2.4 文件随机读写

前面介绍过流的随机读写是 Java 输入输出的一个显著特点。RandomAccessFile 类实现了上述功能。RandomAccessFile 类具有 DataInputStream 和 DataOutputStream 对象的所有功能。当程序把一个 RandomAccessFile 对象与一个文件关联时,程序从文件定位指针指定的位置开始读写数据,并且把所有数据当成基本数据类型来操作。使用 RandomAccessFile 除了可以读写文件中任意位置的字节外,还可以读写文本和 Java 的基本数据类型。

随机流 RandomAccessFile 类有以下两个构造方法。
- RandomAccessFile (String filename,String mode)
- RandomAccessFile (File file,String mode)

在第一个构造方法中,filename 为指定的文件名,mode 为操作方式,说明该文件是 r 或 rw,即是"只读"还是"读写"的,如果不是这两种情况,就会产生一个"Illegal Argument Exception"异常。

在第二个构造方法中,file 为指定的文件对象。但用户必须有相应的对这个文件的访问权限。例如,执行读操作至少要有读权限,而执行通常的修改操作必须要使用"读写"方式。

由于 RandomAccessFile 类并不是单纯的输入或输出流,因此它不是 InputStream、OutputStream 类的子类。RandomAccessFile 直接继承了 Object 类,并实现了 DataInput 和 DataOutput 接口。这就要求该类实现在这两个接口中描述的方法。

例 6-4 是使用 RandomAccessFile 的程序实例,其中使用随机访问流读写数据。

【例 6-4】 RandomAccess 示例 1。

```
1       import java.io.*;
2       public class Sample6_4{
3           public static void main(String args[]) throws IOException{
4               RandomAccessFile raf=new RandomAccessFile("random.txt","rw");
5               raf.writeBoolean(true);
6           raf.writeInt(168168);
7           raf.writeChar('i');
8           raf.writeDouble(168.168);
9           raf.seek(1);
10          System.out.println(raf.readInt());
11          System.out.println(raf.readChar());
12          System.out.println(raf.readDouble());
```

```
13          raf.seek(0);
14          System.out.println(raf.readBoolean());
15          raf.close();
16      }
17  }
```

程序的输出结果如图 6-7 所示。

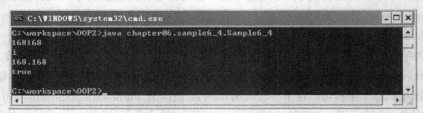

图 6-7 使用随机访问流读写数据

下面是一个利用流的随机读写实现显示指定文本文件最后 n 个字符。其中文本文件名和数字 n 用命令行参数的方式提供。

【例 6-5】 RandomAccess 示例 2。

```
1   package chapter06.sample6_5;
2   import java.io.EOFException;
3   import java.io.RandomAccessFile;
4   public class Sample6_5 {
5       public static void main(String args[]) {
6           try {
7               RandomAccessFile ra = new RandomAccessFile("c://test.txt", "r");
8               long count = Long.valueOf(args[1]).longValue();
9               long position = ra.length();
10              position -= count;
11              if (position < 0)
12                  position = 0;
13              ra.seek(position);
14              while (true) {
15                  try {
16                      byte b = ra.readByte();
17                      System.out.print((char) b);
18                  } catch (EOFException eofe) {
19                      break;
20                  }
21              }
22          } catch (Exception e) {
23              e.printStackTrace();
24          }
25      }
26  }
```

编译后，程序的执行命令和结果如图 6-8 所示。

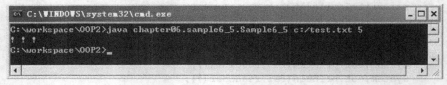

图 6-8 对指定文件随机读取字符

6.2.5 流的分割

流的分割是由 StreamTokenizer 类实现的。该类把一个流的内容划分成若干个 token 单位，一次可以读写一个 token。token 是文本分析算法可识别的最小单位（如单词、符号等）。一个 StreamTokenizer 对象可用于分析任何文本文件。它可以识别标识符、数字、引号包围的字符串以及各种注释形式。

尽管 StreamTokenizer 并不是从 InputStream 或 OutputStream 衍生的，但它只随同 InputStream 工作，所以十分恰当地包括在库的 IO 部分。StreamTokenizer 类用于将任何 InputStream 分割为一系列"记号（Token）"。这些记号实际是一些断开的文本块，中间用我们选择的任何东西分隔。例如，记号可以是单词，中间用空白（空格）以及标点符号分隔。

下面的代码片段，使用了 StreamTokenizer，用于计算各个单词在文本文件中重复出现的次数。

```
1      private FileInputStream file;
2      private StreamTokenizer st;
3      private Hashtable counts = new Hashtable();
4      public test(String f)throws FileNotFoundException {
5          try {
6              file = new FileInputStream(f);
7              //创建 StreamTokenizer
8              st = new StreamTokenizer(file);
9              //分隔符
10             t.ordinaryChar('.');
11             t.ordinaryChar('-');
12         } catch(FileNotFoundException e) {
13             System.out.println("无法读取文件 " + f);
14             throw e;
15         }
16     }
```

在上面的程序中，为打开文件，使用了 FileInputStream。而且为了将文件转换成单词，从 FileInputStream 中创建了一个 StreamTokenizer。在 StreamTokenizer 中，存在一个默认的分隔符列表，这里可用一系列方法加入更多的分隔符。在这里，使用 ordinaryChar()指出"该字符没有特别重要的意义"，所以解析器不会把它当作自己创建的任何单词的一部分。例如，st.ordinaryChar('.')表示小数点不会成为解析出来的单词的一部分。在与 Java 配套提供的联机文档中，可以找到更多的相关信息。

6.3 对象的序列化

Java 的对象序列化用于将一个实现了 Serializable 接口的对象转换成一组 byte，这样以后要用这个对象时候，就能把这些 byte 数据恢复出来，并据此重新构建那个对象了。这一点甚至在跨网络的环境下也是如此，这就意味着序列化机制能自动补偿操作系统方面的差异。也就是说，可以在 Windows 机器上创建一个对象，序列化之后，再通过网络传到 Unix 机器上，然后在那里进行重建，而不用担心在不同的平台上数据是怎样表示的，byte 顺序怎样，或者别的什么细节。

6.3.1 存储对象

Java 序列化技术可以将一个对象的状态写入一个 byte 流里，并且可以从其他地方把该 byte

流里的数据读出来，重新构造一个相同的对象。这种机制允许将对象通过网络进行传播，并可以随时把对象存储到数据库、文件等系统里。Java 的序列化机制是 RMI、EJB、JNNI 等技术的技术基础。

并非所有的 Java 类都可以序列化，为了使指定的类可以实现序列化，必须使该类实现接口 java.io.Serializable。需要注意的是，该接口什么方法也没有。实现该类只是简单的标记该类准备支持序列化功能。

在 Java 程序中，一般情况下，创建的对象随程序的终止而消失。但有些时候，希望把创建的某些对象完整地保留下来，以后再次使用。比如创建一个描述学生数据的类对象（其中包括账号数据），如下。

```
1   public class Student
2   {
3       int id;
4       String name;
5       int age;
6   }
```

希望把这个类的一个实例保存在本地硬盘上，供以后的程序使用，或者保存在网络上的一台远程机器上，把这个对象提供给那台主机中的程序的使用，这可以为许多程序提供很多的方便。

Java 中可以通过对象的序列化来实现这个功能。序列化是指对象通过把自己转化为一系列字节，记录字节的状态数据，以便再次利用。

6.3.2 对象的序列化

Java1.1 以后添加了对象序列化机制，可以把实现了 Serializable 接口的对象序列化。Serializable 接口中没有定义任何方法，只是一个特殊的标记，用来告诉 Java 编译器，这个对象参加了序列化的协议，可以把它序列化。因此一个类实现 Serializable 接口时，并不需要实现任何针对该接口的方法，下面通过一个简单的例子来理解对象的序列化。

【例 6-6】 对象的序列化示例。

```
1   package chapter06.sample6_6;
2   import java.io.Serializable;
3   public class Seri implements Serializable{
4       public int id;
5       public String name;
6       public int sum;
7       public Seri(int id, String name, int S) {
8           id = id;
9           name = name;
10          sum = S;
11      }
12      public String toString() {
13          return new String("id=" + id + "\t name=" + name + "\t countSum="
14                  + sum);
15      }
16  }
17  import java.io.*;
18  import java.util.*;
19  public class Sample6_6 {
20      public static void main(String args[]) {
21          Seri ss = new Seri(27, "silence", 20000);
22          try {
```

```
23              FileOutputStream fos = new FileOutputStream("c://test.txt");
24              ObjectOutputStream os = new ObjectOutputStream(fos);
25              os.writeObject(ss);
26              os.close();
27          } catch (Exception e) {
28              System.out.println(e);
19          }
30          FileInputStream fis = null;
31          ss = null;
32          try {
33              try {
34                  fis = new FileInputStream("c://test.txt");
35              } catch (FileNotFoundException e) {
36                  e.printStackTrace();
37              }
38              ObjectInputStream os = new ObjectInputStream(fis);
39              // 强制类型转换
40              ss = (Seri) os.readObject();
41              os.close();
42          } catch (ClassNotFoundException e) {
43              System.out.println(e);
44              System.exit(-2);
45          } catch (IOException e) {
46              e.printStackTrace();
47          }
48          System.out.println("id:\t" + ss.id);
49          System.out.println("name:\t" + ss.name);
50          System.out.println("count sum:\t" + ss.sum);
51      }
52  }
```

编译并运行代码，结果如图 6-9 所示。

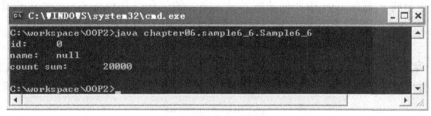

图 6-9 例 6-6 运行结果

6.3.3 对象序列化中的一些问题

读者在对对象序列化的过程中需要注意以下两个问题。

（1）性能问题

为了序列化类 A 的一个实例对象，所需保存的全部信息如下。

● 与此实例对象相关的全部类的元数据(metadata)信息；因为继承关系，类 A 的实例对象也是其任一父类的对象。因而，需要将整个继承链上的每一个类的元数据信息，按照从父到子的顺序依次保存起来。

● 类 A 的描述信息。此描述信息中可能包含有如下这些信息：类的版本 ID(version ID)、表示是否自定义了序列化实现机制的标志、可序列化的属性的数目、每个属性的名字和值及其可序列化的父类的描述信息。
- 将实例对象作为其每一个超类的实例对象，并将这些数据信息都保存起来。在 RMI 等远程调用的应用中，每调用一个方法，都需要传递如此多的信息量；久而久之，会对系统的性能造成很大的影响。

（2）版本信息

当用 readObject()方法读取一个序列化对象的 byte 流信息时，会从中得到所有相关类的描述信息以及示例对象的状态数据；然后将此描述信息与其本地要构造的类的描述信息进行比较，如果相同则会创建一个新的实例并恢复其状态，否则会抛出异常。这就是序列化对象的版本检测。

JVM 中默认的描述信息是使用一个长整型的哈希码（hashcode）值来表示，这个值与类的各个方面的信息有关，如类名、类修饰符、所实现的接口名、方法和构造函数的信息、属性的信息等。因而，一个类作一些微小的变动都有可能导致不同的哈希码值。例如开始对一个实例对象进行了序列化，接着对类增加了一个方法，或者更改了某个属性的名称，当再想根据序列化信息来重构以前那个对象的时候，此时两个类的版本信息已经不匹配，不可能再恢复此对象的状态了。要解决这个问题，可在类中显式定义一个值，如下所示。

```
private static final long serialVersionUID = ALongValue;
```

这样，序列化机制会使用这个值来作为类的版本标识符，从而可以解决不兼容的问题。但是它却引入了一个新的问题，即使一个类作了实质性的改变，如增加或删除了一些可序列化的属性，在这种机制下仍然会认为这两个类是相等的。

6.4 文件管理

前面的章节介绍了 Java 中的各种 I/O 流，在使用 I/O 流的过程中很多情况下源与目标都是文件。因此，本节将介绍在 Java 中如何获取目录、文件的信息以及对目录、文件进行管理。

6.4.1 File 类简介

Java 中专门提供了一个表示目录与文件的类——java.io.File，通过其可以获取文件、目录的信息，对文件、目录进行管理。File 类一共提供了 4 个构造器，表 6-15 列出了其中常用的 3 个。

表 6-15　　　　　　　　　　　　File 类的常用构造器

构造器声明	功　　能
public File(String pathname)	通过指定的路径名字符串 pathname 创建一个 File 对象，如果给定字符串是空字符串，那么创建的 File 对象将不代表任何文件或目录
public File(String parent,String child)	根据指定的父路径名字符串 parent 以及子路径字符串 child 创建一个 File 对象。若 parent 为 null，则与单字符串参数构造器效果一样，否则 parent 将用于表示目录，而 child 则表示该目录下的子目录或文件
public File(File parent,String child)	根据指定的父 File 对象 parent 以及子路径字符串 child 创建一个 File 对象。若 parent 为 null，则与单字符串参数构造器效果一样，否则 parent 将用于表示目录，而 child 则表示该目录下的子目录或文件

File 对象中只封装了关于对应文件或目录的一些信息，并不包含文件的内容，要想获取文件的具体内容需要使用流。

创建了 File 对象后可以通过其提供的方法来进行各种操作了，表 6-16 列出了 File 类中提供的一些常用方法。

表 6-16　　　　　　　　　　　　　File 类中的常用方法

方 法 声 明	功　　　能
public String getName()	返回此 File 对象表示的文件或目录的名称
public String getParent()	返回此 File 对象表示的文件或目录的父目录路径的名字符串，如果没有父目录，则返回 null
public File getParentFile()	返回一个 File 对象，该对象将表示当前 File 的父目录。如果没有父目录，则返回 null
public String getPath()	返回此 File 表示文件或目录的路径字符串
public boolean isAbsolute()	测试此 File 是否采用的是绝对路径，若是则返回 True，否则返回 False
public String getAbsolutePath()	返回此 File 对象对应的文件或目录的绝对路径字符串
public boolean canRead()	测试 File 对象对应的文件是否是可读的，若是则返回 True，否则返回 False
public boolean canWrite()	测试 File 对象对应的文件是否是可写的，若是则返回 True，否则返回 False
public boolean canExecute()	测试 File 对象对应的文件是否是可执行的，若是则返回 True，否则返回 False
public boolean exists()	测试 File 对象对应的文件或目录是否存在，若是则返回 True，否则返回 False
public boolean isDirectory()	测试 File 对象表示的是否为目录，若是则返回 True，否则返回 False
public boolean isFile()	测试 File 对象表示的是否为文件，若是则返回 True，否则返回 False
public boolean isHidden()	测试 File 对象表示的是否为隐藏文件或目录，若是则返回 True，否则返回 False
public long lastModified()	返回 File 对象表示的文件或目录的最后修改时间，时间采用距离 1970 年 1 月 1 日 0 时的毫秒数来表示
public long length()	返回 File 对象表示的文件或目录的大小，以字节为单位
public boolean createNewFile() throws IOException	若 File 对象表示的文件不存在，可以调用此方法创建一个空文件。若创建成功则返回 True，否则返回 False
public boolean delete()	删除 File 对象表示的文件或目录，如果表示的是目录，则该目录必须为空才能删除。若成功删除则返回 True，否则返回 False
public String[] list()	若 File 对象表示的是一个目录，则调用此方法可以返回此目录中文件与子目录的名称。返回的名称都组织在一个字符串数组中
public File[] listFiles()	若 File 对象表示的是一个目录，则调用此方法可以返回此目录中文件与子目录对应的 File 对象，返回的 File 对象都组织在一个 File 数组中
public boolean mkdir()	创建此 File 指定的目录，若成功创建则返回 True，否则返回 False
public boolean mkdirs()	创建此 File 指定的目录，其中将包括所有必需但不存在的父目录。若成功创建则返回 True，否则返回 False

6.4.2　使用 File 类

通过上一小节的介绍，对 File 类有了大体的了解。本小节将通过一个的具体的例子进一步介绍 File 类的具体使用。下面的例子创建 MyFile 文件夹，接着在 MyFile 文件夹下创建 ChildFile.txt 文件，并向文件中写入字符串。

【例 6-7】 File 类示例。

```
1    package chapter06.sample6_7;
2    import java.util.*;
3    import java.io.*;
4    public class Sample6_7 {
5        public static void main(String args[])
6        {
7            try
8            {
9                //创建一个表示不存在子目录的File对象
10               File fp=new File("MyFile");
11               //创建该目录
12               fp.mkdir();
13               //创建一个描述MyFile目录下文件的File对象
14               File fc=new File(fp,"ChildFile.txt");
15               //创建该文件
16               fc.createNewFile();
17               //创建输出流
18               FileWriter fo=new FileWriter(fc);
19               BufferedWriter bw=new BufferedWriter(fo);
20               PrintWriter pw=new PrintWriter(bw);
21               //向文件中写入5行文本
22               for(int i=0;i<5;i++)
23               {
24                   pw.println("["+i+"]Hello World!!! 你好,本文件由程序创建！！！");
25               }
26               //关闭输出流
27               pw.close();
28               //打印提示信息
29               System.out.println("恭喜你，目录以及文件成功建立，数据成功写入！！！");
30           }
31           catch(Exception e)
32           {
33               e.printStackTrace();
34           }
35       }
36   }
```

上述代码的功能为，首先在程序的执行目录下创建 MyFile 文件夹，接着在 MyFile 文件夹下创建 ChildFile.txt 文件，并向文件中写入 5 行文本。

编译并运行代码，结果如图 6-10 所示。

图 6-10 File 类的使用

从本例中可以看出，通过使用 java.io 包中提供的 File 类可以方便地对文件、目录进行管理。实际开发中如果有需要，可以参照本例进行开发。

6.5　异　常　处　理

有过一些经验的开发人员都能体会到，在开发项目的过程中，开发核心业务代码只占了20%～30%的时间，而用于开发容错代码的时间却高达 70%～80%，这大大降低了开发效率。Java 中提供的异常处理机制，可以在一定程度上解决这个问题。

通过使用异常处理机制，可以使容错代码的开发变得轻松。本章将对 Java 中的异常处理机制进行详细的介绍，主要包括基本的异常处理、异常的层次结构、定义自己的异常等内容。

6.5.1　异常处理概述

Java 中定义了很多异常类。每个异常类都代表了一种或多种运行错误，异常类中包含了该运行的错误信息和处理错误的方法等内容。每当 Java 程序运行过程中发生一个可识别的运行错误时，即产生一个异常。Java 采取"抛出-捕获"的方式，一旦一个异常产生了，Runtime 环境和应用程序抛出各种标准类型和自定义的异常，系统就可以捕获这些异常，并且有相应的机制来处理它，确保不会产生死机、死循环或其他损害，从而保证了整个程序运行的安全性。这就是 Java 的异常处理机制。

下面介绍 Java 基本的异常处理。

1. try 和 catch 捕获异常

可以使用 try-catch 语句捕获并处理异常，try 语句块用于指出可能出现异常的区域，随后跟上一个或多个 catch 语句块，在 catch 语句块中编写相应异常的处理程序，语法格式如下：

```
try
{
 可能出现异常的代码
}
catch(异常类型1  引用)
{
 异常类型1 的处理代码
}
……
catch(异常类型n  引用)
{
 异常类型 n 的处理代码
}
```

try 语句块只能有一个，而 catch 语句块则可以有任意多个；catch 语句块紧跟在 try 语句块之后，而且 catch 语句块之间不能有任何代码（注释除外）。

下边给出了一个合法的 try-catch 使用的代码片段。

```
1    //被监视的代码块
2    try
3    {
4        int[] a=new int[3];
5        a[2]=9;
6    }
7    //处理数组下标越界异常
```

```
8       catch(ArrayIndexOutOfBoundsException aiobe)
9       {
10          //打印提示信息
11          System.out.println("这里出现的错误类型是:数组下标越界!!");
12      }
13      //处理空引用异常
14      catch(NullPointerException npe)
15      {
16          //打印提示信息
17          System.out.println("这里出现的错误类型是:空引用!!");
18      }
```

try 语句块中编写的是创建数组对象与访问数组元素的代码,这些代码有可能抛出"ArrayIndexOutOfBoundsException"、"NullPointerException"异常。两个 catch 语句块分别用来捕获并处理"ArrayIndexOutOfBoundsException"、"NullPointer Exception"异常。

下面通过例 6-8 说明 try-catch 语句在有与没有异常情况下的执行流程。

【例 6-8】 异常处理示例。

```
1   package chapter06.sample6_8;
2   public class example6_8
3   {
4       public static void main(String[] args)
5       {
6           //被监视的代码块
7           try
8           {
9               //创建数组对象
10              int[] a=new int[4];
11              System.out.println("整型数组创建完毕!!");
12              //访问数组元素
13              a[3]=9;
14              System.out.println("整型数组中第四个元素的数值为"+a[3]+"!!!");
15          }
16          //处理下标越界异常
17          catch(ArrayIndexOutOfBoundsException aiobe)
18          {
19              //打印提示信息
20              System.out.println("这里出现的错误类型是:数组下标越界!!");
21          }
22          //处理空引用异常
23          catch(NullPointerException npe)
24          {
25              //打印提示信息
26              System.out.println("这里出现的错误类型是:空引用!!");
27          }
28          System.out.println("主程序正常结束!!!");
29      }
30  }
```

上面的代码中,第一个 catch 语句块是对"ArrayIndexOutOfBoundsException"(数组下标越界异常)进行处理的代码,aiobe 是指向可能捕获到的"ArrayIndexOutOfBoundsException"异常对象的引用，通过其可以访问捕获到的异常对象。第二个 catch 语句块是对"NullPointerException"（空引用异常）进行处理的代码。

编译运行代码，结果如图 6-11 所示。

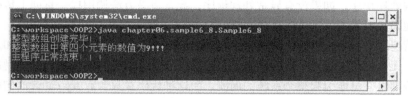

图 6-11　例 6-8 运行结果

从图 6-11 中可以看出该代码正常运行，没有抛出任何异常，在这种情况下 catch 语句块是不执行的；try 语句块中的代码，并不是一定发生异常的代码，而是有可能发生异常的代码，若不发生异常，便正常执行，而不会去执行相应的 catch 语句块。

将代码中第 13 行改为如下内容：

`a[4]=9;`

再次编译运行，结果如图 6-12 所示。

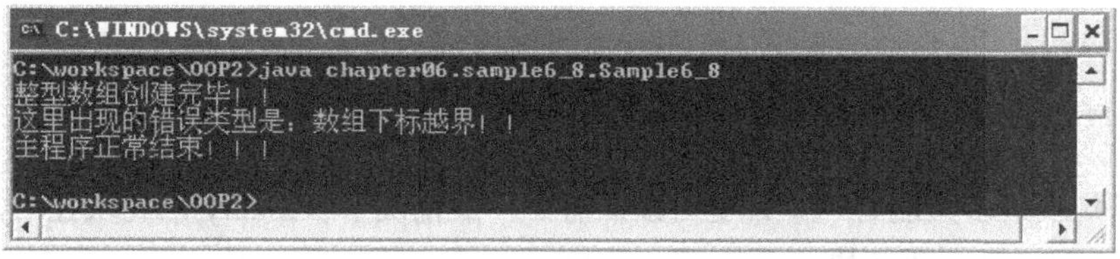

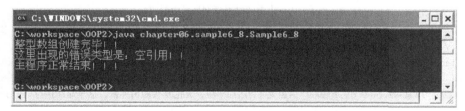

图 6-12　例 6-8 修改后运行结果

从运行结果可以看出：由于修改后访问数组元素时下标越界，所以第 13 行抛出"ArrayIndexOutOfBoundsException"异常，try 语句块中的代码从抛出异常处中断执行；在异常抛出后，代码转入相应的 catch 语句块执行，打印"这里出现的错误类型是：数组下标越界!!"信息；经过 catch 语句块捕获并处理异常后，代码恢复正常执行，主程序正常结束。

将代码中第 10 行修改为如下内容：

`int[] a=null;`

再次编译运行，结果如图 6-13 所示。

图 6-13　例 6-8 再次修改后运行结果

从运行结果可以看出，由于使用空引用访问数组对象而抛出异常，其后执行相应的 catch 语句块，经 catch 处理后代码恢复正常执行。

在同一个 try 语句块中可以有多句可能抛出相同异常的语句，异常处理代码只需要编写一次。例如，try 语句块中的代码有两处都可能抛出相同的异常，只需要编写一个处理此类型异常的 catch

语句块。不管是哪里抛出异常，都将立即停止执行，转移至处理该异常的异常处理程序继续执行。

2. finally 语句块

从前面介绍的抛出异常的执行流程中可以看出，一旦异常抛出，其后面的代码将不再执行，而是进入异常处理程序，如果没有异常处理程序，异常将沿方法调用栈一直向上传播，这在某些情况下将不能满足要求。

在某些情况下，有一些特殊代码要求无论抛出异常与否都必须保证执行。例如，打开了一个数据库连接，无论处理过程中是否抛出异常，最后都要保证关闭连接，不能由于抛出异常就影响了其执行，否则将有可能引起整个系统的崩溃。而这种代码在只含有 try-catch 语句的情况下将无法实现，原因如下：将这些代码放在 try 语句块，则出现异常后无法执行。放在 catch 中会因为不出现异常而不执行。

有的读者可能想到，在 try、catch 语句块都放上必须执行的代码，这样就可以在所有情况下都保证执行了。其实不行，因为系统运行中还可能抛出意料之外的异常，那时异常就会一直向上传播，而不再执行相应的代码。

finally 语句块正是用来解决这样的问题的，finally 语句块中的代码无论在什么情况下都将保证执行。finally 语句块一般位于 try-catch 语句块的后边。该语句块在某些情况下非常有用，基本语法格式如下。

```
finally
{
    finally 块中的代码
}
```

finally 语句块最多只能有一个，也可以没有。一般情况下，finally 语句块在 try-catch 语句中应该紧跟最后一个 catch 语句块。

下面给出了一个合法使用 finally 语句块的例子。

```
1    //被监视的代码块
2    try
3    {
4        int[] a=new int[4];
5        a[3]=9;
6    }
7    //处理空引用异常的语句块
8    catch(NullPointerException npe)
9    {
10       System.out.println("这里出现的错误类型是：空引用！！");
11   }
12   //finally 语句块
13   finally
14   {
15       System.out.println("这里是 finally 块，无论是否抛出异常，这里总能执行！");
16   }
```

下面的例子说明了这个问题。

【例 6-9】 异常处理示例 2。

```
1    package chapter06.sample6_9;
2    public class Sample6_9
3    {
4        public static void main(String[] args)
```

```
 5      {
 6              //受监视的代码块
 7              try
 8              {
 9                      //创建长度为 4 的 int 型数组
10                      int[] a=new int[4];
11                      System.out.println("整型数组创建完毕！！");
12                      //为数组最后一个元素赋值
13                      a[3]=9;
14                      System.out.println("整型数组中第四个元素的数值为"+a[3]);
15              }
16              //处理空引用异常代码块
17              catch(NullPointerException npe)
18              {
19                      //打印提示信息
20                      System.out.println("这里出现的错误类型是：空引用！！");
21              }
22              //finally 块
23              finally
24              {
25                      //打印提示信息
26                      System.out.println("这里是 finally 块，无论是否抛出异常，这里总能执行！");
27              }
28      }
29 }
```

编译运行代码，结果如图 6-14 所示。

从图 6-14 中可以看出，没有异常抛出时 finally 语句块在 try 语句块执行后执行了。将上述代码中第 10 行改为如下代码。

```
int[] a=null;
```

再次编译运行，结果如图 6-15 所示。

图 6-14　例 6-9 编译运行结果

图 6-15　修改后例 6-9 编译运行结果

从上面的运行结果可以看出，如果 try 语句中产生了异常，被 catch 语句捕获后，finally 语句仍执行。将上述代码中第 10 行修改为如下代码：int[] a=new int[2];

再次编译运行,结果如图 6-16 所示。

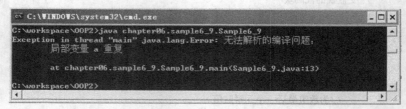

图 6-16 再次修改后例 6-9 编译运行结果

从图 6-16 中可以看出,此次 try 语句中产生的异常没有 catch 语句处理,因此要向上传播,但是在离开 try-catch 语句传播前,要首先执行 finally 语句块中的代码。

从上面几次修改和执行可以总结出,finally 语句块在离开 try-catch 语句之前保证执行。虽然说是保证执行,但也有几个特殊的情况可能会中断 finally 语句的执行。

- finally 语句块里面本身产生异常。
- 执行 finally 语句块的线程死亡。
- finally 语句块中执行了 "System.exit(0);" 方法。
- 计算机断电。

即使在 try 或 catch 语句中有 return 语句执行,在离开前也要执行 finally 语句块,读者可以自行操作实验。另外,关于几种可能中断 finally 语句执行的情况,读者也可以自行操作实验,这里不在赘述。关于线程的问题请参照后面章节。

3. try、catch 及 finally 语句块之间需要注意的问题

try、catch 以及 finally 语句块相互运用的同时,也有很多需要注意的问题,主要包括如下几点。

- 无 catch 时 finally 必须紧跟 try。
- catch 与 finally 不能同时省略。
- try、catch 以及 finally 块之间不能插入任何其他代码。

(1) 无 catch 时 finally 必须紧跟 try

读者已经知道,finally 块在没有特殊用途的情况下是可以不写的,而 catch 块也一样,也是可选的。这时候,finally 块必须紧跟在 try 语句块之后,例 6-10 说明了这个问题。

【例 6-10】 异常处理示例 3。

```
1    package chapter06.sample6_10;
2    public class Sample6_10
3    {
4        public static void main(String[] args)
5        {
6            //受监视的代码块
7            try
8            {
9                //打印提示信息
10               System.out.println("这里是try块,被监视的代码!!");
11           }
12           //finally语句块
13           finally
14           {
15               //打印提示信息
```

```
16                System.out.println("这里是finally块,无论是否抛出异常,这里总能执行!");
17            }
18      }
19 }
```

编译运行代码,结果如图 6-17 所示。

图 6-17　例 6-10 编译运行结果

从图 6-17 中可以看出,上面的代码正常编译并且运行了,所以 catch 语句块也可以省略,但是在 catch 语句块省略后,finally 语句块必须紧跟 try 语句块。

(2) catch 与 finally 不能同时省略

前面已经提到 catch 与 finally 语句块都可以省略,但是这二者不可以同时省略。也就是说,try 语句块后边不能什么都不跟,否则将编译不通过,例 6-11 说明了这个问题。

【例 6-11】　异常处理示例 4。

```
1  package chapter06.sample6_11;
2  public class Sample6_11
3  {
4      public static void main(String[] args)
5      {
6          //受监视的代码块
7          try
8          {
9              //打印提示信息
10             System.out.println("这里是try块,被监视的代码!!");
11         }
12     }
13 }
```

编译代码,结果如图 6-18 所示。

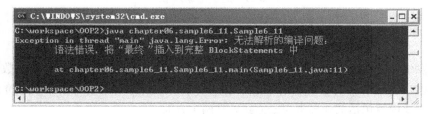

图 6-18　例 6-11 编译结果

从图 6-18 中可以看出,系统报 ""try"不带有"catch"或"finally"" 错误,说明 try 语句块不能单独出现。

(3) try、catch 以及 finally 语句块之间不能插入任何代码

无论 try 与 catch 语句块连用,还是与 finally 语句块连用,或三者同时出现,在这些语句块之间是不允许出现任何其他代码的(注释除外),例 6-12 说明了这个问题。

【例 6-12】 异常处理示例 5。

```
1    package chapter06.sample6_12;
2    public class Sample6_12
3    {
4        public static void main(String[] args)
5        {
6            //受监视的代码块
7            try
8            {
9                System.out.println("这里是try块，被监视的代码！！");
10           }
11           //这里是注释
12           catch(NullPointerException e)
13           {
14               System.out.println("处理异常！！！");
15           }
16           //这里将编译出错
17           System.out.println("这里是try、catch以及finally块之间！！");
18           finally
19           {
20               System.out.println("这里是finally块，无论是否抛出异常，这里总能执行！");
21           }
22       }
23   }
```

编译代码，结果如图 6-19 所示。

从图 6-19 中可以看出，由于第 17 行的打印代码不属于任何语句块，不符合 try-catch-finally 语句语法，因此编译报错。这也说明，try、catch 及 finally 语句块之间必须是"紧跟"着的。

图 6-19 例 6-12 编译结果

6.5.2 异常的层次结构

当异常发生时，Java 会将该异常包装成一个异常类的对象，并将其引用作为参数传递给相应的 catch 语句，这样在 catch 语句中就可以对这个异常对象进行操作。本节将系统地介绍异常类的层次结构，主要内容包括捕获异常与未捕获异常两个方面。

1．捕获异常

Java 类库中有一个 java.lang.Throwable 类，继承自 java.lang.Object 类，是所有异常类的超类。图 6-20 所示为各个异常类的层次结构。

在图 6-20 中，Throwable 类有两个直接子类，Error 类与 Exception 类，Exception 类有一个子类 RuntimeException。其中 Exception 类的直接或间接子类，除去 RuntimeException 类的直接或间接子类称为捕获异常，其他的都为未捕获异常。

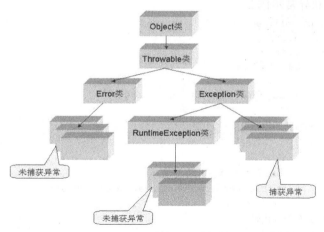

图 6-20 异常类的层次结构

捕获异常一般是由外界因素产生的，并且是可以恢复的。例如通过网络传输一个文件，很有可能传输终止，但并不是由程序引起的，而该异常是可以恢复的。再如，创建一个网络套接字连接，可能由于种种原因，创建失败，抛出异常。

这些异常，即使程序本身没有问题，也有可能会产生，所以在开发时必须考虑如何处理。Java中规定，在调用可能抛出捕获异常的方法（或构造器）时，必须编写处理异常的代码，否则编译不通过，这有利于提高程序的健壮性，避免开发人员忘记编写必要的容错代码。

例 6-13 说明了这个问题。

【例 6-13】 异常捕获示例 1。

```
1    package chapter06.sample6_13;
2    import java.net.*;
3    public class Sample6_13
4    {
5        public static void main(String[] args)
6        {
7            //调用 ServerSocket 构造器，创建监听 9999 端口的 ServerSocket 对象
8            ServerSocket ss=new ServerSocket(9999);
9        }
10   }
```

编译代码，结果如图 6-21 所示。

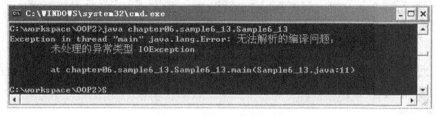

图 6-21 例 6-13 编译结果

从图 6-21 中可以看出，因为没有对可能抛出的异常进行处理，因此编译报"未报告的异常 java.io.IOException；必须对其进行捕捉或声明以便抛出"错误。若想通过编译，必须对异常进行处理。例如，可以用 try-catch 语句块进行处理，将上述代码修改为例 6-14 所示代码。

【例6-14】 捕获异常示例2。

```
1    package chapter06.sample6_14
2    import java.net.*;
3    import java.io.*;
4    public class Sample6_14
5    {
6        public static void main(String[] args)
7        {
8            //受监视的代码块
9            try
10           {
11               //创建ServerSocket对象
12               ServerSocket ss=new ServerSocket(9999);
13           }
14           //异常处理代码
15           catch(IOException e)
16           {
17               //打印异常的传播栈信息
18               e.printStackTrace();
19           }
20       }
21   }
```

修改后用try-catch语句对IOException异常进行了捕获和处理。再次编译，并运行代码，系统不会提示任何错误，表示其正常工作了。另外，对于捕获异常来说，若try语句块里不可能抛出某种类型的异常，而在catch里又编写了该捕获异常的处理程序，这时，将不能通过编译。如将上述代码中try语块中的代码改为如下：

```
1    //受监视的代码块
2    try
3    {
4        int i=100;
5    }
```

再次编译代码，结果如图6-22所示。

图6-22 例6-13再次修改后编译结果

从图6-22中可以看出，系统报"在相应的try语句主体中不能抛出异常java.io.IOException"错误。但是对未捕获异常则没有此限制，下一小节将进行详细介绍。

2. 未捕获异常

在图6-17所示的继承树上，除了捕获异常都是未捕获异常，即Error类及其子类以及RuntimeExcepiton类及其子类。

继承自Error的类一般代表由硬件运行失败导致的严重错误，从严格意义上讲，不属于异常，因为其不属于Exception类的子类。一般来说，程序不能从Error中恢复，如内存耗尽就是一个属于 Error 的情况，这种情况是无法恢复的。

而 RuntimeException 类的子类通常是指一些程序运行时错误引起的异常，所以也可以不对其进行处理。例如，空引用异常就是一个典型的运行时错误。所以，总的来说，未捕获异常可以不被处理，也可以进行处理，例 6-15 说明了这个问题。

【例 6-15】 未捕获异常示例。

```
1    package chapter06.sample6_15
2    public class example6_15
3    {
4        public static void main(String[] args)
5        {
6            //声明数组空引用
7            int [] a=null;
8            //使用空引用访问数组元素
9            a[3]=9;
10       }
11   }
```

应该可以看出来，上面的代码将会产生空引用异常，但是在没有进行异常处理的情况下，一样可以通过编译，但运行时会抛出 NullPointerException 异常，如图 6-23 所示。

从上面的例子中可以看出，未捕获异常可以不进行处理。

使用 try-catch 语句捕获异常只是对异常进行处理的一种方式，异常还可以通过再次抛出的方法进行处理。

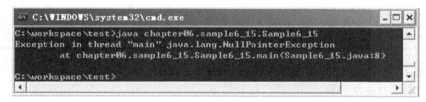

图 6-23 例 6-15 编译运行结果

6.5.3 自定义异常

从前面的例子可以看出，用 throw 语句抛出的异常不一定是捕获的，也可以是自己创建的。Java 中每个异常类都代表一种特定的情况，有时系统中已有的异常类型不能满足使用的需要。这时，就需要抛出自定义的异常对象，本节将介绍如何创建以及使用自己定义的异常类，以及显性再抛出在实际开发中的意义与作用。

1. 创建自己的异常类

自定义的异常类一般充当捕获异常的角色，故从 Exception 类或其他捕获异常类继承即可，其语法格式如下。

```
class 类名 extends Exception 或其他捕获异常类
{
    类体
}
```

例如，下面的代码便定义了一个自己的异常类。

```
1    class MyException extends Exception
2    {}
```

一般不只是继承一个空的类，还会在类中编写必要的构造器和一些功能方法。通常情况下，在自定义的异常类中会编写两个构造器，一个是无参构造器，另一个是以字符串做参数的构造器。字符串做参数的构造器可以调用父类中以字符串为参数的构造器，其一般用来在有出错信息的情况下创建异常对象，下面的代码说明了这个问题。

```
1    public class MyException extends Exception
2    {
3        //无参构造器
4        public MyException()
5        {}
6        //有参构造器
7        public MyException(String msg)
8        {
9            super(msg);
10       }
11   }
```

前面已经介绍过，自定义的异常类一般直接或间接继承自 Exception 类。本部分将介绍 Exception 类中的几个能被继承的常用方法，在继承 Exception 类后，读者自己开发的异常类也具有了这些方法的功能，表 6-17 列出了这些常用的方法。

表 6-17   Exception 类能被继承的常用方法

方法	功能
public void printStackTrace()	该方法将在控制台打印异常调用栈的信息
public String toString()	该方法将返回该异常对象的字符串表示
public String getMessage()	返回异常对象中携带的出错信息

下面给出了一个运用了表 6-17 所示方法的例子，如例 6-16 所示。

【例 6-16】 自定义异常。

```
1    package chapter06.sample6_16;
2    //自定义异常类
3    class MyException extends Exception
4    {
5        //两种版本的构造器
6        public MyException()
7        {}
8        public MyException(String msg)
9        {
10           super(msg);
11       }
12   }
13   //主类
14   public class example6_16
15   {
16       public static void main(String[] args)
17       {
18           //创建自定义异常类对象
19           MyException me=new MyException("自定义异常类");
20           //调用继承的方法
21           System.out.println("自定义异常对象的字符串表示为："""+me.toString()+""。");
```

```
22            System.out.println("自定义异常对象携带的出错信息为："""+me.getMessage()
23                +""。");
24        }
25  }
```

MyException类为自定义的异常类,必须继承Exception,并利用super为异常类定义名称。编译运行代码,结果如图6-24所示。

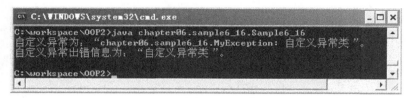

图 6-24 例 6-16 编译运行结果

2. 使用自定义的异常类

前面举的例子大部分都是调用类库中可能抛出异常的方法,其实是在享受别人的劳动成果。开发人员只要把有可能产生异常的方法调用放在 try 语句块中,发生异常后再处理即可。而判断何时产生异常,在什么情况下产生哪种异常的代码并不需要开发,而那些实现规则的代码要复杂得多。

自定义异常类的一大功能就是当开发人员需要自己开发实现某些规则、功能的代码时,一旦情况不满足要求,可以向外抛出自己的异常,例 6-17 说明了这个问题。

【例 6-17】 自定义异常 2。

```
1   package chapter06.sample6_17;
2   //自定义类NoCodeException
3   public class NoCodeException extends Exception {
4       public NoCodeException() {
5       }
6       public NoCodeException(String msg) {
7           super(msg);
8       }
9   }
10  public class Sample6_17 {
11      public static int findGrade(double code) throws NoCodeException {
12          // 分数在 0 到 60 之间
13          if (code >= 0 && code < 60) {
14              return 5;
15          }
16          // 分数在 60 到 75 之间
17          else if (code >= 60 && code < 75) {
18              return 4;
19          }
20          // 分数在 75 到 85 之间
21          else if (code >= 75 && code < 85) {
22              return 3;
23          }
24          // 分数在 85 到 100 之间
25          else if (code >= 85 && code <= 100) {
26              return 1;
27          }
```

```
28              // 出现异常
29              else {
30                  throw new NoCodeException("不及格: " + code + "!!!");
31              }
32          }
33          public static void main(String[] args) {
34              // 使用功能方法
35              try {
36                  int grade = findGrade(67);
37                  System.out.println("67: " + grade + "。");
38                  // 这里将出现异常
39                  grade = findGrade(-20);
40                  System.out.println("-20: " + grade + "。");
41              }
42              // 异常处理程序
43              catch (NoCodeException e) {
44                  e.printStackTrace();
45              }
46          }
47      }
```

编译运行代码，结果如图 6-25 所示。

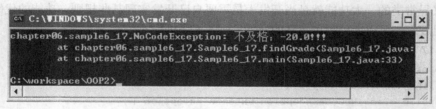

图 6-25 例 6-17 编译运行结果

从图 6-22 中可以看出，当输入的成绩在允许范围内时，输出等级，当成绩超出范围时，抛出异常。从本例中读者可以体会到，异常抛出这种机制，对方法的调用者而言是非常方便的，省去了很多判断代码的开发工作，只需要统一使用 try-catch 等异常处理框架即可，同时提高了健壮性与代码的可读性。

如果没有异常处理机制，就算调用别人的方法，也要从返回值的情况加以判断，要开发很多判断代码。如果调用了很多类似的方法，一方面判断代码很多，另一方面代码的可读性下降，增加了开发难度。而方法的开发者需要把工作做得很细、很全，给很多的调用者提供完备的服务。可以说 findGrade 方法的开发者一次投入，别的开发人员都可以永享成果。

小 结

本章简要地介绍了 Java 的输入/输出和异常处理，概述了 Java 用于输入输出的 I/O 流以及几种主要 I/O 流类的使用，然后分别介绍了 Java 对象序列化机制和文件管理，最后介绍了 Java 中的异常处理，通过对异常的及时处理，可以提高程序运行的稳定性。通过本章的学习，读者可以掌握 Java 中进行输入输出的方法和异常处理机制，进一步加深对 Java 知识的理解和应用。

习 题

1. Java 中 I/O 流是由_____包来实现的。
2. 自定义的异常类一般直接或间接继承自_____类。
3. 下面哪种流可以用于字符输入？_____。
   A. java.io.inputStream   B. java.io.outputStream
   C. java.io.inputStreamReader   D. java.io.outputStreamReader
4. 下面哪些情况可以引发异常？_____。
   A. 数组越界   B. 指定 URL 不存在   C. 使用 thow 语句抛出   D. 使用 throws 语句
5. 基本的 I/O 流主要包括哪些内容？
6. 简述 Java 异常处理机制。

上机指导

输入和输出是 Java 的核心功能之一，异常处理保证了 Java 程序的正常运行。本章学习了 Java 中基于流的输入和输出，对象的序列化机制，并在最后讲述了 Java 异常处理方法。在了解这几个概念的基础上，本节对这些知识点进行巩固。

实验一　I/O 流的使用

实验内容

利用 I/O 流类，实现读取用户输入 "Java!!"，然后输出用户输入的内容。

实验目的

巩固知识点——I/O 流。Java 的流式输入和输出，是通过使用 I/O 流类来实现的。I/O 流包括标准的 I/O 输出、基本的 I/O 流、过滤流、文件的随机读写和流的分割。本实验选择标准的 I/O 流进行输入，让读者掌握 I/O 流的一般使用方法。

实现思路

在 6.2.1 节中使用了标准的 I/O 流实现系统输入。本实验在此基础上，使用 InputStream 和 BufferedReader 处理系统的输入，最后将用户的输出显示到控制台上，实验结果如图 6-26 所示。

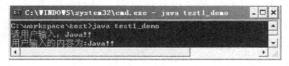

图 6-26　实验一结果

实验二　使用异常处理

实验内容

编写 Java 程序，创建数组后，对数组访问时发生数组越界。实验使用 try-catch 语句处理该异常。

实验目的

巩固知识点——异常处理。异常处理保证了 Java 可以捕获程序异常，并且有相应的机制来处理它，确保不会产生死机、死循环或其他对操作系统的损害，从而保证了整个程序运行的安全性。本实验用于了解 Java 基本的异常处理机制。

实现思路

在 6.5 节讲述内容的基础上，使用 try-catch 语句，调用 Java 异常处理类进行异常处理。下面的示例中处理了数组下标越界的异常，如图 6-27 所示。

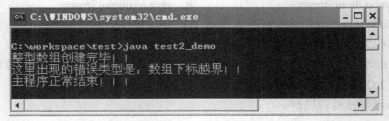

图 6-27　实验二结果

实验三　处理流的使用

实验内容

将指定的 Java 源程序文件复制一份另存为"Test.txt"文件，并同时将文件的内容打印到命令提示符窗口中。

实验目的

扩展知识点——输入输出流。通过实验一，对 Java I/O 系统中常用的处理流有了大体的了解，本实验通过让读者编写一个具体的实例来进一步掌握处理流的使用。

实现思路

实现的过程如下所示。

（1）首先定义了 3 个处理流，其代码如下所示。

```
1    //定义 BufferedReader 处理流的引用
2    BufferedReader br=null;
3    //定义 BufferedWriter 处理流的引用
4    BufferedWriter bw=null;
5    //定义 PrintWriter 处理流的引用
6    PrintWriter out=null;}
```

（2）将文件字符节点流封装到缓冲字符处理流中，接着再将缓冲字符处理流封装到字符打印处理流中。通过两次的封装，就得到了既有缓冲功能又有打印功能的流，其代码如下所示。

```
1    //将指定的 FileReader 节点流封装成处理流
2    br=new BufferedReader(new FileReader("Sample32_2.java"));
3    //将指定的 FileWriter 节点流封装成处理流
4    bw=new BufferedWriter(new FileWriter("Test.txt"));
5    //将 BufferedWriter 处理流再封装为打印流
6    out=new PrintWriter(bw);
```

（3）写文件并在控制台打印，代码如下所示。

```
1    //将读取的一行内容写入指定的文件
```

```
2       out.println(s);
3       //将读取的一行内容打印在控制台
4       System.out.println(s);
```
运行结果如图 6-28 所示。

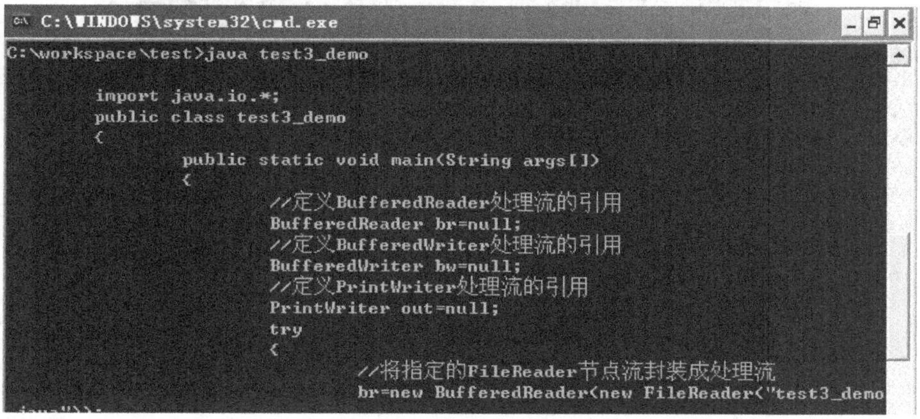

图 6-28　实验三结果

实验四　自定义异常处理

实验内容

自定义一个异常，并将其抛出，异常信息为"这是自定义异常"。

实验目的

扩展知识点——异常处理。异常处理除了可以使用 Java 中定义好的异常外，还可以自定义异常处理，从而提高程序的灵活性，本实验通过创建自定义异常，进一步加深对 Java 异常机制的理解。

实现思路

本实验定义了一个自定义的异常处理，步骤如下。

（1）首先定义自定义异常类，其代码如下所示。

```
1    class hjEx extends Exception
2    {
3        //两个构造函数
4        public hjEx()
5        {}
6        public hjEx(String msg)
7        {
8            super(msg);
9        }
10   }
```

（2）在主类中创建自定义异常对象，其代码如下所示。

```
1    //创建自定义异常类对象
2    hjEx one=new hjEx("这是自定义异常");
```

（3）调用继承的方法输出信息，其代码如下所示。

```
1    System.out.println("自定义异常对象的字符串表示为："+one.toString()+"。");
2    System.out.println("自定义异常对象携带的出错信息为："+one.getMessage()+"
```

运行后结果如图 6-29 所示。

图 6-29 实验四运行结果

第 7 章
图形用户界面的实现

图形界面作为用户与程序交互的窗口，是软件开发中一项非常重要的工作。本章将会详细介绍如何使用 Java 语言编写图形界面，利用 Java 丰富的图形组件创建交互性更好的用户界面。

7.1 图形用户界面概述

无论采取何种语言、工具实现图形界面，其原理都基本相似。简单而言，图形界面就是用户界面元素的有机合成。这些元素不仅在外观上相互关联，在内在上也具有逻辑关系，通过相互作用、消息传递，完成用户操作的响应。

设计和实现图形用户界面时，主要包含两项内容。

（1）创建图形界面中需要的元素，进行相应的布局。

（2）定义界面元素对用户交互事件的响应以及对事件的处理。

Java 中的用户图形界面是通过 Java 的 GUI（Graphic User Interface，图形用户接口）实现的。无论是采用 JavaSE、JavaEE 还是 JavaME，GUI 都是其中关键的一部分。现在的应用软件越来越要求界面友好、功能强大而又使用简单。而众所周知，在 Java 中进行 GUI 设计相对于其跨平台、多线程等特性的实现要复杂和麻烦许多，这也是很多 Java 程序员抱怨的事情，但 GUI 已经成为程序发展的方向。

在 Java 中，为了方便图形用户界面的实现，专门设计了类库来满足各种各样的图形界面元素和用户交互事件。该类库即抽象窗口工具箱（Abstract Window Toolkit，AWT）。AWT 是在 1995 年随 Java 的发布而提出的。但随着 Java 发展，AWT 已经不能满足用户界面的需求。Sun 于 1997 年 JavaOne 大会上提出并在 1998 年 5 月发布的 JFC（Java Foundation Classes）包含了一个新的 Java 窗口开发包，即 Swing。

Swing 是一个用于开发 Java 图形用户界面的工具包，以 AWT 为基础。使用 Swing，开发人员只用很少的代码就可以利用 Swing 丰富、灵活的功能和模块化组件来创建优雅的用户界面。

AWT 和 Swing 是由 Sun 开发的，但是随着 Java GUI 的发展，除了 AWT 和 Swing，还出现了另一个非常重要的 GUI 开发包——SWT。SWT 是由 Eclipse 发布的，于 2001 年与 Eclipse IDE（Integrated Development Environment）一起集成发布。在这个最初发布版之后，SWT 逐渐发展和演化为一个独立的版本，但是它不在 JRE 的标准库中。因此使用时必须将它和程序捆绑在一起，并为所要支持的每个操作系统创建单独的安装程序，所以 SWT 的使用范围有限。

在 AWT、SWT 和 Swing 中，毫无疑问，Swing 是最强大也是使用最广泛的。在本章中，大部分的图形界面也是基于 Swing 创建的。所以也可将本章看做 Swing 图形用户界面的开发。虽然是进行 Swing 的开发，但是很多情况下都会用到 AWT 的辅助类。

7.2 Swing 与 AWT

AWT、Swing 作为图形界面的开发包同时存在于同一标准库中，那么两者之间的区别在哪里呢？创建图形界面时如何取舍？本节详细讲述 Swing 与 AWT 的关系，以及如何取舍 Swing 与 AWT。

7.2.1 Swing 与 AWT 之间的关系

Swing 诞生之前，Java 中用来进行图形用户界面开发的工具包为 AWT。AWT 是"Abstract Window Toolkit"的缩写，又称为"抽象窗体工具包"。

AWT 是随早期 Java 一起发布的 GUI 工具包，是所有 Java 版本中都包含的基本 GUI 工具包，其中不仅提供了基本的控件，并且还提供了丰富的事件处理接口。Swing 是继 AWT 之后 Sun 推出的又一款 GUI 工具包。Swing 建立在 AWT 1.1 基础上的，也就是说，AWT 是 Swing 大厦的基石。

但与 Swing 相比，AWT 中提供的控件数量很有限，远没有 Swing 丰富。例如 Swing 中提供的 JTable、JTree 等高级控件在 AWT 中就没有。另外，AWT 中提供的都是重量级控件，如果希望编写的程序可以在不同的平台上运行，必须在每一个平台上进行单独测试，无法真正实现"一次编写，随处运行"。

Swing 的出现并不是为了替换 AWT，而是提供了更丰富的开发选择。Swing 中使用的事件处理机制就是 AWT1.1 提供的。因此实际开发中会遇到同时使用 Swing 与 AWT 的情况，但一般只采用 Swing，而很多辅助类时常需要使用 AWT 当中的类，特别是在进行事件处理开发时。

所以 Swing 与 AWT 是合作的关系，并不是用 Swing 取代了 AWT。与 AWT 相比，Swing 显示出的强大优势，表现在如下四个方面。

（1）丰富的组件类型。Swing 提供了非常丰富的标准组件，这些组件和 SWT 一样丰富。基于它良好的可扩展性，除了标准组件，Swing 还提供了大量的第三方组件。许多商业或开源的 Swing 组件库在开发多年后都已经可以方便地获取了。

（2）更好的组件 API 模型支持。Swing 遵循 MVC 模式，这是一种非常成功的设计模式，它的 API 成熟并设计良好。经过多年的演化，Swing 组件 API 变得越来越强大，灵活并且可扩展。它的 API 设计被认为是最成功的 GUI API 之一。与 SWT 和 AWT 相比更面向对象，更灵活，可扩展性更好。

（3）标准的 GUI 库。Swing 和 AWT 一样是 JRE 中的标准库。因此，不用单独地将它们随应用程序一起分发。它们是平台无关的，所以用户不用担心平台兼容性。

（4）成熟稳定。Swing 已经开发出 7 年之久了。在 Java 5.0 之后它变得越来越成熟稳定。由于它是纯 Java 实现的，不会有 SWT 的兼容性问题。Swing 在每个平台上都有同样的性能，不会有明显的性能差异。

7.2.2 关于 Swing 与 AWT 控件的混用

由于 AWT 中提供的控件，均依赖本地系统实现，而 Swing 控件属于轻量级控件，是由纯 Java

编写的，使用基本图形元素直接在屏幕上绘制，因此在搭建界面时，如果将二者同时使用，就有可能会出现遮挡的现象。例 7-1 说明了 Swing 与 AWT 的区别。

【例 7-1】 Swing 与 AWT 混用示例。

```
1    package chapter07.sample7_1;
2    import java.awt.*;
3    import javax.swing.*;
4    public class Sample7_1 extends JFrame {
5        // 创建菜单栏对象
6        private JMenuBar mb = new JMenuBar();
7        // 创建上菜单项的对象
8        private JMenu mm = new JMenu("File");
9        // 创建两个菜单选项对象
10       private JMenuItem mi1 = new JMenuItem("复制");
11       private JMenuItem mi2 = new JMenuItem("粘贴");
12       // 创建标签对象
13       private JLabel l = new JLabel();
14       public Sample7_1() {
15           // 设置窗体的布局管理器为 null
16           this.setLayout(null);
17           // 将菜单选项 mi1 与 mi2 添加到菜单项 mm 中
18           mm.add(mi1);
19           mm.add(mi2);
20           // 将菜单项 mm 添加到菜单栏 mb 中
21           mb.add(mm);
22           // 将菜单栏 mb 设置到窗体中
23           this.setJMenuBar(mb);
24           // 设置标签的各个属性
25           l.setText("Swing 与 AWT 控件的混用！！！");
26           l.setBounds(10, 10, 450, 30);
27           // 将标签对象添加进窗体中
28           this.add(l);
29           // 设置窗体的位置大小以及可见性
30           this.setBounds(330, 250, 500, 150);
31           this.setVisible(true);
32       }
33       public static void main(String args[]) {
34           // 创建窗体对象
35           new Sample7_1();
36       }
37   }
```

上述代码中使用的控件都是 Swing 的，所以程序在运行时显示不会出现逻辑错误，若将其中部分的控件改为 AWT 的，则会产生不正常的显示效果。例如，将上述代码中第 13 行修改为如下代码。

```
private Label l=new Label();
```

将修改前和修改后的代码运行后，如图 7-1 所示。

在图 7-1 中，图（a）是只使用 Swing 控件的运行效果，菜单显示很正常，没有问题。图（b）是同时使用 AWT 与 Swing 控件的运行效果，菜单显示不正常，应该在菜单下面的标签遮挡了菜单。

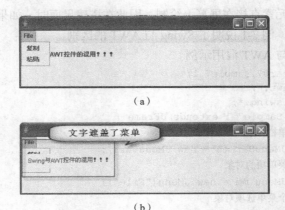

图 7-1 例 7-1 修改前后运行结果

所以，当 AWT 控件与 Swing 控件重合时，AWT 控件的显示优先级高，也就是说，不管实际是什么样的遮挡关系，AWT 控件总是绘制在 Swing 控件的上面。因此建议在开发 GUI 程序时，不要将 AWT 与 Swing 图形控件进行混用。

7.3 事件处理

对于 GUI 的应用程序来说，事件处理是必不可少的，用户与程序之间的交互都是通过事件处理来实现的。

当用户与 GUI 交互时，无论是单击鼠标，还是按下键盘，都会触发相应的事件。事件将通知应用程序发生的情况，接着应用程序会根据不同的事件作出相应的回应。所以在整个过程中涉及到两个对象：事件源与事件监听器。

事件源是指触发事件的控件，如按钮、窗体、列表、表格等。不同控件在不同情况下将触发不同的事件，关于事件的信息被封装在事件对象中。

监听器则是指实现了专门的监听接口的类的对象。每种事件都有其对应的监听接口，在监听接口中给出了专门处理特定事件的方法。监听器需要实现监听接口中的事件处理方法，在方法体中编写事件处理的代码。

进行事件处理之前要将监听器注册给事件源，当指定事件被触发时系统会通过监听接口回调对应的事件处理方法。

图 7-2 描述了从向事件源注册监听器到触发事件，进行事件处理的整个过程。

在图 7-2 中，图（a）描述了将监听器对象注册给事件源对象，这样当事件触发时系统便可以通过事件源访问相应的监听器。图（b）描述了当事件源触发事件后，系统便将事件的相关信息封装成相应类型的事件对象，并将其发送给注册到事件源的相应监听器。图（c）描述的是当事件对象发送给监听器之后，系统调用监听器的相应事件处理方法对事件进行处理，作出响应。

监听器与事件源之间是"多对多"的关系，一个监听器可以为很多事件源服务，一个事件源可以有很多同样或不同类型的监听器。后面会通过具体的例子详细解释。

常用的事件类型有很多种，如 ActionEvent 为按下按钮时的动作事件；ItemEvent 为菜单中的对菜单条目操作的事件。这些事件将随着控件一并讲述。

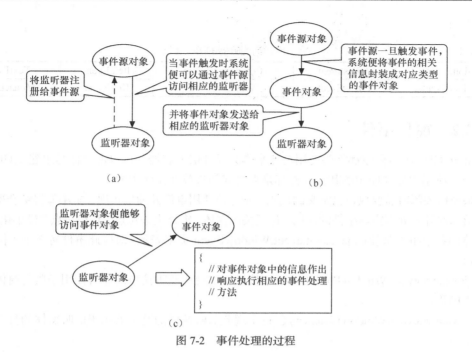

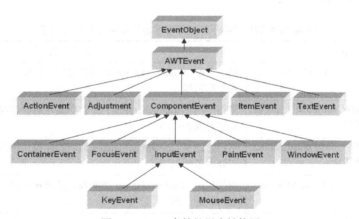

图 7-2　事件处理的过程

7.3.1　事件的层次结构

前面已经介绍，虽然现在在开发中使用的都是 Swing 控件，但事件处理模型还是基于 AWT 1.1 的。本小节将介绍 AWT 1.1 中的事件层次结构，图 7-3 为 AWT 1.1 的事件层次结构图。

图 7-3　AWT 事件的层次结构图

如图 7-3 所示，所有的事件类都继承自 EventObject 类，在该类中定义了一个非常有用的 getSource()方法，该方法的功能为从事件对象获取触发事件的事件源，为编写事件处理的代码提供方便，该方法的接口如下。

```
public Object getSource()
```

不论事件源是何种具体类型，返回的都是 Object 类型的引用，开发人员需要自己编写代码进行引用的强制类型转换。

另外，图 7-3 中的事件并不都会传递给监听器处理，表 7-1 中列出了会被传递给监听器处理的事件类型。

表 7-1　　　　　　　　　　　会被传递给监听器的事件类型

ActionEvent	Adjustment	ComponentEvent	ItemEvent	TextEvent
CotainerEvent	FocusEvent	WindowEvent	KeyEvent	MouseEvent

7.3.2 窗体事件

大部分 GUI 应用程序都需要使用窗体来作为最外层的容器，可以说窗体是组建 GUI 应用程序的基础，应用中需要使用的其他控件都是直接或间接放在窗体中的。

如果窗体关闭时需要执行自定义的代码，则应该使用事件处理来实现，本小节将结合事件处理模型介绍如何开发处理窗体事件的代码，包括关闭窗体、窗体失去焦点、获得焦点、最小化等情况。

窗体的各个事件都使用 java.awt.event.WindowEvent 类来表示，对应此事件有 3 个不同的事件监听接口。

● java.awt.event.WindowFocusListener 接口：实现此监听接口的监听器用于监听窗体获得与失去焦点的事件。

● java.awt.event.WindowListener 接口：实现此监听接口的监听器用于监听窗体的打开、关闭、激活等事件。

● java.awt.event.WindowStateListener 接口：实现此监听接口的监听器用于监听窗体的状态变化事件，包括最小化，最大化等情况。

在各个接口中，均有相应的方法实现相应的功能，具体的细节可以查看接口对应的 API。

窗体主要有 JFrame 类实现，JFrame 类中也提供了几个用于注册窗体事件监听器的方法，如表 7-2 所示。

表 7-2　　　　　　JFrame 类中几个用于注册与移除窗体事件监听器的方法

方 法 签 名	功　　能
public void addWindowListener (WindowListener l)	将指定的 WindowListener 监听器注册给该窗口，参数 1 为指向监听器对象的引用
public void addWindowStateListener (WindowStateListener l)	将指定的 WindowStateListener 监听器注册给该窗口，参数 1 为指向监听器对象的引用
public void addWindowFocusListener (WindowFocusListener l)	将指定的 WindowStateListener 监听器注册给该窗口，参数 1 为指向监听器对象的引用
public void removeWindowListener (WindowListener l)	将指定的 WindowListener 监听器从给该窗口移除，参数 1 为指向监听器对象的引用
public void removeWindowStateListener (WindowStateListener l)	将指定的 WindowStateListener 监听器从给该窗口移除，参数 1 为指向监听器对象的引用
public void remove WindowFocusListener (WindowFocusListener l)	将指定的 WindowFocusListener 监听器从给该窗口移除，参数 1 为指向监听器对象的引用

7.3.3 鼠标事件

当用户在 GUI 界面上单击鼠标、拖动鼠标、转动鼠标滚轮时，都会触发相应的鼠标事件。对于鼠标事件，Java 提供了 MouseWheelEvent 类和 MouseEvent 类表示相应的事件。

MouseWheelEvent 事件主要用来处理与鼠标滚轮转动相关的动作,如鼠标滚轮转动的方向和单位数。而 MouseEvent 事件则反映了事件发生时鼠标的按键、水平 x 坐标、垂直 y 坐标以及关联鼠标的单击次数。表 7-3 为 MouseWheelEvent 与 MouseEvent 类的常用方法。

表 7-3　　　　　　　　MouseWheelEvent 与 MouseEvent 类的常用方法

事件类类名	事件类中的常用方法	说　　　明
MouseWheelEvent	public int getScrollAmount()	返回鼠标滚轮转动的单位数
	public int getWheelRotation()	返回鼠标滚轮转动的方向与单位数,正数表示鼠标滚轮向下旋转,负数表示鼠标滚轮向上旋转
	public int getScrollType()	返回鼠标滚轮滚动的类型,由 MouseWheelEvent 类的常量来表示,WHEEL_BLOCK_SCROLL 常量表示滚轮以 BLOCK 方式滚动,相当于按下 "Page Up" 或 "Page Down" 按钮;WHEEL_UNIT_SCROLL 常量表示滚轮以 UNIT 方式滚动,相当于按下上下箭头
MouseEvent	public int getButton()	返回触发该事件的鼠标按键
	public int getX()	返回事件相对于源组件的水平 x 坐标
	public int getY()	返回事件相对于源组件的垂直 y 坐标
	public int getClickCount()	返回与此事件关联鼠标的单击次数

根据处理鼠标事件情况的不同,AWT 中提供了 3 个不同的鼠标事件监听接口,如下所列。
- MouseListener 接口,用于处理控件上一般的鼠标事件(按下、释放、单击、进入或离开)。
- MouseMotionListener 接口,用于处理控件上鼠标按下并拖动的事件。
- MouseWheelListener 接口,用于处理控件上鼠标滚轮滚动的事件。

由于接口包含的方法较多,这里不再详述,可以查阅相关的 API。但是在所有接口的方法中,只有 mouseWheelMoved() 方法处理的是 MouseWheelEvent 事件,而其他的方法处理的则是 MouseEvent 事件。MouseWheelEvent 事件仅表示鼠标滚轮的滚动。MouseEvent 表示很多不同的鼠标动作,如鼠标拖动、按下、单击等。

如果希望控件触发鼠标事件时能执行相应的事件处理方法,则需要为控件注册相应的鼠标事件监听器,表 7-4 列出了所有 Swing 控件都具有的注册与注销各类鼠标事件监听器的方法。

表 7-4　　　　　　　　Swing 控件注册与注销各类鼠标事件监听器的方法

方法签名	功　　　能
public void addMouseListener(MouseListener l)	为此控件注册指定的 MouseEvent 事件监听器,参数 1 为指向指定监听器对象的引用
public void removeMouseListener(MouseListener l)	从此控件注销指定的 MouseEvent 事件监听器,参数 1 为指向指定监听器对象的引用
public void addMouseMotionListener(Mouse MotionListener l)	为此控件注册指定的 MouseEvent 事件监听器,参数 1 为指向指定监听器对象的引用
public void removeMouseMotionListener(Mouse MotionListener l)	从此控件注销指定的 MouseEvent 事件监听器,参数 1 为指向指定监听器对象的引用
public void addMouseWheelListener(Mouse WheelListener l)	为此控件注册指定的 MouseWheelEvent 事件监听器,参数 1 为指向指定监听器对象的引用
public void removeMouseWheelListener(Mouse WheelListener l)	从此控件注销指定的 MouseWheelEvent 事件监听器,参数 1 为指向指定监听器对象的引用

7.3.4　事件适配器

适配器是指实现了一个或多个监听接口的类，适配器类为所有的事件处理方法都提供了空实现。实际开发中在编写监听器代码时不再直接实现监听接口，而是继承适配器类并重写需要的事件处理方法，这样就避免了编写大量不必要代码的情况，表 7-5 为一些常用的适配器。

表 7-5　Java 中常用的适配器类

适配器类	实现的接口
ComponentAdapter	实现了 ComponentListener、EventListener 接口
ContainerAdapter	实现了 ContainerListener、EventListener 接口
FocusAdapter	实现了 FocusListener、EventListener 接口
KeyAdapter	实现了 KeyListener、EventListener 接口
MouseAdapter	实现了 MouseListener、MouseMotionListener、MouseWheelListener、EventListener 接口
MouseMotionAdapter	实现了 MouseMotionListener、EventListener 接口
WindowAdapter	实现了 WindowFocusListener、WindowListener、WindowStateListener、EventListener 接口

表 7-6 中所列适配器都属于 java.awt.event 包。

Java 是单继承结构，一个类继承了适配器类就不能再继承其他类了。因此在使用适配器开发监听器时经常使用匿名内部类来实现，这样就避免了单写一个监听器类来继承的麻烦。

7.4　创建图形用户界面

通过上面的介绍，我们已经对图形用户界面编程有了初步的认识。从本节开始将系统地介绍如何开发图形用户界面，尤其是讲述需要用到的基本知识点。

7.4.1　窗体

在前面介绍窗体事件中曾经讲述过，应用中需要使用的其他控件都是直接或间接放在窗体中的，窗体是组建 GUI 应用程序的基础。在 Swing 中，可以利用 JFrame 类创建包含标题、边框以及最大化、最小化、关闭按钮的窗口。

JFrame 类构造器创建的窗体是不可见的，需要在代码中手工指定才可以在屏幕上看见窗体。这样做的目的是因为很多对窗体的特殊操作都需要在窗体被设置为可见之前完成，否则将会在运行时抛出异常。同时，JFrame 类构造器创建的窗体默认的尺寸为 0×0 像素，默认的位置坐标为 [0, 0]。因此在开发中要注意，仅仅将窗体设置为可见的还是不能看到窗体，还需要显式地指定窗体的具体尺寸。

在窗体中，是可以显示标题的。窗体的标题可以依靠 JFrame 类的构造函数初始化。如果在创建窗体对象时不指定任何参数，可以使用不带参数的构造函数，下面的构造函数将创建一个初始时不可见的新窗体。
```
public JFrame()
```
如果在创建时指定窗体的标题，可以使用如下的构造函数，该构造器将创建一个新的、初始不可见的并且具有指定标题的新窗体，参数 title 为窗体指定的标题。
```
public JFrame(String title)
```
创建窗体时有两种方式。

（1）直接编写代码调用 JFrame 类的构造器，这种方式适合使用简单窗体的情况。

（2）继承 JFrame 类，在继承的类中编写代码对窗体进行详细地刻画，这种方式适合窗体比较复杂的情况。

实际开发中，大多数情况下开发人员都是通过继承 JFrame 类来编写自己的窗体。例 7-2 是一个通过继承 JFrame 编写窗体的例子，并通过 setResizable() 设定窗体是否可以使用最大化按钮，代码如下。

【例 7-2】 窗体示例。

```
1   package chapter07.sample7_2;
2   import javax.swing.JFrame;
3   import javax.swing.JLabel;
4   public class Sample7_2 extends JFrame{
5       // 定义无参构造函数
6       public Sample7_2(){}
7       //定义有参构造器，接收一个boolean值
8       //通过接收boolean参数值设置窗体是否可以改变大小
9       public Sample7_2(boolean b)
10      {
11          // 向窗体中添加一个标签
12          this.add(new JLabel("这是一个窗体，演示了JFrame类的基本功能"));
13          // 设置窗体的标题
14          this.setTitle("自定义的窗体");
15          // 设置窗体的大小
16          this.setBounds(80,80,480,180);
17          // 根据接收的boolean设置窗体是否可以调整大小
18          this.setResizable(b);
19          // 设置窗体的可见性
20          this.setVisible(true);
21      }
22      public static void main(String[] args)
23      {
24          // 创建Sample7_2类的对象，并传递False值使得窗体不能调整大小
25          new Sample7_2(false);
26      }
27  }
```

在上面的例子中，类 Sample7_2 通过继承 JFrame 类创建窗体对象。该类包含 2 个构造函数：一个为无参数构造函数，另一个构造函数包含布尔型参数的。此构造器通过接收 boolean 参数值设置窗体是否可以改变大小。在主方法中调用有参构造器创建了一个不可以修改大小的窗体对象。

编译并运行代码，结果如图 7-4 所示。

如果希望使用最大化按钮，将构造函数设为 true 即可。

图 7-4 例 7-2 运行结果

7.4.2 面板

面板是常用的非顶层容器之一。可以将其他控件放在面板中以组织一个子界面。在 Swing 中，可以使用 javax.swing.JPane 类创建面板。JPanel 类继承自 javax.swing.JComponent 类。在面板中可以使用不同的布局，按照不同的方式摆放面板中的控件。

如果创建具有双缓冲和流布局的 JPanel 对象，可以使用不带任何参数的构造函数，如下所示：
`public JPanel()`
将创建具有指定布局管理器的 JPanel 对象，可以使用如下的构造函数：
`public JPanel(LayoutManager layout)`
参数 layout 为指定的布局管理器。关于布局管理器的问题将在后继的章节详细介绍。

JPanel 类主要就是作为非顶层容器使用，本身没有什么特殊的功能，大部分方法都是从其直接或间接父类继承而来，表 7-6 列出了其中常用的一些方法。

表 7-6　JPanel 类中的一些常用方法

方 法 名	描 述
public Component add(Component comp)	该方法将指定的控件添加进此面板中，参数 comp 为指定的控件
public int getHeight()	该方法将返回此面板的当前高度
public int getWidth()	该方法将返回此面板的当前宽度
public void setToolTipText(String text)	该方法将注册要在工具提示中显示的文本，当鼠标停留该面板上时显示该文本，参数 text 需要显示的文本字符串

从 JDK 5.0 之后，为了简化开发，JPanel 控件添加到 JFrame 中，可以直接从 JFrame 调用的 add() 方法来添加控件，例如：

```
1    //创建 JPanel 对象
2    JPanel jp=new JPanel();
3    //创建 JFrame 对象
4    JFrame jf=new JFrame();
5    //向 JFrame 中添加 JPanel
6    jf.add(jp);
```

但是在较早的 JDK 版本中，不是采用 add() 添加的，例如：

```
1    //创建 JPanel 对象
2    JPanel jp=new JPanel();
3    //创建 JFrame 对象
4    JFrame jf=new JFrame();
5    //向 JFrame 中添加 JPanel
6    jf.getContentPane().add(jp);
```

但需要注意的是，其实质还是将 JPanel 添加到 JFrame 的 ContentPane 中，只是这个过程不用开发人员去实现了，系统会自动地完成这些工作。

7.4.3 标签

不管开发什么样的 GUI 应用程序，都需要在界面上给用户一些提示性的信息，这时就需要使用标签控件。恰当地使用标签可以使 GUI 的交互界面更友好，使用户在使用的过程中有更好的体验，本节将介绍使用标签的相关知识。

javax.swing.JLabel 类即标签类，开发人员可以通过其建立包含文本、图像或两者都包含的标签。JLabel 属于普通控件，也继承自 javax.swing.JComponent 类，该控件主要是用来给出提示信息的，是一种非交互的控件，一般不用于响应用户的输入，并且该控件没有修饰，从界面中是看不到该控件边界的。

创建 Jlabel 对象时，可以通过使用构造函数初始化标签的各项属性，如标签的文本、图标、对齐方式等。下面是常用的几种构造函数。

● public JLabel()：创建无图像并且其标题为空字符串的 JLabel 对象，可以使用不带参数的构造函数。

● public Jlabel(Icon image)：创建具有指定图像的 JLabel 对象，可以使用带参数的构造函数，参数 image 为指定的图像。

● public Jlabel(String text)：创建具有指定文本的 JLabel 对象，参数 text 为指定的文本。

● public Jlabel(String text,int horizontalAlignment)：创建具有指定文本和水平对齐方式的 JLabel 对象，参数 text 为指定的文本，参数 horizontalAlignment 为指定的水平对其方式。

● public Jlabel(String text,Icon icon,int horizontalAlignment)：创建具有指定文本、图像和水平对齐方式的 JLabel 对象，参数 text 为指定的文本，参数 image 为指定的图像，参数 horizontalAlignment 为指定的对其方式。

JLabel 类中还提供了很多对标签的显示内容、显示格式进行操作的实用方法，表 7-7 列出了其中常用的一些。

表 7-7　　　　　　　　　　JLabel 类中的一些常用方法

方 法 名	描　　述
public String getText()	返回该标签所显示的文本字符串
public void setText(String text)	该方法将设置此标签要显示的单行文本，如果 text 值为 null 或空字符串，则什么也不显示
public Icon getIcon()	返回该标签显示的图形图像
public void setIcon(Icon icon)	设置标签要显示的图像，参数 icon 为指定的图像。如果 icon 值为 null，则什么也不显示
public int getVerticalAlignment()	返回标签内容沿垂直方向的对齐方式
public void setVerticalAlignment(int alignment)	该方法设置标签内容沿垂直方向的对齐方式,参数 alignment 为指定的垂直对齐方式
public int getHorizontalAlignment()	返回标签内容沿水平方向的对齐方式
public void setHorizontalAlignment(int alignment)	该方法设置标签内容沿水平方向的对齐方式,参数 alignment 为指定的水平对齐方式
public int getVerticalTextPosition()	返回标签的文本相对其图像的垂直位置

上面的构造函数和方法，都涉及到了各种不同的对齐方式，对其方式一般都使用 JLabel 的静态常量来表示，如表 7-8 所示。

表 7-8　　　　　　　　　　　　　表示对齐方式的几个常量

常 量 名	描 述
JLabel.LEADING	水平方式中表示对齐到左边界，垂直方式中表示对齐到上边界
JLabel.TRAILING	水平方式中表示对齐到右边界，垂直方式中表示对齐到下边界
JLabel.LEFT	表示左面的位置，也就是左对齐，用于水平方向
JLabel.RIGHT	表示右面的位置，也就是右对齐，用于水平方向
JLabel.TOP	表示上面的位置，也就是上对齐，用于垂直方向
JLabel.BOTTOM	表示下面的位置，也就是下对齐，用于垂直方向
JLabel.CENTER	表示中间的位置，也就是居中，用于水平和垂直方向

例 7-3 是一个简单的标签示例。顶层容器为 JFrame，在 JFrame 中添加了一个 JLabel 作为嵌套容器，并给窗体的关闭事件注册了监听器，每按一次⊠按钮，在 JLabel 中就动态添加一个标签。

【例 7-3】 标签示例。

```
1    package chapter05.sample7_3;
2    import java.awt.event.WindowAdapter;
3    import java.awt.event.WindowEvent;
4    import javax.swing.JFrame;
5    import javax.swing.JLabel;
6    import javax.swing.JPanel;
7    public class Sample7_3 extends JFrame {
8        // 创建 JPanel 对象
9        private JPanel jp = new JPanel();
10       public Sample7_3() {
11           // 将 JPanel 添加进该窗体
12           this.add(jp);
13           // 设置标题
14           this.setTitle("动态添加标签的例子");
15           // 设置当窗体发起关闭动作时不执行任何操作
16           this.setDefaultCloseOperation(JFrame.DO_NOTHING_ON_CLOSE);
17           // 注册监听器，该监听器是一个匿名内部类
18           this.addWindowListener(new WindowAdapter() {
19               // 只重载用到的方法
20               public void windowClosing(WindowEvent e) {
21                   // 向 JPanel 中添加一个新建的标签
22                   jp.add(new JLabel("对不起，这里的按钮不再具有关闭的作用！！！"));
23                   // 重新设置窗体的可见性，可以起到刷新屏幕的作用
24                   this.setVisible(true);
25               }
26           });
27           // 设置窗体的大小以及可见性
28           this.setBounds(100, 100, 500, 100);
29           this.setVisible(true);
30       }
31       public static void main(String[] args) {
```

```
32              // 创建Sample7_3窗体对象
33              new Sample7_3();
34         }
35    }
```

需要特别注意的是，动态在界面中添加控件后需要调用容器的 setVisible 方法刷新一下界面，防止新的控件无法显示出来。

命令编译并运行代码，结果如图 7-5 所示。

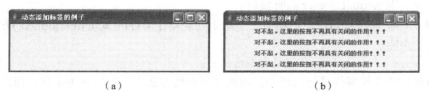

图 7-5　例 7-3 运行结果

图 7-5 中（a）和（b）分别是没有按下右上角的关闭按钮，按数次关闭按钮的情况。

开发 GUI 应用程序时，一般首先将非顶层容器添加到顶层容器中，之后再向非顶层容器中放置普通控件。

7.4.4　按钮

GUI 应用程序中，按钮是与用户交互使用得最多的控件之一，很多功能都是通过用户按下按钮来触发代码完成的。本节将介绍 Swing 中的按钮——javax.swing.Jbutton 的使用。

javax.swing. JButton 类是最简单的按钮类型，当单击按钮时会触发动作事件，如果给按钮注册了相应的监听器,按下按钮就可以执行指定的代码,完成一定的工作。JButton 类是继承自 javax.swing. AbstractButton 类的，按钮的参数可以通过不同的构造函数初始化，下面是常用的几个构造函数。

- public JButton()：创建不带有文本或图标的按钮。
- public JButton(String text)：创建一个带有指定文本的按钮，参数 text 为指定的文本。
- public Jbutton(String text,Icon icon)：创建一个带有指定文本与图标的按钮，参数 icon 为指定的图标，参数 text 为指定的文本。
- public JButton（Action a）：创建一个属性从指定的事件中获取的按钮，参数 a 为指定的事件 Action。

JButton 类中还提供了很多用来对按钮进行操作的功能方法，通过这些方法开发人员可以很轻松地对按钮进行操作，表 7-9 列出了其中常用的一些。

表 7-9　　　　　　　　　　　　JButton 类中的常用方法

方　法　名	描　　　述
public Action getAction()	返回此按钮设置的 Action，如果没有设置任何 Action，则返回 null
public Insets getMargin()	返回表示按钮边框和按钮标签之间空白的 Insets 对象
public void setMargin(Insets m)	为按钮设置表示按钮边框和按钮标签之间空白的 Insets 对象，参数 m 为指向要设置的 Insets 对象的引用，如果其为 null 按钮将使用默认空白
public void setText(String text)	设置按钮上显示的文本，text 参数为要设置的文本
public String getText()	获取按钮上显示的文本字符串
public void setMnemonic(char mnemonic)	为按钮设置助记字符

在表 7-10 中，Insets 类属于 java.awt 包，有 4 个 public 的 int 型属性，bottom、left、right、top，分别表示按钮上的文字或图片距按钮 4 条边的距离。通常情况下不必自己设定 Insets，使用默认值即可。JButton 还继承了其超类中的很多实用的方法，如 setBounds、setBackground 等，如果需要可以查阅 API 帮助文档。

按钮被按下时会触发动作事件（java.awt.ActionEvent），因此如果希望按钮按下能执行一定的任务，就需要为按钮编写动作事件监听器的代码，并向按钮注册动作事件监听器。编写动作事件监听器需要实现 ActionListener 监听接口。

ActionListener 监听接口中只声明了一个用于处理动作事件的 actionPerformed()方法，下面给出了该方法的声明。

```
public void actionPerformed(ActionEvent e)
```

对按钮触发的动作事件进行处理的代码就编写在此方法中，参数 e 为指向按钮产生的动作事件对象的引用，通过它可以访问事件的具体信息。

同时，JButton 中也提供了向按钮注册与从按钮注销动作事件监听器的方法，如表 7-10 所示。

表 7-10　　　　　　　　　JButton 中注册与注销动作事件监听器的方法

方　法　签　名	功　　　　能
public void addActionListener(ActionListener l)	向按钮注册一个指定的动作事件监听器，参数 l 指向要注册的监听器对象
public void removeActionListener(ActionListener l)	从按钮注销一个指定的动作事件监听器，参数 l 指向要注销的监听器对象

例 7-4 是一个按钮使用动作事件的例子，单击按钮后记录按钮被单击的次数，代码如下。

【例 7-4】　按钮示例。

```
1    package chapter05.sample7_4;
2    import java.awt.event.ActionEvent;
3    import java.awt.event.ActionListener;
4    import javax.swing.JButton;
5    import javax.swing.JFrame;
6    import javax.swing.JLabel;
7    import javax.swing.JPanel;
8    public class Sample7_4 extends JFrame {
9        // 创建 JPanel 对象
10       private JPanel jp = new JPanel();
11       // 创建按钮对象
12       private JButton jb = new JButton("按钮");
13       // 创建标签对象
14       private JLabel jl = new JLabel("按钮按下了 0 次");
15       // 声明计数器属性
16       private int count = 0;
17       // 构造器
18       public Sample7_4() {
19           // 将按钮添加进 JPanel
20           jp.add(jb);
21           // 将标签添加进 JPanel
22           jp.add(jl);
23           // 将 JPanel 添加进该窗体
```

```
24              this.add(jp);
25              // 设置标题
26              this.setTitle("记录按钮按下的次数");
27              // 通过匿名内部类的方式给按钮注册了动作事件监听器
28              // 每按下一次按钮给计数器加1, 并更新标签显示的内容
29              jb.addActionListener(new ActionListener() {
30                  // 实现ActionListener接口中的方法
31                  public void actionPerformed(ActionEvent e) {
32                      // 修改标签的内容
33                      Sample7_4.this.jl.setText("按钮按下了" + (++count) + "次");
34                  }
35              });
36              // 设置窗体的大小以及可见性
37              this.setBounds(100, 100, 400, 130);
38              this.setVisible(true);
39          }
40          public static void main(String[] args) {
41              // 创建Sample7_4窗体对象
42              new Sample7_4();
43          }
44      }
```

编译并运行代码,结果如图 7-6 所示。

图 7-6 例 7-4 运行结果

图 7-6 是程序启动后界面的情况,中间为用鼠标单击按钮后的情况。

7.5 布局管理

除了顶层容器控件外,其他的控件都需要添加到容器当中,容器相当于一个仓库。而布局管理器就相当于仓库管理员,采用一定的策略来管理容器中各个控件的大小、位置等属性。通过使用不同的布局管理器,可以方便地设计出各种控件组织方式的界面。常用的布局管理器有流布局、网格布局、卡片布局,本节将对这几种布局进行简要介绍。

7.5.1 流布局

流布局(FlowLayout)是一种非常简单的布局管理器,它按照控件添加的顺序,依次将控件从左至右、从上至下进行摆放,若一行不能放完则会自动转至下一行继续摆放。每一行所放置的控件默认会居中显示,也就是说,若在一行中所有的控件并没有占满这一行,则这些控件会显示在此行的中间。

JPanel 默认的布局管理器为流布局。流布局通过 FlowLayout 类来实现。流布局包含 5 种对齐

方式，如表 7-11 所示。

表 7-11　　　　　　　　　　流布局的 5 种对齐方式

常 量 名	描　　述
LEFT	该字段值为 0，此值指示每一行控件都应该是左对齐的
CENTER	该字段值为 1，此值指示每一行控件都应该是居中的，默认值便是该值
RIGHT	该字段值为 2，此值指示每一行控件都应该是右对齐的
LEADING	该字段值为 3，此值指示每一行控件都应该与容器方向的开始边对齐，例如，对于从左到右的方向，则与左边对齐
TRAILING	该字段值为 4，此值指示每行控件都应该与容器方向的结束边对齐，例如，对于从左到右的方向，则与右边对齐

若需要给容器设置布局管理器，可以调用容器的 setLayout()方法，JFrame 与 JPanel 中都有该方法。下面的代码以 JPanel 为例，演示了如何为容器设置布局管理器。

```
1    //创建 JPanel 对象
2    JPanel jp=new JPanel();
3    //为 JPanel 设置流布局管理器
4    jp.setLayout(new FlowLayout());
```

也可以在创建流布局管理器对象的同时为其指定对齐方式，如设置其为左对齐方式。

```
jp.setLayout(new FlowLayout(FlowLayout.LEFT));
```

例 7-5 是一个流布局的例子，单击按钮即可获得与按钮文字相对应的对齐方式。

【例 7-5】　流布局示例。

```
1    package chapter05.sample7_5;
2    import java.awt.FlowLayout;
3    import java.awt.event.ActionEvent;
4    import java.awt.event.ActionListener;
5    import javax.swing.JButton;
6    import javax.swing.JFrame;
7    import javax.swing.JPanel;
8    public class Sample7_5 extends JFrame implements ActionListener {
9        // 创建 JPanel 对象
10       private JPanel jp = new JPanel();
11       // 创建按钮数组
12       private JButton[] jbArray = new JButton[] { new JButton("LEFT"),
13           new JButton("CENTER"), new JButton("RIGHT"),
14           new JButton("LEADING"), new JButton("TRAILING") };
15       // 创建布局管理器对象
16       private FlowLayout fl = new FlowLayout();
17       public Sample7_6() {
18           // 设置 JPanel 的布局管理器
19           jp.setLayout(fl);
20           // 依次将按钮添加进 JPanel，并且为每个按钮注册监听器
21           for (int i = 0; i < jbArray.length; i++) {
22               jp.add(jbArray[i]);
23               jbArray[i].addActionListener(this);
24           }
25           // 将 JPanel 添加进窗口
26           this.add(jp);
```

```
27              // 设置窗口的标题、大小位置以及可见性
28              this.setTitle("流布局中动态设置对齐方式");
29              this.setBounds(100, 100, 400, 150);
30              this.setVisible(true);
31          }
32          // 实现 ActionListener 中的方法
33          public void actionPerformed(ActionEvent e) {
34              // 扫描按钮数组，判断按下的是哪个按钮
35              for (int i = 0; i < jbArray.length; i++) {
36                  // 使用 getSource 方法判断事件源
37                  if (e.getSource() == jbArray[i]) {
38                      // 设置布局管理器的对齐方式
39                      fl.setAlignment(FlowLayout.LEFT + i);
40                      // 请求刷新 JPanel
41                      jp.revalidate();
42                  }
43              }
44          }
45          public static void main(String[] args) {
46              // 创建 Sample7_5 窗体对象
47              new Sample7_5();
48          }
49      }
```

上面代码的 41 行代码"jp.revalidate();"功能为刷新(重绘)JPanel，此方法继承自 JComponent，可以说所有的 Swing 控件都有此方法。

编译并运行代码，运行结果如图 7-7 所示。

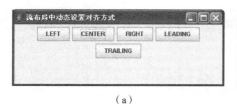
（a）
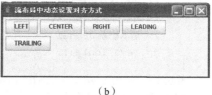
（b）

图 7-7 例 7-2 运行结果

在图 7-7 中，（a）为单击"CENTER"按钮后获得的排列方式，所有按钮都居中排列。（b）为单击"LEFT"后的获得排列方式，所有的按钮从左排列。

7.5.2 网格布局

网格布局即 GridLayout 布局，该布局会尽量按照给定的行数和列数排列所有的控件，添加到该布局容器中的控件都将自动调整为相同尺寸，其填充的规则是尽量使现有控件形成矩形。

若行和列的设置都不为 0 的话，其在形成矩形的同时会保证行数，而列数则是由控件总数与给定的行数来决定的。若行为 0 而列不为 0 的话，在形成矩形的同时会保证列数，而行数则是由控件总数与给定的列数来决定的。当容器的大小改变时，所有的控件也都会随着自动改变大小以保证尽量充满整个容器。

创建网格布局时，可以使用 GridLayout 类进行设置，与流布局创建方式相似。例 7-6 是一个使用网格布局的例子，只要发生按钮事件，按钮就会按照定义的网格按钮布局，按照 3 行 2 列的

顺序摆放按钮。

【例 7-6】 网格布局示例。

```java
1    package chapter05.sample7_6;
2    import java.awt.event.ActionEvent;
3    import java.awt.event.ActionListener;
4    import java.awt.*;
5    import javax.swing.*;
6    public class Sample7_6 extends JFrame implements ActionListener {
7        private JPanel jp = new JPanel();
8        private JButton[] jbArray = new JButton[6];
9        public Sample7_6() {
10           // 初始化数组,将 JPanel 添加进窗体
11           for (int i = 0; i < jbArray.length; i++) {
12               jbArray[i] = new JButton("按钮" + (i - 1));
13               jp.add(jbArray[i]);
14               jbArray[i].addActionListener(this);
15           }
16           this.add(jp);
17           // 设置窗体的标题、大小位置以及可见性
18           this.setTitle("网格布局");
19           this.setBounds(100, 100, 450, 200);
20           this.setVisible(true);
21       }
22       // 实现 ActionListener 中的方法
23       public void actionPerformed(ActionEvent e) {
24           // 设置布局管理器为 3 行 5 列的网格布局
25           jp.setLayout(new GridLayout(3, 2));
26           // 重新设置窗体标题
27           this.setTitle("现在为网格布局[3, 2]");
28           // 请求刷新 JPanel
29           jp.revalidate();
30       }
31       public static void main(String[] args) {
32           // 创建 Sample7_6 窗体对象
33           new Sample7_6();
34       }
35   }
```

编译并运行代码,运行结果如图 7-8 所示。

图 7-8 例 7-6 运行结果

7.5.3 卡片布局

卡片布局即 CardLayout 布局。在卡片布局中,布局的容器中可以添加任意多个控件,但同一

时刻只能看见其中的一个控件。所有被添加的控件与容器的大小相同，也就是说，所有添加进卡片布局容器中的控件大小是相同的。可以通过调用卡片布局管理器的相应方法使指定的控件显示，这些方法包括指定下一个、上一个、第一个、最后一个或第几个控件显示。

图 7-9 所示为卡片布局的工作原理。

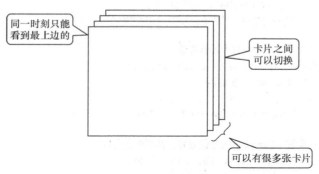

图 7-9　卡片布局示意图

卡片布局可以使用 CardLayout 类实现，如果希望程序在运行的过程中可以使用卡片布局管理器的 show()方法来切换控件，则在添加控件时要使用具有两个参数的 add()方法，下面列出了此方法的接口。

```
public void add(Component comp, String name)
```

使用卡片布局的方式与上面流布局与网格布局的方式不大相同，需要向布局中添加容器，下面的代码片段说明了如何向卡片布局的容器中添加控件。

```
1    //创建 JPanel 容器
2    JPanel jp=new JPanel();
3    //设置容器为卡片布局
4    jp.setLayout(new CardLayout());
5    //创建标签控件
6    JLabel card1=new JLabel("a Label");
7    //按指定的名称将标签控件添加到容器中
8    jp.add(card1,"firstcard");
```

例 7-7 是一个卡片布局的例子，通过单击不同的按钮获得不同卡片上的内容，以获得不同的显示内容。

【例 7-7】　卡片布局例子。

```
1    package chapter05.sample7_7;
2    import java.awt.CardLayout;
3    import java.awt.event.ActionEvent;
4    import java.awt.event.ActionListener;
5    import javax.swing.*;
6    public class Sample7_8 extends JFrame implements ActionListener {
7        // 定义按钮数组并初始化
8        private JButton[] jbArray = new JButton[] { new JButton("前一个"),
9                new JButton("后一个"), new JButton("第一个"), new JButton("最后一个"),
10               new JButton("第 3 个") };
11       // 创建 JPanel 对象
12       private JPanel jp = new JPanel();
13       public Sample7_7() {
```

```java
14          // 设置窗口的布局管理器
15          this.setLayout(null);
16          // 设置每个按钮的大小位置,并添加到窗体中以及注册动作事件监听器
17          for (int i = 0; i < jbArray.length; i++) {
18              jbArray[i].setBounds(280, 30 + 40 * i, 100, 30);
19              this.add(jbArray[i]);
20              jbArray[i].addActionListener(this);
21          }
22          // 为JPanel设置布局管理器
23          jp.setLayout(new CardLayout());
24          // 向JPanel中添加卡片
25          for (int i = 0; i < 5; i++) {
26              jp.add(new MyCard(i), "card" + (i + 1));
27          }
28          // 设置JPanel的大小位置并将其添加进窗口
29          jp.setBounds(10, 10, 240, 240);
30          this.add(jp);
31          // 设置窗口的关闭动作、标题、大小位置以及可见性
32          this.setDefaultCloseOperation(JFrame.EXIT_ON_CLOSE);
33          this.setTitle("卡片布局示例");
34          this.setBounds(100, 100, 400, 300);
35          this.setVisible(true);
36      }
37      // 实现ActionListener中的方法
38      public void actionPerformed(ActionEvent e) {
39          // 获取卡片布局管理器引用
40          CardLayout cl = (CardLayout) jp.getLayout();
41          // 为每个按钮定义动作
42          if (e.getSource() == jbArray[0]) {// 按下"前一个"按钮
43              cl.previous(jp);
44          } else if (e.getSource() == jbArray[1]) {
45              // 按下"后一个"按钮
46              cl.next(jp);
47          } else if (e.getSource() == jbArray[2]) {
48              // 按下"第一个"按钮
49              cl.first(jp);
50          } else if (e.getSource() == jbArray[3]) {
51              // 按下"最后一个"按钮
52              cl.last(jp);
53          } else if (e.getSource() == jbArray[4]) {
54              // 按下"第3个"按钮
55              cl.show(jp, "card3");
56          }
57      }
58      public static void main(String[] args) {
59          // 创建Sample7_7对象
60          new Sample7_7();
61      }
62  }
63  //卡片类
64  public class MyCard extends JPanel {
```

```
65        int index;
66        public MyCard(int index) {
67            // 计算得到卡片索引与半径
68            this.index = index + 1;
69        }
70        public void paint(Graphics g) {
71            g.clearRect(0, 0, 250, 250);
72            // 显示字符串信息
73            g.drawString("这里是card" + index, 100, 10);
74        }
75    }
```

在例 7-7 的代码中，定义了控件类 MyCard，其继承了 Jpanel 类，并重写了绘制控件的 paint() 方法，在 paint()方法中根据 index 不同绘制不同的字符串。

编译并运行代码，运行结果如图 7-10 所示。

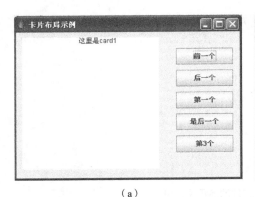
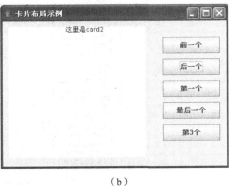

(a)　　　　　　　　　　　　　　　　(b)

图 7-10　例 7-7 运行结果

在图 7-10 中，图（a）为单击"第一个"按钮显示卡片，图（b）为单击"后一个"按钮，显示的第二个按钮。

7.6　选　择　控　件

图形界面应用程序中控件是必不可少的基本元素，将各种控件有机地组合起来，便可以搭建出各种各样的图形界面，用来满足不同应用的需要。作为开发人员，必须熟练掌握各种基本控件的使用才能从容应对各种开发的需求，从本章开始将详细介绍 Swing 中的各种常用控件。

7.6.1　控件概述

Java 中所有的 Swing 控件都继承自 javax.swing.JComponent 类，而 JComponent 类则继承自 java.awt.Container 类，因此所有的 Swing 控件都具有 AWT 容器的功能，图 7-11 所示为 Java 中所有 Swing 控件的继承树。

如图 7-11 所示，JComponent 类是所有 Swing 控件的总父类。实际上 JComponent 类是具有所有 Swing 控件公共特性的一个抽象类，该类为所有的 Swing 控件提供了很多共有的功能，如工具提示、尺寸属性等。

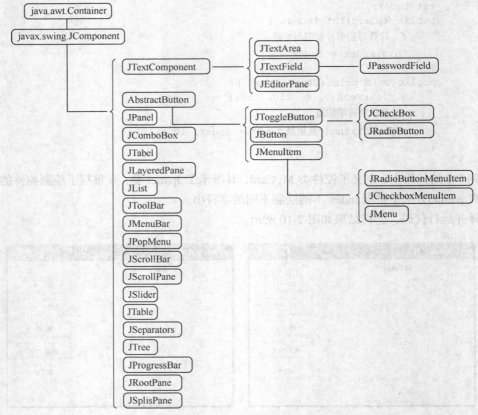

图 7-11 Swing 控件的继承关系树

虽然从继承的角度 Swing 控件都具有 AWT 容器的功能，但在实际开发中一般只将 JPanel、JFrame 等设计目的为容器的 Swing 控件当作容器使用。

7.6.2 文本框

GUI 应用程序中，文本框是使用率很高的控件。通过使用文本框和密码框，可以使应用程序与用户之间的交互变得更加方便。

Swing 中提供的文本框控件通过 JTextField 类实现。但是 JTextField 只能用于输入单行文本，如果文本的长度超出了控件可以显示的范围，其会自动滚动文本。对于 JTextField，所有的剪切、复制、粘贴及其快捷键的操作都可以自动实现。JTextField 类提供了 5 个构造函数，使得开发人员在创建 JTextField 对象的时候可以灵活选择，下面是其常用的构造函数。

● public JTextField()：创建没有内容的 JTextField 对象，默认列数为 0。

● public JtextField(String text)：创建具有指定初始内容的 JTextField 对象，参数 text 为指定的文本内容。

● public JtextField(String text,int columns)：创建具有指定初始内容与列数的 JTextField 对象，参数 text 为指定的文本内容，参数 columns 为指定的列数。

同时，JTextField 类也提供了一些对文本内容、列数等进行操作的实用方法。通过使用这些方法，开发人员可以方便地对文本框进行操作，如 getText()返回显示的文本信息，setText（String t）设置此 JTextField 中显示的文本信息。

另外，需要注意的是，JTextField 与 JButton 一样，也会触发 ActionEvent 动作事件。它们之间不同的是，按钮是当鼠标单击后会触发 ActionEvent 事件，而 JTextField 则是当用户按下 Enter 键后会触发 ActionEvent 事件。因此，在 JTextField 中也提供了向其注册与注销动作事件监听器的方法，如表 7-12 所示。

表 7-12　　　　　　　　　　JTextField 中注册/注销动作事件的方法

方 法 名	描　　述
public void addActionListener(ActionListener l)	该方法将为 JTextField 注册动作事件监听器，参数 l 为指定的监听器
public void removeActionListener(ActionListener l)	该方法将从 JTextField 注销动作事件监听器，参数 l 为指定的监听器

当要求用户在界面中输入密码时就不能使用文本框了，这时就需要使用密码框。Swing 中专门提供了用来输入密码的密码框控件——JPasswordField。JPasswordField 类继承自 JTextField 类，因此其具有文本框的所有功能。但与文本框所不同的是，当用户进行输入时不回显输入的内容，而是使用特定的回显字符来代替（如"*"），这样就可以避免将输入的实际内容显示在屏幕上。

由于 JPasswordField 继承自 JTextField，因此其对内容、列数等操作的方法与 JTextField 相同，这里不再重复。

通过上面的介绍，应该对 Swing 中的文本框与密码框有了大体的了解。下面将通过一个登录窗口的案例例 7-8 进一步介绍文本框与密码框的具体使用。使用了一个文本框用来输入用户名，使用了一个密码框用来输入密码，并为文本框、密码框、按钮注册了动作事件监听器。

当输入完用户名后只要按下 Entet 键，输入焦点就会切换到密码框，当输入完密码后只要按下 Enter 键就相当于提交登录信息（与按下登录按钮效果相同）。

【例 7-8】　登录窗口示例。

```
1    package chapter05.sample7_8;
2    import java.awt.*;
3    import java.awt.event.*;
4    import javax.swing.*;
5    public class Sample7_8 extends JFrame implements ActionListener {
6        // 创建 JPanel 对象
7        private JPanel jp = new JPanel();
8        // 创建标签数组
9        private JLabel[] jlArray = { new JLabel("用户名"), new JLabel("密    码"),new
10           JLabel("") };
11       // 创建按钮数组
12       private JButton[] jbArray = { new JButton("登录"), new JButton("清空") };
13       // 创建文本框以及密码框
14       private JTextField jtxtName = new JTextField();
15       private JPasswordField jtxtPassword = new JPasswordField();
16       public Sample7_8() {
17           // 设置 JPanel 的布局管理器
18           jp.setLayout(null);
19           // 对标签与按钮控件循环进行处理
20           for (int i = 0; i < 2; i++) {
21               // 设置标签与按钮的大小位置
```

```java
22              jlArray[i].setBounds(30, 20 + i * 50, 80, 26);
23              jbArray[i].setBounds(50 + i * 110, 130, 80, 26);
24              // 将标签与按钮添加到 JPanel 容器中
25              jp.add(jlArray[i]);
26              jp.add(jbArray[i]);
27              // 为按钮注册动作事件监听器
28              jbArray[i].addActionListener(this);
29          }
30          // 设置文本框的大小位置
31          jtxtName.setBounds(80, 20, 180, 30);
32          // 将文本框添加进 JPanel 容器
33          jp.add(jtxtName);
34          // 为文本框注册动作事件监听器
35          jtxtName.addActionListener(this);
36          // 设置密码框的大小位置
37          jtxtPassword.setBounds(80, 70, 180, 30);
38          // 将密码框添加进 JPanel 容器
39          jp.add(jtxtPassword);
40          // 设置密码框的回显字符
41          jtxtPassword.setEchoChar('*');
42          // 为密码框注册动作事件监听器
43          jtxtPassword.addActionListener(this);
44          // 设置用于显示登录状态的标签大小位置,并将其添加进 JPanel 容器
45          jlArray[2].setBounds(10,180,300,30);
46          jp.add(jlArray[2]);
47          // 将 JPanel 容器添加进窗体
48          this.add(jp);
49          // 设置窗体的标题、大小位置以及可见性
50          this.setTitle("登录");
51          this.setResizable(false);
52          this.setBounds(100,100,300,250);
53          this.setVisible(true);
54      }
55      // 实现 ActionListener 接口中的方法
56      public void actionPerformed(ActionEvent e) {
57          if (e.getSource() == jtxtName) {// 事件源为文本框
58              // 切换输入焦点到密码框
59              jtxtPassword.requestFocus();
60          } else if (e.getSource() == jbArray[1]) {// 事件源为清空按钮
61              // 清空所有信息
62              jlArray[2].setText("");
63              jtxtName.setText("");
64              jtxtPassword.setText("");
65              // 将输入焦点设置到文本框
66              jtxtName.requestFocus();
67          } else {
68              // 事件源为登录按钮
69              // 判断用户名和密码是否匹配
70              if (jtxtName.getText().equals("silence")
71                      && String.valueOf(jtxtPassword.getPassword()).equals("123456")) {
```

```
72                       // 登录成功
73                       jlArray[2].setText("恭喜您，登录成功！！！");
74                   } else {// 登录失败
75                       jlArray[2].setText("对不起,非法的用户名和密码！！！");
76                   }
77               }
78           }
79           public static void main(String[] args) {
80               // 创建Sample7_8窗体对象
81               new Sample7_5();
82           }
83       }
```

编译并运行代码，结果如图 7-12 所示。

（a）　　　　　　　　　　　　（b）

图 7-12　例 7-8 运行情况

图 7-12 中，（a）为程序初始界面，（b）为输入完错误密码按下 Enter 键后的界面。

7.6.3　文本区

使用上一节介绍的文本框可以方便地实现单行文本的输入，当需要输入多行文本时使用文本框就无法满足要求了，这时就需要使用文本区。Swing 中专门提供了用来进行多行文本输入的文本区——JTextArea。

JTextArea 类是 Swing 中提供的用单一字体和格式显示多行文本的控件，默认情况下其不会自动换行，但可以通过设置让其自动换行。JTextArea 是以跨平台的方式处理换行符，根据不同的操作系统平台，文本文件中的行分隔符可以是换行符、回车或者二者的组合。

JTextArea 提供了数个构造器，以满足不同的需求，下面列出常用的几个。

● public JTextArea()：创建一个没有内容的 JTextArea，行/列设置为 0。

● public JTextArea(String text)：创建一个具有指定内容的 JTextArea，行/列设置为 0，参数 text 为指定的文本内容。

● public JtextArea(String text,int rows,int columns)：创建一个具有指定内容以及行和列的 JTextArea，参数 text 为指定的文本内容，数 rows 与 columns 分别表示指定的行与列。

同时，JTextArea 还提供了很多对内容进行操作的实用方法，通过这些方法开发人员可以很方便地对文本区进行操作，表 7-13 列出了这些方法中常用的一些。

文本区显示的文本行数和列数都有可能超出文本区的范围，这时就需要使用滚动条来进行滚动。但 Swing 中的文本区没有集成滚动条，如果需要滚动则要把文本区放到滚动窗口中。Swing 中专门提供了一个用来提供滚动功能的滚动窗口——JScrollPane 类，不单是文本区，其他许多

Swing 控件都要借助其实现滚动功能，如 JList、JTable、JTree 等。

表 7-13　　　　　　　　　　　　JTextArea 类中的一些常用方法

方 法 声 明	功　　能
public void setRows(int rows)	该方法将设置 JTextArea 的行数，参数 rows 为指定的行数
public int getColumns()	该方法将返回 JTextArea 的列数
public void insert(String str,int pos)	该方法将指定的文本插入到指定的位置，参数 str 为指定的文本，参数 pos 为指定的位置，该值必须大于等于 0
public void setEditable(boolean b)	设置文本区的可编辑状态，参数为 True 表示设置为可编辑，为 False 表示设置为不可编辑。在默认情况下文本区是可编辑的

因此，众多的 Swing 控件都离不开 JScrollPane，都需要 JScrollPane 来实现滚动效果。开发人员也可以将自定义的控件放入 JScrollPane，以实现滚动效果。下面将通过例 7-9 说明文本区的具体使用，代码如下。

【例 7-9】 文本区示例。

```
1    package chapter07.sample7_9;
2    import java.awt.*;
3    import java.awt.event.*;
4    import javax.swing.*;
5    public class Sample7_9 extends JFrame implements ActionListener {
6        // 定义该类继承自 JFrame
7        // 创建 JPanel 对象
8        private JPanel jp = new JPanel();
9        // 创建按钮数组
10       private JButton[] jbArray = { new JButton("自动换行"), new JButton("不换行") };
11       // 创建文本区
12       private JTextArea jta = new JTextArea();
13       // 将文本区作为被滚动控件创建滚动窗体
14       JScrollPane jsp = new JScrollPane(jta);
15       public Sample7_9() {
16           // 设置 JPanel 的布局管理器
17           jp.setLayout(null);
18           // 循环对按钮进行处理
19           for (int i = 0; i < 2; i++) {
20               // 设置按钮的大小
21               jbArray[i].setBounds(20 + i * 110, 120, 90, 20);
22               // 将按钮添加到 JPanel 中
23               jp.add(jbArray[i]);
24               // 为按钮注册动作事件监听器
25               jbArray[i].addActionListener(this);
26           }
27           // 设置 JScrollPane 的大小与位置
28           jsp.setBounds(20, 20, 450, 80);
29           // 将 JScrollPane 添加到 JPanel 容器中
30           jp.add(jsp);
31           // 设置 JTextArea 为自动换行
32           jta.setLineWrap(true);
```

```
33              // 为 JTextArea 添加 10 条文本
34              for (int i = 0; i < 20; i++) {
35                  jta.append("[" + i + "]Hello World!!!!");
36              }
37              // 将 JPanel 容器添加进窗体
38              this.add(jp);
39              // 设置窗体的标题、大小位置以及可见性
40              this.setTitle("文本区示例");
41              this.setResizable(false);
42              this.setBounds(100, 100, 500, 180);
43              this.setVisible(true);
44          }
45          // 实现 ActionListener 中的方法
46          public void actionPerformed(ActionEvent e) {
47              if (e.getSource() == jbArray[0]) {// 按下自动换行按钮
48                  jta.setLineWrap(true);
49              } else if (e.getSource() == jbArray[1]) {// 按下不换行按钮
50                  jta.setLineWrap(false);
51              }
52          }
53          public static void main(String[] args) {
54              // 创建 Sample7_9 窗体对象
55              new Sample7_9();
56          }
57      }
```

实际开发中，一般情况下文本区与滚动窗口组合使用，否则有可能显示不正常(超出部分不能滚动查看)。另外，例 7-9 中的滚动窗口是支持鼠标滚轮操作的。

编译并运行代码，结果如图 7-13 所示。

图 7-13　例 7-9 运行情况

图 7-13 中，（a）为自动换行方式显示，（b）为不换行显示。在自动换行的情况下，当文本内容超过一行时，文本区自动换行。当文本区超过滚动窗口的大小时，滚动窗口根据需要自动出现水平或垂直滚动条。在单词边界换行的情况下，文本区在自动换行时不会把单词拆开；而在字符边界换行的情况下，文本区在自动换行时会根据需要将单词拆开。

7.6.4　单选按钮、复选框

GUI 应用程序中经常需要给用户提供一些选择的界面，如性别、爱好、职业等。这时根据选项情况的不同就需要使用单选按钮或复选框，本节将详细介绍 Swing 中的单选按钮（JRadioButton）与复选框（JCheckBox）。

1. JRadioButton 类简介

Swing 中提供的单选按钮是 JRadioButton，其继承自 JToggleButton。这点很容易想通，JRadioButton 也是一种能够记录状态（选中或未选中）的按钮，一共提供了 8 个构造器，下面只中列出了其中常用的几个。

- public JRadioButton()：创建一个没有文本与图标并且未被选定的单选按钮。
- public JradioButton(String text)：创建一个具有指定文本，默认没有选中的单选按钮，参数 text 为指定的文本。
- public JradioButton(String text,Icon icon)：创建一个具有指定文本和图标，默认没有选中的单选按钮，参数 text 为指定的文本，参数 icon 为指定的图标。

单选按钮应该一组一起使用，为用户提供几选一的选择。这时就需要对单选按钮进行编组，在 Swing 中对单选按钮编组使用的是 javax.swing.ButtonGroup 类。ButtonGroup 是一个不可见的控件，不需要将其添加到容器中显示在界面上，表示的是几个（一组）单选按钮之间互斥的逻辑关系。

ButtonGroup 类只提供了一个构造函数，如下所示：
```
public ButtonGroup()
```
在调用构造器创建 ButtonGroup 对象之后可以通过其提供的方法进行各种操作。

2. JCheckBox 类简介

通过 JRadioButton 与 ButtonGroup 的配合使用，可以很方便地实现单项选择。若需要使用多项选择，则应该使用复选框——JCheckBox。JCheckBox 也是 JToggleButton 的子类，因为它也是一种可以记录状态的按钮。与 JRadioButton 不同的是，JCheckBox 不需要编组使用，各个选项之间没有逻辑约束关系。

该类提供了 8 个构造器，下面只列出其中几个比较常用的。

- public JCheckBox ()：创建一个没有文本与图标并且未被选定的复选框。
- public JCheckBox （String text）：创建一个具有指定文本默认未被选中的复选框，参数 text 为指定的文本。
- public JCheckBox （String text,Icon icon）：创建一个具有指定文本和图标默认未被选中的复选框，参数 text 为指定的文本，参数 icon 为指定的图标。

3. ItemEvent 事件

JRadioButton、JCheckBox 与 JToggleButton 除了与 JButton 一样都会触发 ActionEvnet 动作事件外，JRadioButton、JCheckBox 以及 JToggleButton 还会触发 ItemEvent 事件。关于 ItemEvent 事件需要注意以下两点。

（1）ItemEvent 事件与 ActionEvnet 动作事件不同，不是单击按钮就会触发，而是当按钮的状态发生变化时才会触发。例如，从选中到未选中，或者从未选中到选中都会触发 ItemEvent 事件。

（2）ItemEvent 事件的监听器需要实现 ItemListener 监听接口，只有向 JRadioButton、JCheckBox 或 JToggleButton 注册了实现 ItemListener 监听接口的监听器，当事件被触发时，才会执行监听器当中的事件处理方法。

ItemListener 监听接口中声明了一个用于处理 ItemEvent 事件的方法，下面给出了该方法的接口。
```
public void itemStateChanged(ItemEvent e)
```
同时，JRadioButton、JCheckBox 以及 JToggleButton 类中都提供了注册与注销 ItemEvent 事件

监听器的方法，如表 7-14 所示。

表 7-14　　　　　　　　　　　注册与注销 ItemEvent 事件监听

方　法　名	功　　能
public void addItemListener (ItemListener l)	注册一个指定的 ItemEvent 事件监听器，参数 l 指向要注册的监听器对象
public void removeItemListener (ItemListener l)	注销一个指定的 ItemEvent 事件监听器，参数 l 指向要注销的监听器对象

4. 单选按钮与复选框的综合使用

通过上面的介绍，读者对单选按钮与复选框有了一定的了解，下面将通过一个同时使用单选按钮与复选框的综合案例例 7-10 来进一步加深对这两个控件的理解。

【例 7-10】　单选按钮与复选框示例。

```
1    package chapter07.sample7_10;
2    import java.awt.*;
3    import java.awt.event.*;
4    import javax.swing.*;
5    public class Sample7_10 extends JFrame implements ActionListener {
6        private JPanel jp = new JPanel();
7        // 创建复选框数组
8        private JCheckBox[] jcbArray = { new JCheckBox("交友"), new JCheckBox("户外"),
9                new JCheckBox("购物"), new JCheckBox("旅游 "), new JCheckBox("其他") };
10       // 创建单选按钮数组
11       private JRadioButton[] jrbArray = { new JRadioButton("5～15 岁"),
12               new JRadioButton("16～25 岁", true), new JRadioButton("26～35 岁"),
13               new JRadioButton("36～45 岁"), new JRadioButton("46～55 岁") };
14       // 创建按钮数组
15       private JButton[] jbArray = { new JButton("提交"), new JButton("清空") };
16       // 创建标签数组
17       private JLabel[] jlArray = { new JLabel("年龄段："), new JLabel("兴趣爱好："),
18               new JLabel("调查的结果为：")
19       private JTextField jtf = new JTextField();
20       // 创建按钮组
21       private ButtonGroup bg = new ButtonGroup();
22   
23       public Sample7_10() {
24           jp.setLayout(null);
25           // 对各个控件进行设置
26           for (int i = 0; i < 5; i++) {
27               // 设置单选按钮与复选框的大小位置
28               jrbArray[i].setBounds(40 + i * 100, 40, 80, 30);
29               jcbArray[i].setBounds(40 + i * 120, 100, 120, 30);
30               // 将单选按钮与复选框添加到 JPanel 中
31               jp.add(jrbArray[i]);
32               jp.add(jcbArray[i]);
33               // 为单选按钮与复选框注册动作事件监听器
34               jrbArray[i].addActionListener(this);
35               jcbArray[i].addActionListener(this);
36               // 将单选按钮添加到按钮组中
```

```java
37              bg.add(jrbArray[i]);
38              if (i > 1)
39                  continue;
40              // 设置标签与普通按钮的大小位置
41              jlArray[i].setBounds(20, 20 + i * 50, 80, 30);
42              jbArray[i].setBounds(400 + i * 120, 200, 80, 26);
43              // 将标签与普通按钮添加到 JPanel 中
44              jp.add(jlArray[i]);
45              jp.add(jbArray[i]);
46              // 为普通按钮注册动作事件监听器
47              jbArray[i].addActionListener(this);
48          }
49          // 设置调查结果标签的大小位置，并将其添加到 JPanel 中
50          jlArray[2].setBounds(20, 150, 120, 30);
51          jp.add(jlArray[2]);
52          jtf.setBounds(120, 150, 500, 26);
53          jp.add(jtf);
54          jtf.setEditable(false);
55          // 将 JPanel 添加进窗体
56          this.add(jp);
57          // 设置窗体的标题、大小位置以及可见性等
58          this.setTitle("个人信息调查");
59          this.setBounds(100, 100, 700, 280);
60          this.setVisible(true);
61          this.setResizable(false);
62          this.setDefaultCloseOperation(JFrame.EXIT_ON_CLOSE);
63      }
64      public void actionPerformed(ActionEvent e) {
65          if (e.getSource() == jbArray[1]) {
66              for (int i = 0; i < jcbArray.length; i++)
67                  jcbArray[i].setSelected(false);
68              jtf.setText("");
69          } else {
70              // 其他按钮执行的动作
71              StringBuffer temp1 = new StringBuffer("你是一个");
72              StringBuffer temp2 = new StringBuffer();
73              for (int i = 0; i < 5; i++) {
74                  // 获取年龄段的选中值
75                  if (jrbArray[i].isSelected()) {
76                      temp1.append(jrbArray[i].getText());
77                  }
78                  // 获取爱好的选中值
79                  if (jcbArray[i].isSelected()) {
80                      temp2.append(jcbArray[i].getText() + ", ");
81                  }
82              }
83              // 打印结果
84              if (temp2.length() == 0) {// 如果没有选取爱好
85                  jtf.setText("兴趣爱好选项不能为空！！！");
86              } else {// 选取了爱好
87                  temp1.append("的人，你比较喜欢");
```

```
88                    temp1.append(temp2.substring(0, temp2.length() - 1));
89                    jtf.setText(temp1.append("。").toString());
90                }
91            }
92        }
93     public static void main(String[] args) {
94         new Sample7_10();
95     }
96 }
```

例 7-10 代码的功能为调查用户的年龄段与兴趣爱好，当用户作出选择后在文本框中显示调查的结果信息。

编译并运行代码，结果如图 7-14 所示。

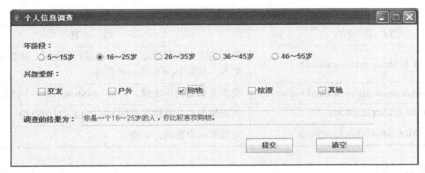

图 7-14　例 7-10 运行情况

图 7-14 表示的是用户选择了 26~35 年龄段，以及购物与兴趣爱好后的界面情况。

7.7　菜单和工具栏

菜单、工具栏与对话框在 GUI 应用程序中有着非常重要的作用，通过菜单与工具栏用户可以非常方便地访问应用程序的各个功能，而对话框可以作为非常友好的用户与应用程序之间进行交互的媒介。本章将对 Swing 中菜单、工具栏与对话框的开发进行详细介绍。

7.7.1　菜单

随着 GUI 开发的普及，菜单在开发中也变得越来越重要，几乎每个应用程序都会提供相应的菜单。因此，Swing 为菜单的开发提供了良好的支持，通过 Swing 中提供的菜单系列控件，开发人员可以非常方便地开发出各种各样的菜单，本节将对 Swing 中菜单的开发进行详细介绍。

Swing 中的菜单控件都是继承自 JComponent 类，大多数标准的 Swing 控件都可以用作菜单项。菜单项可以使用图标，可以为菜单项指定助记符或快捷键，还可以出现单选按钮以及复选框。

Java 中的菜单类在 Javax.swing 包中，一共有 3 个菜单子类：JMenuBar，JMenu 和 JMenuItem 类。做个比喻，JMenuBar 就像一个电脑机箱提供给 JMenu 一个允许放置的接口，JMenu 就像主板一样，可以把 JmenuItem 插在 JMenu 里，而 JmenuItem 可以看做内存条和 CPU。但是在这里，JMenuBar 是必须的，可以有多个 JMenu 对象。下面分别介绍这三个类。

1. 菜单项 JmenuItem

因为菜单（JMenu）是继承自菜单项（JMenuItem）的，所以首先介绍菜单项，菜单项可以将字符串与图像包装起来用作菜单元素。菜单项继承自 AbstartButton，所以也可以把菜单项看做一个按钮。

菜单项与普通按钮不同的是，当鼠标经过某个菜单项时，系统便认为该菜单项被选中，但此时并不触发任何事件。只有当在菜单项上释放鼠标键时，才会触发事件并完成相应的操作。JMenuItem 类提供了 6 个构造器，下面列出了其中常用的几个。

- public JmenuItem(String text)：创建带有指定文本的菜单项，参数 text 为指定的文本。
- public JmenuItem(String text,Icon icon)：创建带有指定文本和图标的菜单项，参数 text 为指定的文本，参数 icon 为指定的图标。

同时，该类中还提供了其他的方法供开发人员使用，如表 7-15 所示。

表 7-15　　　　　　　　　　　　JMenuItem 类中的常用方法

方　法　名	描　　述
protected void init(String text,Icon icon)	利用指定文本和图标对菜单项进行初始化，参数 text 为指定的文本，参数 icon 为指定的图标
public void setAccelerator(KeyStroke keyStroke)	设置菜单项的快捷键，参数 keyStroke 为一个指定的快捷键
public KeyStroke getAccelerator()	返回作为菜单项快捷键的 KeyStroke 对象引用
public void setMnemonic(char mnemonic)	为菜单项设置助记字符

2. 菜单 JMenu

菜单对应于 JMenu 类。JMenu 既可以作为顶层菜单添加到菜单栏中，又可以作为子菜单添加到其他菜单中。对于子菜单来说，其右边会有右箭头标记，当用户选择该菜单时，在其旁边会弹出子菜单。

对于 JMenu 类，需要注意以下两点。

JMenu 是一个独特的类，可以将其看成菜单项与弹出式菜单（稍后将会介绍）的组合控件，JMenu 会以菜单项的形式出现，但是当单击该 JMenu 时，其并不是去执行某个功能，而是在其旁边出现弹出式菜单。

JMenu 会为其中的每一个菜单项添加一个索引，这样就可以根据索引调整菜单项的顺序。此外，还可以为菜单中的菜单项添加分隔线，其实分隔线就是一个特殊的菜单项，在添加的时候也分配了一个索引。

JMenu 类提供了 4 个构造函数，在开发中经常会用到其中的两个，如下所示。

- public JMenu()：创建一个没有文本的 Jmenu。
- public JMenu(String s)：构造一个具有指定文本标题的 JMenu，参数 s 为提供的文本串。

该类中还提供了大量的方法，表 7-16 列出了其中一些常用的方法。

表 7-16　　　　　　　　　　　　JMenu 类中的常用方法

方　法　名	描　　述
public Component add(Component c)	将指定的控件追加到此菜单的末尾并返回添加的组件，参数 c 为指定的控件
public JMenuItem add(String s)	创建具有指定文本的新菜单项，并将其追加到此菜单的末尾，参数 s 给出了要添加的新菜单项的标题
public void addSeparator()	将新分隔线追加到菜单的末尾

续表

方法名	描述
public void insert(String s,int pos)	在给定位置上插入具有指定标题的新菜单项,参数 s 为要添加新菜单项的标题,参数 pos 为指定的索引
public JMenuItem insert(JMenuItem mi,int pos)	在给定位置插入指定的 JMenuitem。参数 mi 为指定的菜单项,参数 pos 为指定的位置索引
public void insertSeparator(int index)	在指定的位置插入分隔线,参数 index 为指定的位置索引
public void remove(JMenuItem item)	从此菜单中移除指定的菜单项,参数 item 为指定的菜单项

3. 菜单栏 JMenuBar

JMenuBar 类是 Swing 中提供的用于实现菜单栏的控件,相当于是一个菜单的容器,可以在该控件中放置任意数量的菜单。对于同一菜单栏中的不同菜单,用户在同一时刻只能激活一个。JMenuBar 类仅提供了一个构造器——"public JMenuBar()",该构造器将创建一个空的菜单栏。

菜单栏也是 Swing 控件的一种,因此也可以使用容器相应的 add()方法将菜单栏作为普通控件添加到容器中。这时就需要通过布局管理器来对菜单栏的大小位置进行管理。

4. 菜单使用综合案例

通过前面几个小节的介绍,读者对 Swing 中的各种菜单控件有了大体的了解。本小节将通过一个具体的例子进一步介绍 Swing 中菜单的开发。

例 7-11 是一个显示图片的例子,在该例中创建了一个菜单,包含"打开"和"退出"选项。当单击"打开"选项时,出现文件选择器,选择相应图片后,图片显示在显示区域中。文件选择器通过 JfileChooser 类实现,图片的显示则利用 Jlabel 的图标实现。

【例 7-11】 菜单使用示例。

```
1    package chapter07.sample7_11;
2    import java.awt.*;
3    import java.awt.event.*;
4    import java.io.File;
5    import javax.swing.*;
6    import chapter07.sample7_11.Sample7_11;
7    public class Sample7_11 extends JFrame {
8        private JLabel label;
9        private JFileChooser fileChooser;
10       private static final int DEFAULT_WIDTH = 300;
11       private static final int DEFAULT_HEIGHT = 400;
12       public Sample7_11() {
13           setTitle("图片浏览");                          // 设置窗体标题
14           setSize(DEFAULT_WIDTH, DEFAULT_HEIGHT);// 设置窗体大小
15           // 创建标签对象
16           label = new JLabel();
17           add(label);// 在窗体上添加标签
18           // 创建文件选择器对象
19           fileChooser = new JFileChooser();
20           // 设置默认路径为当前目录
21           fileChooser.setCurrentDirectory(new File("."));
22           // 创建菜单栏
23           JMenuBar menuBar = new JMenuBar();
24           setJMenuBar(menuBar);// 在窗体上添加菜单栏
```

```
25          // 添加菜单项
26          JMenu menu = new JMenu("文件");
27          menuBar.add(menu);// 在菜单栏中添加菜单项
28          // 添加"打开"子菜单项
29          JMenuItem openItem = new JMenuItem("打开");
30          menu.add(openItem);// 在菜单项中添加子菜单项
31          // 为"打开"菜单添加事件及监听
32          openItem.addActionListener(new ActionListener() {
33              public void actionPerformed(ActionEvent event) {
34                  // 显示文件选择器
35                  int result = fileChooser.showOpenDialog(null);
36                  // 如果选择文件则显示在标签中
37                  if (result == JFileChooser.APPROVE_OPTION) {
38                      // 获取选择文件的路径
39                      String name = fileChooser.getSelectedFile().getPath();
40                      label.setIcon(new ImageIcon(name));
41                  }
42              }
43          }
44          // 添加"退出"子菜单项
45          JMenuItem exitItem = new JMenuItem("退出");
46          menu.add(exitItem);// 在菜单项中添加子菜单项
47          // 为"退出"菜单添加事件及监听
48          exitItem.addActionListener(new ActionListener() {
49              public void actionPerformed(ActionEvent event) {
50                  System.exit(0);
51              }
52          }
53          this.setDefaultCloseOperation(JFrame.EXIT_ON_CLOSE);
54          this.setVisible(true);
55      }
56      public static void main(String[] args) {
57          new Sample7_11();
58      }
59  }
```

编译并运行代码，结果如图 7-15 所示。

在图 7-15 中，（a）为创建的菜单，（b）为打开指定的图片后并显示。

（a）

（b）

图 7-15 例 7-11 运行结果

7.7.2 工具栏

除了菜单之外，工具栏也是现代 GUI 应用程序中非常重要的组成部分，通过工具栏可以大大方便用户对特定功能的访问。Swing 中也提供了用于实现工具栏的类——JToolBar，本小节将对 JToolBar 类的相关知识与具体使用进行详细介绍。

GUI 应用程序中一般会将一些表示常用功能的控件放在工具栏中，这样用户在使用这些功能时就不必到菜单中寻找，大大地方便了用户的操作。因此，工具栏（JToolBar）可以看成各种控件的容器，按钮、微调控制器等控件都可以添加进工具栏中。

当某个控件被添加进工具栏中后，JToolBar 会随即为该控件分配一个整数索引，用来确定控件从左至右（或从上至下）的显示顺序。另外，工具栏可以位于窗体的任何一个边框，或其单独为一个窗体。

JToolBar 类提供了 4 个构造函数，下面列出常用的 3 个。

- public JToolBar()：创建一个新的没有标题的工具栏，其默认方向是水平方向。
- public JtoolBar(int orientation)：创建一个具有指定方向但没有标题的工具栏，参数 orientation 为指定的方向。
- public JtoolBar(String name)：创建一个具有指定标题的工具栏，其默认方向是水平方向，参数 name 为指定的标题字符串。

该类中还为开发人员提供了大量的方法，表 7-17 列出了其中常用的一些。

表 7-17　　　　　　　　　　　JToolBar 类的常用方法

方 法 签 名	功　　　能
public JButton add(Action a)	向工具栏中添加一个 Action 对象。并将该 Action 包装成一个简易的 JButton 对象返回，参数 a 为一个指定的 Action 对象
public void addSeparator()	将默认大小的分隔符添加到工具栏的末尾，默认大小由当前外观确定
public Component getComponentAtIndex(int i)	返回指定索引位置的控件，参数 i 为指定的索引
public int getComponentIndex(Component c)	返回指定控件的索引，参数 c 为指定的控件。要注意的是，每个分隔符占用一个索引位置

下面将通过一个例 7-12 说明如何使用工具栏。该例包含一个菜单和一个工具栏。

【例 7-12】　工具栏示例。

```
1     package chapter07.sample7_12;
2     import java.awt.*;
3     import java.awt.event.*;
4     import javax.swing.*;
5     public class Sample7_12 extends JFrame {
6         public Sample7_12() {
7             this.setTitle("工具栏示例");
8             // 创建工具条
9             JToolBar bar = new JToolBar();
10            // 创建工具条中的 4 个按钮
11            JButton button0, button1, button2, button3;
12            button0 = new JButton("开始 ");
13            button1 = new JButton("向前 ");
```

```
14        button2 = new JButton("相后 ");
15        button3 = new JButton("末尾 ");
16        // 为工具条添加 4 个按钮
17        bar.add(button0);
18        bar.add(button1);
19        bar.add(button2);
20        bar.add(button3);
21        bar.setFloatable(false);
22        JPanel panel = new JPanel();
23        // 设置 JPanel 的布局的为流布局
24        panel.setLayout(new FlowLayout(FlowLayout.LEFT));
25        panel.add(bar);
26        // 创建菜单
27        JMenuBar menuBar = new JMenuBar();
28        setJMenuBar(menuBar);
29        JMenu menu = new JMenu("文件");
30        JMenuItem exitMenuItem = new JMenuItem("退出 ");
31        // 为 "退出" 菜单添加事件及监听
32        menu.add(exitMenuItem);
33        exitMenuItem.addActionListener(new ActionListener() {
34            public void actionPerformed(ActionEvent event) {
35                System.exit(0);
36            }
37        }
38        menuBar.add(menu);
39        this.setLayout(new BorderLayout());
40        this.add(panel, BorderLayout.NORTH);
41        this.setSize(300, 300);
42        this.setVisible(true);
43    }
44    public static void main(String[] args) {
45        // 创建 Sample7_12 窗体对象
46        new Sample7_12();
47    }
48 }
```

例 7-12 是一个简单的工具条示例,如果要为按钮创建相应事件,可以参考前面的按钮章节,这里不再重复实现。

编译并运行上面的代码,结果如图 7-16 所示。

利用 Swing 提供的 JToolBar 类进行工具栏的开发是非常简便的,几乎没有太多的特殊工作需要完成。

图 7-16 例 7-12 运行结果

7.8 对 话 框

GUI 应用程序中种类繁多的对话框为用户的操作提供了很大的方便,是应用程序与用户进行交互的重要手段之一。为了方便开发,Swing 对对话框的开发提供了很好的支持,本节将详细介绍如何在 Swing 中进行对话框的开发。

JDialog 是 Swing 中提供的用来实现自定义对话框的类,与 JFrame 类一样,JDialog 类也属于顶层容器。如果需要实现自定义的对话框，可以继承并扩展该类。该类创建的对话框可以分为两种，模式对话框与非模式对话框。

模式对话框需要用户在处理完对话框之后才能继续与程序的其他窗体进行交互，而非模式对话框则允许用户在处理对话框的同时可以对其他窗体进行操作。JDialog 类提供了 16 个构造器，这里列出了其中常用的几个。

- public JDialog(Frame owner)：创建一个没有标题，但将指定的 Frame 作为其所有者的非模式对话框，参数 owner 为指定的所有者。
- public JDialog(Frame owner,String title)：创建一个具有指定标题和指定所有者窗体的非模式对话框，参数 owner 为指定的所有者，参数 title 为指定的标题。
- public JDialog(Frame owner,boolean modal)：创建一个具有指定所有者 Frame 与模式的对话框。参数 owner 为指定的所有者，参数 modal 将指定其模式，若该值为 True，则该对话框为模式对话框，若为 False，则为非模式对话框。

JDialog 对话框必须依赖于某个父窗体或父对话框存在，不能像 JFrame 窗体一样直接出现在桌面。同时，JDialog 类还为开发人员提供了相应的操作方法，表 7-18 中列出了其中常用的方法。

表 7-18　　　　　　　　　　　　JDialog 类中的常用方法

方　法　名	描　　　述
public boolean isModal()	判断对话框是否为模式对话框
public void setModal(boolean modal)	设置对话框是否为模式对话框，若 modal 参数为 True 则设置为模式对话框，否则设置为非模式对话框
public String getTitle()	获取对话框的标题字符串
public void setTitle(String title)	设置对话框的标题字符串，参数 title 为指定的标题字符串

JDialog 也是一个容器，可以使用 setLayout 方法为其设置布局管理器，也可以调用其提供的 add() 系列方法向其中添加控件，具体使用方法与 JFrame、JPanel 等容器完全相同，这里不再赘述，可以参考前面的章节或自行查阅相关 API。

通过使用 JOptionPane 类可以非常方便地创建各种对话框，大大减少开发人员的代码量。要特别注意的是，使用 JOptionPane 创建的对话框都为模式对话框。

使用上述构造器创建 JOptionPane 对象时，会用到该类提供的一些常量，这些常量主要包括如下类型。

（1）消息类型，用来指定正在被显示消息的类型，表 7-19 为消息类型的常量。

表 7-19　　　　　　　　　　　　表示消息类型的常量

常　　量	类　　型
ERROR_MESSAGE	用于错误消息
INFORMATION_MESSAGE	用于信息消息
PLAIN_MESSAGE	用于任意消息
WARNING_MESSAGE	用于警告消息
QUESTION_MESSAGE	用于问题消息

（2）选项类型，用来指定应该提供选项的类型，表 7-20 为选项类型的常量。

表 7-20　　　　　　　　　　　　　表示选项类型的常量

常　量	类　型
DEFAULT_OPTION	不提供任何选项
YES_NO_CANCEL_OPTION	YES、NO 与 CANCEL 选项
YES_NO_OPTION	YES 和 NO 选项
OK_CANCEL_OPTION	OK 和 CANCEL 选项

虽然可以使用构造函数创建 JOptionPane 对话框，但在通常开发中一般使用 JOptionPane 提供的一系列静态工厂方法来创建 JOptionPane 对话框，那样更为方便。静态工厂方法一共有 4 类，分别用来创建不同类型的对话框，如下所示。

（1）MessageDialog（消息对话框）：向用户显示消息，只包含一个 OK 按钮。
（2）ConfirmDialog（确认对话框）：询问用户确认某个消息，包含一些可以进行确认的按钮。
（3）OptionDialog（选项对话框）：可以向用户显示任意数据，包含一组可以进行选择的按钮。
（4）InputDialog（输入对话框）：为用户提供输入数据的一种对话框。

下面将通过一个例 7-13 说明如何使用 JOptionPane 对话框。

【例 7-13】　对话框示例。

```
1    package chapter07.sample7_13;
2    import java.awt.*;
3    import java.awt.event.*;
4    import javax.swing.*;
5    public class Sample7_13 extends JFrame implements ActionListener {
6        JPanel jp = new JPanel();
7        JButton[] jba = new JButton[] { new JButton("消息对话框"), new JButton("确认
8            对话框") };
9        // 创建标签
10       JLabel jl = new JLabel("    ");
11       public Sample7_13() {
12           // 设置 JPanel 容器布局
13           jp.setLayout(new GridLayout(1, 4));
14           // 对按钮数组循环处理
15           for (int i = 0; i < jba.length; i++) {
16               // 将按钮添加进 JPanel 中
17               jp.add(jba[i]);
18               // 为按钮注册动作事件监听器
19               jba[i].addActionListener(this);
20           }
21           // 将 JPanel 添加进窗体中
22           this.add(jp);
23           // 将标签添加进窗体中
24           this.add(jl, BorderLayout.SOUTH);
25           // 设置窗体的关闭动作、标题、大小位置以及可见性
26           this.setDefaultCloseOperation(JFrame.EXIT_ON_CLOSE);
27           this.setTitle("对话框示例");
28           this.setBounds(100, 100, 480, 90);
29           this.setVisible(true);
30       }
```

```
31          // 实现ActionListener监听接口中的方法
32          public void actionPerformed(ActionEvent e) {
33              if (e.getSource() == jba[0]) {// 按下"消息对话框"按钮
34                  // 创建消息对话框
35                  JOptionPane.showMessageDialog(this, "消息对话框！！！", "该对话框为
36                      消息对话框",JOptionPane.INFORMATION_MESSAGE);
37                  // 更新标签的内容
38                  jl.setText("您选择了消息对话框！！！");
39              } else if (e.getSource() == jba[1]) {// 按下"确认对话框"按钮
40                  // 创建确认对话框
41                  int index = JOptionPane.showConfirmDialog(this, "确认对话框！！！",
42                      "该对话框为确认对话框", JOptionPane.YES_NO_OPTION,
43                      JOptionPane.QUESTION_MESSAGE);
44                  // 更新标签的内容
45                  jl.setText("您选择了确认对话框，并按下了" + ((index == 0) ? "是" : "否") + "
46                      按钮！！！");
47              }
48              else if (e.getSource() == jba[2]) {// 按下"输入对话框"按钮
49                  // 创建输入对话框
50                  String msg = JOptionPane.showInputDialog(this, "请输入信息：", "我的
51                      输入对话框", JOptionPane.PLAIN_MESSAGE);
52                  // 更新标签的内容
53                  jl.setText("您选择了输入对话框，并输入了"" + msg + ""消息！！！");
54              }
55          }
56          public static void main(String[] args) {
57              // 创建Sample7_13窗体对象
58              new Sample7_13();
59          }
60      }
```

例7-13代码中在主窗体中添加了2个用于显示不同对话框的按钮以及一个显示运行情况的标签。

编译并运行代码，结果如图7-17所示。

在图7-17中，单击（a）中的"消息对话框"或者"确认对话框"后，可出现如（b）所示的对应的对话框。

图7-17 例7-13运行时主窗体情况

使用JOptionPane类提供的各个静态工厂方法可以方便地创建满足各种不同需要的模式对话框，大大简化了开发。

7.9 图形文本绘制

随着时代的发展，现代的 GUI 应用程序中或多或少的会设置一些图形或动画。这样既能美化界面，使应用程序的内容丰富多采，也可以增加应用程序的交互性。使用带有丰富图像与动画的应用程序，用户会有更好的体验，不会感到乏味无趣。本章将介绍 Java 中图形的绘制与动画的开发。

7.9.1 画布

若要绘制图形，必须具备两个要素，一个是画布，另一个则是画笔。缺少了任何一个元素，图形的绘制都将无法进行，因此本小节将介绍 Java 中画布的相关知识。

Swing 中任何 JComponent 类的子类都可以充当画布的角色，前面已经介绍过 JComponent 类是所有 Swing 控件的超类，因此所有的 Swing 控件都可以作为画布。

Java 中任何 java.awt.Component 类的子类都可以作为画布，而 JComponent 类派生自 Component 类。

所有的 Swing 控件都有一个名称为 paint() 的方法，负责在需要的时候对控件进行绘制，下面给出了该方法的声明。

```
public void paint(Graphics g)
```

需要时该方法被系统自动调用，在事件分发线程中执行，对所属控件进行绘制。参数 g 为指向 Graphics 类型对象的引用，作为画笔来使用，下一小节将详细介绍。另外要特别注意，不可以自己编写代码直接调用 paint() 方法。

实际开发中，如果不是要自定义特定控件的外观，通常都是采用继承 JPanel 类并重写其 paint() 方法的方式来实现画布的。

下面给出了一个使用 JPanel 实现画布的例子（例 7-14），代码如下。

【例 7-14】 画布示例。

```
1    package chapter07.sample7_14;
2    import java.awt.Graphics;
3    import javax.swing.*;
4    public class Sample7_14 extends JPanel{
5        public void paint(Graphics g)
6        {
7            //在画布中心画一个椭圆
8            g.fillOval((this.getWidth()-150)/2,(this.getHeight()-100)/2,150,100);
9        }
10       public static void main(String[] args)
11       {
12           //创建画布
13           Sample7_14 jp=new Sample7_14();
14           //创建窗体
15           JFrame jf=new JFrame();
```

```
16              //将画布添加进窗体
17              jf.add(jp);
18              //设置窗体大小位置、标题以及可见性
19              jf.setTitle("画布示例");
20              jf.setBounds(100,100,300,150);
21              jf.setResizable(false);
22              jf.setVisible(true);
23              jf.setDefaultCloseOperation(JFrame.EXIT_ON_CLOSE);
24          }
25      }
```

例 7-14 采用自定义的画布,继承了 JPanel 类并重写了其中的 paint()方法。

编译并运行代码,结果如图 7-18 所示。

从图 7-18 中可以看出,界面正常显示并且绘制出了指定的图形。

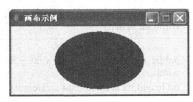

图 7-18 例 7-14 运行结果

使用扩展 JPanel 的方式来进行图形绘制功能的开发是非常方便的,实际开发中如果有需要也可以仿照本例进行开发。

7.9.2 画笔

上一小节介绍了画布的相关知识,本小节将介绍画笔的相关知识。Java 在绘制图形时,是由 Graphics 类对象来充当画笔的,该类位于 java.awt 包中。Graphics 类中提供了很多绘制简单二维图形的方法,开发人员使用这些方法就可以在画布上绘制指定的图形。

在了解各个绘图方法之前,首先应该理解下面两个方面的内容。

1. Graphics 对象的获取

要特别注意的是,Graphics 是一个抽象类,因此开发人员不应该自行编写代码来创建 Graphics 类的对象,而应该通过下列两种方式之一来获取其对象。

(1)通过 paint()方法接收的参数来获得该对象,paint()方法是由系统调用的,在调用时系统会将需要的 Graphics 对象引用传给该方法。在 paint()方法的方法体中,直接使用接收到的 Graphics 对象引用即可进行图形的绘制。

(2)通过相应类的 getGraphics()方法来获得 Graphics 对象。

2. 坐标系统

Java 中绘制图形采用的是笛卡尔坐标系统,该坐标系统以像素为单位。画布左上角为该坐标系统的原点(0,0 位置),X 轴向右延伸,Y 轴则向下延伸。若想将一个图形在画布上定位,是通过该图形最左上侧点的定位进行的,图 7-19 说明了一个椭圆是如何定位在画布中坐标为(8,5)的位置的。

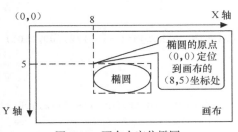

图 7-19 画布中定位椭圆

实际开发中,图形绘制很可能需要通过大量的数学计算来确定某一图形的坐标位置。一般来说,实际编写代码之前应该在草稿纸上完成设计,避免盲目开发。

介绍完以上两部分知识后,下面介绍 Graphics 类中提供的用于绘制各种基本图形的方法,如表 7-21 所示。

表 7-21 Graphics 类中常用的绘图方法

方 法 名	描 述
public void clearRect(int x,int y,int width,int height)	以背景色来清除指定的矩形区域，参数 x、y 表示矩形最左上侧点的坐标，参数 width、height 表示矩形区域的宽度与高度
public void drawLine(int x1,int y1,int x2,int y2)	使用当前画笔颜色在点(x1, y1)和(x2, y2)之间画一条线段
public void fillRect(int x,int y,int width,int height)	使用当前画笔颜色填充指定的矩形区域，参数 x、y 表示矩形最左上侧点的坐标，参数 width、height 表示矩形区域的宽度与高度
public void drawRect(int x,int y,int width,int height)	使用当前画笔颜色绘制指定的矩形边框，参数 x、y 表示矩形最左上侧点的坐标，参数 width、height 表示矩形的宽度与高度
public drawRoundRect(int x,int y,int width, int height,int arcWidth,int arcHeight)	使用当前画笔颜色绘制指定的圆角矩形边框，参数 x、y 表示圆角矩形外接矩形最左上侧点的坐标，参数 width、height 表示圆角矩形外接矩形区域的宽度与高度，参数 arcWidth 与 arcHeight 表示圆角对应弧的横轴与纵轴长度
public void fillRoundRect(int x, y,int width, int height,int arcWidth,int arcHeight)	使用当前画笔颜色填充指定的圆角矩形区域，参数 x、y 表示圆角矩形外接矩形最左上侧点的坐标，参数 width、height 表示圆角矩形外接矩形区域的宽度与高度，参数 arcWidth 与 arcHeight 表示圆角对应弧的横轴与纵轴长度
public void draw3DRect(int x,int y,int width, int height,boolean raised)	与 drawRect 方法功能基本相同，另外会根据 raised 参数的值决定如何绘制的矩形边框加上 3D 效果，若参数 raised 值为 True 则使用凸出的 3D 效果，否则采用凹陷的 3D 效果

例 7-15 是一个使用画笔绘制图形的例子。

【例 7-15】 画笔示例。

```
1    package chapter07.sample7_15;
2    import java.awt.*;
3    import javax.swing.*;
4    //继承并扩展 JPanel 类
5    public class Sample7_15 extends JPanel
6    {
7        //重写 paint 方法
8        public void paint(Graphics g)
9        {
10           //设置画笔颜色
11           g.setColor(new Color(50,50,50));
12           //在画布中心绘制椭圆
13           g.fillOval((this.getWidth()-200)/2,(this.getHeight()-150)/2,200,150);
14           //将画笔颜色设置为白色
15           g.setColor(Color.WHITE);
16           //在画布中心绘制圆角矩形
17           g.fillRoundRect((this.getWidth()-100)/2,(this.getHeight()-75)/2,100,
18               75,20,20);
19           //将画笔颜色设置指定的带有透明度的颜色
20           g.setColor(new Color(200,200,200,200));
21           //在画布中绘制扇形
22           g.fillArc((this.getWidth()-100)/2-20,(this.getHeight()-75)/2-20,100,
23               75,0,270);
```

```
24          //将画笔颜色设置为黑色
25          g.setColor(Color.BLACK);
26          //在画布中心绘制直线
27          g.drawLine((this.getWidth()-100)/2,(this.getHeight()-75)/2,
28              (this.getWidth()-100)/2+100,(this.getHeight()-75)/2+75);
29      }
30      public static void main(String[] args)
31      {
32          //创建画布
33          Sample7_15 jp=new Sample7_15 ();
34          //创建窗体
35          JFrame jf=new JFrame();
36          //将画布添加进窗体
37          jf.add(jp);
38          //设置窗体大小位置、标题以及可见性
39          jf.setTitle("绘制二维简单图形");
40          jf.setBounds(100,100,300,200);
41          jf.setVisible(True);
42          jf.setDefaultCloseOperation(JFrame.
43              EXIT_ON_CLOSE);
44      }
45  }
```

使用如下命令编译并运行代码，结果如图 7-20 所示。

从图 7-20 中可以看出，若设置的为带有透明度的颜色，则绘制出的图形是透明的，如例 7-15 中的扇形。

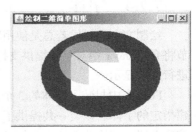

图 7-20　例 7-15 运行结果

7.9.3　文本

在 Java 中，Graphics 类专门提供了一个用来绘制文本的 drawString()方法，下面给出了该方法的接口。

```
public void drawString(String str,int x,int y)
```

参数 str 为指定要绘制的内容对应的字符串，而 x 与 y 分别表示该字符串最左上侧点在画布上的 x、y 坐标位置。

例 7-16 为在画布的指定位置上输出指定的字符串。

【例 7-16】　文本示例。

```
1   package chapter07.sample7_16;
2   import java.awt.Graphics;
3   import javax.swing.*;
4   public class Sample7_16 extends JPanel{
5       public void paint(Graphics g)
6       {
7           //在画布中绘制字符串
8           g.drawString("我是字符串", 100, 50);
9       }
10      public static void main(String[] args)
11      {
12          //创建画布
13          Sample7_16 jp=new Sample7_16();
14          //创建窗体
```

```
15          JFrame jf=new JFrame();
16          //将画布添加进窗体
17          jf.add(jp);
18          //设置窗体大小位置、标题以及可见性
19          jf.setTitle("drawString示例");
20          jf.setBounds(100,100,300,150);
21          jf.setResizable(false);
22          jf.setVisible(true);
23          jf.setDefaultCloseOperation
24              (JFrame.EXIT_ON_CLOSE);
25      }
26  }
```

例 7-16 的代码与例 7-14 的代码十分相近，只改动了例 7-14 中的第 8 行代码。

编译并运行代码，结果如图 7-21 所示。

图 7-21　例 7-16 运行结果

7.9.4　字体

绘制文本的时候若总是使用默认的字体，将使得程序的界面非常死板，没有新意。因此本小节将介绍 Java 中对字体提供支持的类——java.awt.Font，通过该类可以使系统中支持的各种字体进行文本显示。

Font 类中封装了字体的 3 个属性：字体名称、样式以及字号，可以通过指定这 3 个属性来创建指定的字体。该类一共提供了 3 个构造器，但是开发中经常用到的是使用这 3 个属性作为参数的构造器，该构造器的声明如下。

```
public Font(String name,int style,int size)
```

该构造函数将根据指定的字体名称、样式以及字号，创建一个新 Font 对象。

参数 name 为指定的字体名称，字体名称可以是字体外观名称或字体系列名称，与样式一起使用，以查找合适的字体外观。如果指定的是字体系列名称，则使用样式参数从系列中选择最合适的外观；如果指定的是字体外观名称，则合并外观的样式和样式参数。

参数 style 为指定的字体样式，该值可以通过 Font 类提供的常量 PLAIN、BOLD 以及 ITALIC 进行设置。其中 PLAIN 表示普通样式，BOLD 表示粗体样式，ITALIC 表示斜体样式。

参数 size 表示字体的磅值大小。

下面的代码片段说明了如何创建 Font 对象。

```
1   //创建宋体，加粗加斜，大小为16磅的字体
2   Font f=new Font("宋体",Font.BOLD|Font.ITALIC,16);
```

同时，该类中还提供了一些比较常用的方法，使用这些方法可以对字体进行一些常规操作，表 7-22 列出了这些常用方法。

表 7-22　　　　　　　　　　　　Font 类中的常用方法

方法签名	功　　能
public boolean isPlain()	指示此 Font 对象的样式是否为 PLAIN
public boolean isBold()	指示此 Font 对象的样式是否为 BOLD
public boolean isItalic()	指示此 Font 对象的样式是否为 ITALIC
public int getStyle()	返回此 Font 的样式值，样式值可以为 PLAIN、BOLD、ITALIC 或 BOLD+ITALIC

续表

方 法 签 名	功　　能
public int getSize()	返回此 Font 的磅值大小，舍入为整数
public String getFontName()	返回此 Font 的字体外观名称
public String getName()	返回此 Font 的逻辑名称
public String getFamily()	返回此 Font 的系列名称

当创建了字体对象后，便可以为画笔设置字体。Graphics 类中专门提供了为画笔设置字体的 setFont()方法，下面给出了该方法的声明。

```
public void setFont(Font font)
```

参数 font 为指向要设置字体对象的引用。

下面的代码片段说明了如何为画笔设置字体。

```
1    //创建字体对象
2    Font f=new Font("宋体",Font.BOLD|Font.ITALIC,16);
3    //为画笔设置字体
4    g.setFont(f);//参数 g 为指向 Graphics 对象的引用
```

设置完字体后，画笔通过 drawString()方法绘制出的文本就不再采用默认字体而是采用指定的字体了。

例 7-17 是一个使用 drawString 和字体的例子。

【例 7-17】 字体示例。

```
1    package chapter07.sample7_17;
2    import java.awt.*;
3    import javax.swing.*;
4    //继承并扩展 JPanel 类
5    public class Sample7_17 extends JPanel
6    {
7        //声明表示字体大小的常量
8        static int fs=36;
9        //创建字体数组
10       Font[] f={new Font("宋体",Font.BOLD|Font.ITALIC,fs),
11               new Font("隶书",Font.BOLD|Font.ITALIC,fs),
12               new Font("宋体",Font.ITALIC,fs),
13               new Font("隶书",Font.ITALIC,fs),
14               new Font("宋体",Font.BOLD,fs),
15               new Font("隶书",Font.BOLD,fs),
16              };
17       //重写 paint 方法
18       public void paint(Graphics g)
19       {
20           //设置画笔颜色
21           g.setColor(Color.WHITE);
22           //将画布填充为白色
```

```
23              g.fillRect(0,0,1200,1200);
24              //循环绘制不同字体的文本
25              for(int i=0;i<f.length;i++)
26              {
27                  //设置字体
28                  g.setFont(f[i]);
29                  //设置画笔颜色
30                  g.setColor(Color.LIGHT_GRAY);
31                  //按指定字体绘制文本(阴影部分)
32                  g.drawString("您好，欢迎您！！！Hello!!!",8+(i%2)*505,43+(i/2)*70);
33                  //设置画笔颜色
34                  g.setColor(Color.black);
35                  //按指定字体绘制文本(实际部分)
36                  g.drawString("您好，欢迎您！！！Hello!!!",5+(i%2)*505,40+(i/2)*70);
37              }
38          }
39          public static void main(String[] args)
40          {
41              //创建画布
42              Sample7_17 jp=new Sample7_17();
43              //创建窗体
44              JFrame jf=new JFrame();
45              //将画布添加进窗体
46              jf.add(jp);
47              //设置窗体大小位置、标题以及可见性
48              jf.setTitle("绘制各种字体");
49              jf.setBounds(0,0,1020,240);
50              jf.setVisible(True);
51              jf.setDefaultCloseOperation(JFrame.EXIT_ON_CLOSE);
52          }
53      }
```

上述代码中采用 3 种不同的字体风格绘制了两种字体外观的文本，同时采用将同一个文本错位绘制两次的办法实现了字体的阴影效果。

编译并运行代码，结果如图 7-22 所示。

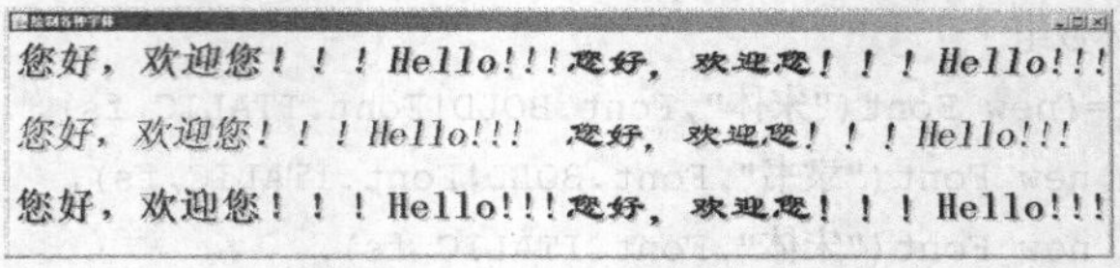

图 7-22　例 7-17 运行情况

若运行例 7-17 时，电脑中没有安装"宋体"、"隶书"字体，可能程序的运行界面会有所不同，可以将代码中的字体修改为自己机器上已经安装的字体。

7.10　图像处理

Java 中不仅为图形绘制提供了丰富的方法，对图像处理也提供了很多非常方便的方法，本章

将介绍一些 Java 中关于图像处理的知识。

Java 中进行图像处理的时候经常会用到 java.awt.Image 图像类，该类对象是图像在 Java 世界中的表示，本节将详细介绍 Image 类的知识及其在 Java 应用中的具体使用。

Image 类位于 java.awt 包中，是一个抽象类，是 Java 中所有表示图像的类的超类。实际开发中，一般使用不同类提供的工厂方法来加载图片文件，获取 Image 对象，表 7-23 列出了 Java 中各个类提供的获取 Image 对象的工厂方法。

表 7-23　　　　　　　　　　　获取 Image 类对象的工厂方法

方法声明	功　　能	所　属　类
public Image getImage(java.net.URL url)	通过指定的 URL 加载图片获取 Image 对象，参数 url 表示需要加载图片的 URL	java.applet.Applet
public Image getImage(java.net.URL url, String nam e)	通过指定的 URL 加载图片获取 Image 对象，参数 url 表示需要加载图片所在目录的 URL，name 参数表示图片的文件名	java.applet.Applet
Image getImage(java.net.URLurl)	通过指定的 URL 加载图片获取 Image 对象，参数 url 表示需要加载图片的 URL	java.applet.AppletContext
Image getImage(Stringfilename)	通过指定的路径加载图片获取 Image 对象，参数 filename 为图像文件的路径字符串	java.awt.Toolkit
Image getImage(URL url)	通过指定的 URL 加载图片获取 Image 对象，参数 url 表示需要加载图片的 URL	java.awt.Toolkit
public Image getImage()	返回此 ImageIcon 对象所表示图像的 Image 对象	javax.swing.ImageIcon

提示　　实际上各工厂方法获取（创建）的都是 Image 类某具体子类的对象，一般情况下都统一作为 Image 类型返回进行操作。

从表 7-24 中可以看出，Image 对象可以通过很多类提供的工厂方法来获取，如下代码便说明了如何通过 java.awt.Toolkit 类的对象来获取一个图片对应的 Image 对象。

```
1    //创建窗体对象
2    JFrame jf=new JFrame();
3    //通过窗体对象获取 Toolkit 对象
4    Toolkit tk= jf.getToolkit();
5    //通过 Toolkit 对象的 getImage 方法加载图片
6    jf.getToolkit().getImage("D:/copy.gif");
```

任何 java.awt.Component 类子类的对象都有用于获取 Toolkit 对象的 getToolkit()方法，也可以使用 Toolkit 类中的静态方法 getDefaultToolkit()来获取 Toolkit 对象。

目前 Java 主要支持 GIF、JPEG 以及 PNG 等格式的图片，若需要其他格式的图片，可以使用图像处理软件（如 Photoshop）将图片格式转换后再使用。

同时，Image 类中为开发人员提供了很多进行操作的方法。表 7-24 列出了其中常用的一些。

表 7-24　　　　　　　　　　　Image 类中的常用方法

方法签名	功　　能
public int getWidth(ImageObserver observer)	确定图像的宽度，如果宽度未知，则此方法返回-1，然后通知指定的宿主，参数 observer 表示指定的宿主

方 法 签 名	功 能
public int getHeight(ImageObserver observer)	确定图像的高度,如果宽度未知,则此方法返回-1,然后通知指定的宿主,参数 observer 表示指定的宿主
public ImageProducer getSource()	获取生成图像像素的对象,此方法由图像过滤类和执行图像转换及缩放的方法调用
public Graphics getGraphics()	获取在 Image 图像上绘制图形的画笔
public Object getProperty (String name,ImageObserver observe)	通过名称获取此图像指定属性的属性值参数 name 为属性名,参数 observe 此图像对象的宿主
public Image getScaledInstance (int width,int height,int hints)	创建此图像的缩放版本,返回一个新的 Image 对象,默认情况下,新对象按指定的 width 和 height 呈现图像。参数 hints 表示采用的图像缩放算法
public void flush()	刷新此 Image 对象正在使用的所有可重构的资源

说明

图像对象的宿主一般是指等待图片被加载的对象,即将要显示图片的控件,如 JLabel、JButton、JPanel 等各种类型的控件。

例 7-18 为一个绘制图像的例子,代码如下。

【例 7-18】 图像处理示例。

```
1    package chapter07.sample7_18;
2    import java.awt.*;
3    import javax.swing.*;
4    public class Sample7_18 extends JFrame {
5    /*************************************************************************
6    通过匿名内部类的方式继承并扩展了 JPanel 来作为画布,在其中加载了一幅图片"1.jpg",
7    并对图像进行了两次缩放,最后在重写的 paint 方法中调用 drawImage 方法绘制了源图像
8    与两幅缩放后的图像。
9    *************************************************************************/
10       public JPanel jp = new JPanel() {
11           // 加载指定图片获取 Image 对象
12           Image img = Toolkit.getDefaultToolkit().getImage("c:\\1.jpg");
13           // 将图像进行缩放
14           Image tempimg1 = img.getScaledInstance(141, 106, Image.SCALE_SMOOTH);
15           Image tempimg2 = img.getScaledInstance(70, 53, Image.SCALE_SMOOTH);
16           public void paint(Graphics g) {
17               // 绘制原始图像
18               g.drawImage(img, 10, 10, this);
19               // 绘制缩放后图像
20               g.drawImage(tempimg1, 310, 10, this);
21               g.drawImage(tempimg2, 465, 10, this);
22           }
23       }
24       // 窗体构造器
25       public Sample7_18() {
26           // 将画布添加进窗体中
27           this.add(jp);
```

```
28              // 加载窗体图标图像
29              Image icon = Toolkit.getDefaultToolkit().getImage("d:\\icon.jpg");
30              // 设置窗体图标
31              this.setIconImage(icon);
32              // 设置窗体的关闭动作、标题、大小位置以及可见性
33              this.setTitle("图像绘制示例");
34              this.setBounds(100, 100, 550, 260);
35              this.setVisible(true);
36              this.setDefaultCloseOperation(JFrame.EXIT_ON_CLOSE);
37          }
38          // 主方法
39          public static void main(String args[]) {
40              // 创建Sample7_18窗体对象
41              new Sample7_18();
42          }
43      }
```

令编译并运行代码，结果如图 7-23 所示。

图 7-23 例 7-18 运行结果

在图 7-23 中可以看到，该示例显示同一图片的 3 种不同大小。

通过 Java 中提供的一系列方法加载图片并绘制到画布上（即进行贴图操作)是非常简便的。

7.11 综合示例：围棋程序

在学习了图形用户界面后，本节将利用一个综合示例全面地阐述如何编写 GUI 程序。该例为一个围棋程序。

在编写围棋程序时，需要绘制棋谱，编写白棋和黑棋的落棋、吃子等动作，并设置悔棋功能，双击棋子即可完成，单击"重新开局"按钮还可重新开始下棋。整个围棋程序分为 3 个部分：棋盘、棋子、围棋主类。

下面是棋盘类，为围棋程序的主类，完成了绘制棋谱以及落棋、吃子、悔棋的功能，并保存所有已下的棋子,包括在棋盘上的所有棋子和被提掉的。在该类中使用 Vector 类型保存踢掉的棋子及这个棋子本身。

【例 7-19】 围棋程序。

```
1   package chapter07.sample7_19;
2   import java.awt.*;
```

```java
3    import java.awt.event.*;
4    import java.util.*;
5    import javax.swing.JPanel;
6    public class Chessboard extends JPanel {
7        // 默认的棋盘方格长度及数目
8        public static final int _gridLen = 22, _gridNum = 19;
9        /*
10        * 利用Vector 保存所有已下的棋子,包括在棋盘上的所有棋子和被踢掉的,若某一次
11        * 落子没有造成踢子,包括所有被这个棋子提掉的棋子及这个棋子本身,Vector 最后
12        */
13       private Vector chessman;
14       private int alreadyNum; // 已下数目
15       private int currentTurn; // 轮到谁下
16       private int gridNum, gridLen; // 方格长度及数目
17       private int chessmanLength; // 棋子的直径
18       private Chesspoint[][] map; // 在棋盘上的所有棋子
19       private Image offscreen;
20       private Graphics offg;
21       private int size; // 棋盘的宽度及高度
22       private int top = 13, left = 13; // 棋盘左边及上边的边距
23       private Point mouseLoc; // 鼠标的位置, 即map 数组中的下标
24       private ControlPanel controlPanel; // 控制面板
25       //获得控制板的距离
26       public int getWidth() {
27           return size + controlPanel.getWidth() + 35;
28       }
29       public int getHeight() {
30           return size;
31       }
32       //绘制棋盘外观
33       public Chessboard() {
34           gridNum = _gridNum;
35           gridLen = _gridLen;
36           chessmanLength = gridLen * 9 / 10;
37           size = 2 * left + gridNum * gridLen;
38           addMouseListener(new PutChess());
39           addMouseMotionListener(new MML());
40           setLayout(new BorderLayout());
41           controlPanel = new ControlPanel();
42           setSize(getWidth(), size);
43           add(controlPanel, "West");
44           startGame();
45       }
46       public void addNotify() {
47           super.addNotify();
48           offscreen = createImage(size, size);
49           offg = offscreen.getGraphics();
50       }
51       public void paint(Graphics g) {
52           offg.setColor(new Color(180, 150, 100));
53           offg.fillRect(0, 0, size, size);
54           //画出棋盘格子
```

```java
55              offg.setColor(Color.black);
56              for (int i = 0; i < gridNum + 1; i++) {
57                  int x1 = left + i * gridLen;
58                  int x2 = x1;
59                  int y1 = top;
60                  int y2 = top + gridNum * gridLen;
61                  offg.drawLine(x1, y1, x2, y2);
62                  x1 = left;
63                  x2 = left + gridNum * gridLen;
64                  y1 = top + i * gridLen;
65                  y2 = y1;
66                  offg.drawLine(x1, y1, x2, y2);
67              }
68              //画出棋子
69              for (int i = 0; i < gridNum + 1; i++)
70                  for (int j = 0; j < gridNum + 1; j++) {
71                      if (map[i][j] == null)
72                          continue;
73                      offg.setColor(map[i][j].color == Chesspoint.black ? Color.black
74                              : Color.white);
75                      offg.fillOval(left + i * gridLen - chessmanLength / 2, top + j
76                              * gridLen - chessmanLength / 2, chessmanLength,
77                              chessmanLength);
78                  }
79              //画出鼠标的位置，即下一步将要下的位置
80              if (mouseLoc != null) {
81                  offg.setColor(currentTurn == Chesspoint.black ? Color.gray
82                          : new Color(200, 200, 250));
83                  offg.fillOval(left + mouseLoc.x * gridLen - chessmanLength / 2, top
84                          + mouseLoc.y * gridLen - chessmanLength / 2,
85                          chessmanLength, chessmanLength);
86              }
87              //把画面一次性画出
88              g.drawImage(offscreen, 80, 0, this);
89          }
90          // 更新棋盘
91          public void update(Graphics g) {
92              paint(g);
93          }
94          //下棋子
95          class PutChess extends MouseAdapter { // 放一颗棋子
96              public void mousePressed(MouseEvent evt) {
97                  int xoff = left / 2;
98                  int yoff = top / 2;
99                  int x = (evt.getX() - xoff) / gridLen;
100                 int y = (evt.getY() - yoff) / gridLen;
101                 if (x < 0 || x > gridNum || y < 0 || y > gridNum)
102                     return;
103                 if (map[x][y] != null)
104                     return;
105                 // *****************清除多余的棋子********************
106                 if (alreadyNum < chessman.size()) {
107                     int size = chessman.size();
108                     for (int i = size - 1; i >= alreadyNum; i--)
```

```java
109                    chessman.removeElementAt(i);
110                }
111                Chesspoint qizi = new Chesspoint(x, y, currentTurn);
112                map[x][y] = qizi;
113                // ********************************************************
114                chessman.addElement(qizi);
115                alreadyNum++;
116                if (currentTurn == Chesspoint.black)
117                    currentTurn = Chesspoint.white;
118                else
119                    currentTurn = Chesspoint.black;
120                // ***************判断在[x,y]落子后，是否可以提掉对方的子
121                tizi(x, y);
122                // ***************判断是否挤死了自己，若是则已落的子无效
123                if (allDead(qizi).size() != 0) {
124                    map[x][y] = null;
125                    repaint();
126                    controlPanel.setMsg("挤死自己");
127                    // ******************back**************
128                    chessman.removeElement(qizi);
129                    alreadyNum--;
130                    if (currentTurn == Chesspoint.black)
131                        currentTurn = Chesspoint.white;
132                    else
133                        currentTurn = Chesspoint.black;
134                    return;
135                }
136                mouseLoc = null;
137                // 更新控制面板
138                controlPanel.setLabel();
139            }
140            public void mouseExited(MouseEvent evt) {// 鼠标退出时，清除将要落子的位置
141                mouseLoc = null;
142                repaint();
143            }
144        }
145        // 取得将要落子的位置
146        private class MML extends MouseMotionAdapter {
147            public void mouseMoved(MouseEvent evt) {
148                int xoff = left / 2;
149                int yoff = top / 2;
150                int x = (evt.getX() - xoff) / gridLen;
151                int y = (evt.getY() - yoff) / gridLen;
152                if (x < 0 || x > gridNum || y < 0 || y > gridNum)
153                    return;
154                if (map[x][y] != null)
155                    return;
156                mouseLoc = new Point(x, y);
157                repaint();
158            }
159        }
160        //判断在[x,y]落子后，是否可以踢掉对方的子
161        public static int[] xdir = { 0, 0, 1, -1 };
162        public static int[] ydir = { 1, -1, 0, 0 };
```

```java
163        public void tizi(int x, int y) {
164            Chesspoint qizi;
165            if ((qizi = map[x][y]) == null)
166                return;
167            int color = qizi.color;
168            //取得棋子四周围的几个子
169            Vector v = around(qizi);
170            for (int l = 0; l < v.size(); l++) {
171                Chesspoint q = (Chesspoint) (v.elementAt(l));
172                if (q.color == color)
173                    continue;
174                //若颜色不同，取得连在一起的所有已死的子
175                Vector dead = allDead(q);
176                //移去所有已死的子
177                removeAll(dead);
178                //如果踢子，则保存所有被踢掉的棋子
179                if (dead.size() != 0) {
180                    Object obj = chessman.elementAt(alreadyNum - 1);
181                    if (obj instanceof Chesspoint) {
182                        qizi = (Chesspoint) (chessman.elementAt(alreadyNum - 1));
183                        dead.addElement(qizi);
184                    } else {
185                        Vector vector = (Vector) obj;
186                        for (int i = 0; i < vector.size(); i++)
187                            dead.addElement(vector.elementAt(i));
188                    }
189                    // 更新Vector chessman中的第num个元素
190                    chessman.setElementAt(dead, alreadyNum - 1);
191                }
192            }
193            repaint();
194        }
195        //判断棋子周围是否有空白
196        public boolean sideByBlank(Chesspoint qizi) {
197            for (int l = 0; l < xdir.length; l++) {
198                int x1 = qizi.x + xdir[l];
199                int y1 = qizi.y + ydir[l];
200                if (x1 < 0 || x1 > gridNum || y1 < 0 || y1 > gridNum)
201                    continue;
202                if (map[x1][y1] == null)
203                    return true;
204            }
205            return false;
206        }
207        //取得棋子四周围的几个子
208        public Vector around(Chesspoint qizi) {
209            Vector v = new Vector();
210            for (int l = 0; l < xdir.length; l++) {
211                int x1 = qizi.x + xdir[l];
212                int y1 = qizi.y + ydir[l];
213                if (x1 < 0 || x1 > gridNum || y1 < 0 || y1 > gridNum
214                        || map[x1][y1] == null)
215                    continue;
216                v.addElement(map[x1][y1]);
```

```java
217          }
218          return v;
219      }
220      //取得连在一起的所有已死的子
221      public Vector allDead(Chesspoint q) {
222          Vector v = new Vector();
223          v.addElement(q);
224          int count = 0;
225          while (true) {
226              int origsize = v.size();
227              for (int i = count; i < origsize; i++) {
228                  Chesspoint qizi = (Chesspoint) (v.elementAt(i));
229                  if (sideByBlank(qizi))
230                      return new Vector();
231                  Vector around = around(qizi);
232                  for (int j = 0; j < around.size(); j++) {
233                      Chesspoint a = (Chesspoint) (around.elementAt(j));
234                      if (a.color != qizi.color)
235                          continue;
236                      if (v.indexOf(a) < 0)
237                          v.addElement(a);
238                  }
239              }
240              if (origsize == v.size())
241                  break;
242              else
243                  count = origsize;
244          }
245          return v;
246      }
247      // 从棋盘上移去中棋子
248      public void removeAll(Vector v) {
249          for (int i = 0; i < v.size(); i++) {
250              Chesspoint q = (Chesspoint) (v.elementAt(i));
251              map[q.x][q.y] = null;
252          }
253          repaint();
254      }
255      //悔棋
256      public void back() {
257          if (alreadyNum == 0) {
258              controlPanel.setMsg("无子可悔");
259              return;
260          }
261          Object obj = chessman.elementAt(--alreadyNum);
262          if (obj instanceof Chesspoint) {
263              Chesspoint qizi = (Chesspoint) obj;
264              map[qizi.x][qizi.y] = null;
265              currentTurn = qizi.color;
266          } else {
267              Vector v = (Vector) obj;
268              for (int i = 0; i < v.size(); i++) {
269                  Chesspoint q = (Chesspoint) (v.elementAt(i));
270                  if (i == v.size() - 1) {
271                      map[q.x][q.y] = null;
```

```java
                        int index = chessman.indexOf(v);
                        chessman.setElementAt(q, index);
                        currentTurn = q.color;
                } else {
                        map[q.x][q.y] = q;
                }
            }
        }
        controlPanel.setLabel();
        repaint();
    }
    //悔棋后再次前进
    public void forward() {
        if (alreadyNum == chessman.size()) {
            controlPanel.setMsg("不能前进");
            return;
        }
        Object obj = chessman.elementAt(alreadyNum++);
        Chesspoint qizi;
        if (obj instanceof Chesspoint) {
            qizi = (Chesspoint) (obj);
            map[qizi.x][qizi.y] = qizi;
        } else {
            Vector v = (Vector) obj;
            qizi = (Chesspoint) (v.elementAt(v.size() - 1));
            map[qizi.x][qizi.y] = qizi;
        }
        if (qizi.color == Chesspoint.black)
            currentTurn = Chesspoint.white;
        else
            currentTurn = Chesspoint.black;
        tizi(qizi.x, qizi.y);
        controlPanel.setLabel();
        repaint();
    }
    //重新开始游戏
    public void startGame() {
        chessman = new Vector();
        alreadyNum = 0;
        map = new Chesspoint[gridNum + 1][gridNum + 1];
        currentTurn = Chesspoint.black;
        controlPanel.setLabel();
        repaint();
    }
    //控制面板类
    class ControlPanel extends Panel {
        protected Label lblTurn = new Label("", Label.CENTER);
        protected Label lblNum = new Label("", Label.CENTER);
        protected Label lblMsg = new Label("", Label.CENTER);
        protected Choice choice = new Choice();
        protected Button back = new Button("悔   棋");
        protected Button start = new Button("重新开局");
        public int getWidth() {
            return 45;
```

```java
326            }
327            public int getHeight() {
328                return size;
329            }
330        //选择棋盘的大小
331        public ControlPanel() {
332            setSize(this.getWidth(), this.getHeight());
333            setLayout(new GridLayout(12, 1, 0, 10));
334            setLabel();
335            choice.add("18 x 18");
336            choice.add("14 x 14");
337            choice.add("12 x 12");
338            choice.add("11 x 11");
339            choice.add(" 7 x 7 ");
340            choice.addItemListener(new ChessAction());
341            add(lblTurn);
342            add(lblNum);
343            add(start);
344            add(choice);
345            add(lblMsg);
346            add(back);
347            back.addActionListener(new BackChess());
348            start.addActionListener(new BackChess());
349            setBackground(new Color(120, 120, 200));
350        }
351        public Insets getInsets() {
352            return new Insets(5, 5, 5, 5);
353        }
354        //悔棋
355        private class BackChess implements ActionListener {
356            public void actionPerformed(ActionEvent evt) {
357                if (evt.getSource() == back)
358                    Chessboard.this.back();
359                else if (evt.getSource() == start)
360                    Chessboard.this.startGame();
361            }
362        }
363        // 下棋动作
364        private class ChessAction implements ItemListener {
365            public void itemStateChanged(ItemEvent evt) {
366                String s = (String) (evt.getItem());
367                int rects = Integer.parseInt(s.substring(0, 2).trim());
368                if (rects != Chessboard.this.gridNum) {
369                    Chessboard.this.gridLen = (gridLen * _gridNum) / rects;
370                    Chessboard.this.chessmanLength = gridLen * 9 / 10;
371                    Chessboard.this.gridNum = rects;
372                    Chessboard.this.startGame();
373                }
374            }
375        }
376        //待下方的颜色与步数
377        public void setLabel() {
378            lblTurn.setText(Chessboard.this.currentTurn == Chesspoint.black ? "
379                轮到黑子": "轮到白子 ");
```

```
380                 lblTurn.setForeground(Chessboard.this.currentTurn ==
381                         Chesspoint. black ? Color.black: Color.white);
382                 lblNum.setText("第 " + (Chessboard.this.alreadyNum + 1) + " 手");
383                 lblNum.setForeground(Chessboard.this.currentTurn == Chesspoint.black ?
384                         Color.black: Color.white);
385                 lblMsg.setText("");
386             }
387             public void setMsg(String msg) {
388                 // 提示信息
389                 lblMsg.setText(msg);
390             }
391         }
392 }
```

下面的类为控制面板类，包含该下方标签、手数、悔棋按钮、重新开始按钮。

```
1   public class ControlPanel extends Panel {
2       protected Label lblTurn = new Label("", Label.CENTER);
3       protected Label lblNum = new Label("", Label.CENTER);
4       protected Label lblMsg = new Label("", Label.CENTER);
5       protected Choice choice = new Choice();
6       protected Button back = new Button("悔棋 ");
7       protected Button start = new Button("重新开局");
8       public int getWidth() {
9           return 47;
10      }
11      public int getHeight() {
12          return size;
13      }
14      // ********************棋盘的大小*****************
15      public ControlPanel() {
16          setSize(this.getWidth(), this.getHeight());
17          setLayout(new GridLayout(12, 1, 0, 10));
18          setLabel();
19          choice.add("18 × 18");
20          choice.add("14 × 14");
21          choice.add("12 × 12");
22          choice.add("11 × 11");
23          choice.add(" 7 × 7 ");
24          choice.addItemListener(new IL());
25          add(lblTurn);
26          add(lblNum);
27          add(start);
28          add(choice);
29          add(lblMsg);
30          add(back);
31          back.addActionListener(new AL());
32          start.addActionListener(new AL());
33          setBackground(new Color(120, 120, 200));
34      }
35      public Insets getInsets() {
36          return new Insets(5, 5, 5, 5);
37      }
38      // 悔棋
```

```
39      private class AL implements ActionListener {
40          public void actionPerformed(ActionEvent evt) {
41              if (evt.getSource() == back)
42                  Qipan.this.back();
43              else if (evt.getSource() == start)
44                  Qipan.this.start();
45          }
46      }
```

在放置棋子的时候,通常需要将棋子的坐标转换为在棋盘中的实际位置,下面的类的功能为获得实际的棋子的位置。

```
1   package chapter07.sample7_19;
2   //取得黑白棋子的位置
3   public class Chesspoint
4   {
5       public static int black=0,white=1;
6       int x,y;
7       int color;
8       public Chesspoint(int i,int j,int c)
9       {
10          x=i;
11          y=j;
12          color=c;
13      }
14      public String toString()        // 储存 x, y 位置和颜色
15      {
16          String c=(color==black?"black":"white");
17          return "["+x+","+y+"]:"+c;
18      }
19  }
```

在编写完棋子和棋盘后,可以利用 JFrame 将棋盘和棋子显示出来。Chess 也是围棋程序的主类,对围棋界面外观进行初始化之后即可创建围棋对象。

```
1   package chapter07.sample7_19;
2   import java.awt.*;
3   import java.awt.event.*;
4   import java.applet.*;
5   import javax.swing.JFrame;
6   import sunw.util.EventListener;
7   public class Chess extends JFrame {
8       Chessboard qipan = new Chessboard();;
9       // 初始化外观
10      public Chess() {
11          this.setTitle("围棋程序");
12          this.setLayout(new BorderLayout());
13          this.setSize(qipan.getSize());
14          this.add(qipan, "Center");
15          this.setResizable(false);
16          this.setLayout(new BorderLayout());
17          this.setSize(550, 490);
18          this.setVisible(true);
19      }
```

```
20          //得到宽数值
21      public int getWidth() {
22          return qipan.getWidth();
23      }
24      public int getHeight() {
25          return qipan.getHeight();
26      }
27      public static void main(String[] args) {
28          //开始下棋程序
29          Chess Igo = new Chess();
30      }
31  }
```

运行代码后，围棋程序如图 7-24 所示。

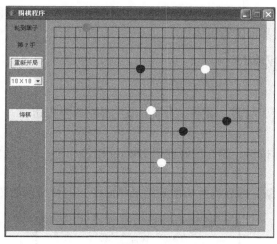

图 7-24 围棋示例图形界面

小 结

本章介绍了 Java 中图形用户界面的编写，包含 AWT 和 Swing。通过本章的学习，熟练掌握 Java 提供的图形组件的使用，才能开发出丰富的图形用户界面。

习 题

1. 可以充当 Java 事件源的有_____、_____和_____。
2. _____布局管理器使用的是组件的最佳尺寸。
3. add()方法的作用是_____。
4. 在 Java 图形用户界面编程中，如果需要显示信息，一般是使用_____类的对象来实现。
   A. JLabel   B. JButton   C. JTextArea   D. JTextField

5. 创建一个标识有"开始"按钮的语句是_____。
   A. JTextField   b = new   JTextField("开始");
   B. JLabel   b = new   JLabel("开始");
   C. JCheckbox   b = new   JCheckbox("开始");
   D. JButton   b = new   JButton("开始");
6. 什么是 SWT、Swing，两者有什么区别？
7. 什么是事件适配器？

上机指导

本章讲述了如何使用 Java 构建图形用户界面，其中主要使用 SWT 和 Swing 包，本节将对如何使用这两个包创建图形界面进行巩固。

实验一 使用按钮

实验内容
创建 3 个按钮：提交、取消、清空，图形界面中显示 3 个按钮。

实验目的
巩固知识点——创建按钮。创建按钮使用 JButon 控件。

实现过程
创建 3 个 JButton 对象，然后将其添加到图形界面中，运行结果如图 7-25 所示。

图 7-25 实验一运行结果

实验二 使用 Graphics 类绘图

实验内容
在画布上绘出"Hello World"。

实验目的
巩固知识点——使用 Graphics 类绘图。Graphics 类位于 AWT 包中，常用来绘制文字和图像。可以使用 Graphics 类中的 drawString() 方法来绘制文本。

实现过程
简单地改变 7.9.4 小节中的例子即可，运行结果如图 7-26 所示。

图 7-26 实验二运行结果

实验三 用户注册界面

实验内容
编写用户注册界面，包含用户名、密码、密码确认、邮箱，以及确定和取消 2 个按钮。

实验目的
扩展知识点——创建图形界面。

实现过程

（1）编写界面，包含 4 个标签，1 个文本输入框、2 个按钮。

```
1   private JPanel jp = new JPanel();
2   // 创建标签数组
3   private JLabel[] jlArray = { new JLabel("用户名"), new JLabel("密    码"),
4       new JLabel("确认密码"), new JLabel("电子邮件"), new JLabel("") };
5   // 创建按钮数组
6   private JButton[] jbArray = { new JButton("注册"), new JButton("清空") };
7   // 创建文本框以及密码框
8   private JTextField jtxtName = new JTextField();
9   private JPasswordField jtxtPassword = new JPasswordField();
10  private JPasswordField jtxtPassword2 = new JPasswordField();
11  private JTextField jtxtSure = new JTextField();
```

（2）初始化上述控件。

```
1   jp.setLayout(null);
2   // 对标签与按钮控件循环进行处理
3   for (int i = 0; i <= 3; i++) {
4       // 设置标签与按钮的大小位置
5       jp.add(jlArray[i]);
6       jlArray[i].setBounds(30, 20 + i * 50, 80, 26);
7       // jbArray[i].setBounds(50+i*110,130,80,26);
8       // 将标签与按钮添加到 JPanel 容器中
9   }
10  jp.add(jbArray[0]);
11  jp.add(jbArray[1]);
12  // 为按钮注册动作事件监听器
13  jbArray[0].addActionListener(this);
14  jbArray[1].addActionListener(this);
15  jbArray[0].setBounds(80, 220, 80, 26);
16  jbArray[1].setBounds(150, 220, 80, 26);
17  // 设置文本框的大小位置
18  jtxtName.setBounds(80, 20, 180, 30);
19  // 将文本框添加进 JPanel 容器
20  jp.add(jtxtName);
21  // 为文本框注册动作事件监听器
22  jtxtName.addActionListener(this);
23  jtxtPassword.setBounds(80, 70, 180, 30);
24  jp.add(jtxtPassword);
25  jtxtPassword.setEchoChar('*');
26  jtxtPassword.addActionListener(this);
27  jtxtPassword2.setBounds(80, 120, 180, 30);
```

```
28    jp.add(jtxtPassword2);
29    jtxtPassword2.setEchoChar('*');
30    jtxtPassword2.addActionListener(this);
31    jtxtSure.setBounds(80, 170, 180, 30);
32    // 将文本框添加进 JPanel 容器
33    jp.add(jtxtSure);
34    // 为文本框注册动作事件监听器
35    jtxtSure.addActionListener(this);
36    jlArray[4].setBounds(10, 180, 300, 30);
37    jp.add(jlArray[2]);
38    // 将 JPanel 容器添加进窗体
39    this.add(jp);
40    // 设置窗体的标题、大小位置以及可见性
41    this.setTitle("用户注册");
42    this.setResizable(false);
43    this.setBounds(160, 250, 300, 350);
44    this.setVisible(true);
```

（3）为文本输入和按钮添加事件响应。

```
1    public void actionPerformed(ActionEvent e) {
2        if (e.getSource() == jtxtName) {// 事件源为文本框
3            // 切换输入焦点到密码框
4            jtxtPassword.requestFocus();
5        } else if (e.getSource() == jbArray[1]) {// 事件源为清空按钮
6            // 清空所有信息
7            jlArray[3].setText("");
8            jtxtName.setText("");
9            jtxtPassword.setText("");
10           // 将输入焦点设置到文本框
11           jtxtName.requestFocus();
12       } else if{
13                jlArray[4].setText("处理注册中");
14       } else {
15                jlArray[4].setText("对不起,非法的用户名和密码!!!");
16       }
17   }
```

运行结果如图 7-27 所示。

图 7-27　实验三运行结果

实验四　编写计算器程序

实验内容

编写一个计算器图形界面，允许用户进行加减乘除运算。

实验目的

扩展知识点——创建用户图形界面。

实现过程

（1）编写计算器的逻辑程序，包含加减乘除。使用 switch 语句，选择不同的运算符。

```
1    private void operate(String x) {
2        double x1 = stringToDouble(x);
3        double y = stringToDouble(output);
4        switch (op) {
5            case 0:
6                output = x;
7                break;
8            case 1:
9                output = String.valueOf(y + x1);
10               break;
11           case 2:
12               output = String.valueOf(y - x1);
13               break;
14           case 3:
15               output = String.valueOf(y * x1);
16               break;
17           case 4:
18               if (x1 != 0) {
19                   output = String.valueOf(y / x1);
20               } else {
21                   output = "不能为0";
22               }
23               break;
24       }
25   }
26   public String add(String x) {
27       operate(x);
28       op = add;
29       return output;
30   }
31   public String subtract(String x) {
32       operate(x);
33       op = sub;
34       return output;
35   }
36   public String multiply(String x) {
37       operate(x);
38       op = mul;
39       return output;
40   }
41   public String divide(String x) {
42       operate(x);
43       op = div;
44       return output;
```

```
45      }
46      public String Equals(String x) {
47          operate(x);
48          op = 0;
49          return output;
50      }
51      public void opClean() {
52          op = 0;
53          output = "0";
54      }
```

(2)编写计算器图形界面,包含本文显示和按钮。

```
1   f.setSize(250, 200);
2   f.setResizable(false);
3   f.addWindowListener(new myWindowListener());
4   p1.setLayout(new FlowLayout(FlowLayout.CENTER));
5   p1.add(tf);
6   f.add(p1, BorderLayout.NORTH);
7   p2.setLayout(new GridLayout(4, 4));
8   //为每个按钮增加时间响应
9   b0.addActionListener(new setLabelText_ActionListener());
10  b1.addActionListener(new setLabelText_ActionListener());
11  b2.addActionListener(new setLabelText_ActionListener());
12  b3.addActionListener(new setLabelText_ActionListener());
13  b4.addActionListener(new setLabelText_ActionListener());
14  b5.addActionListener(new setLabelText_ActionListener());
15      b6.addActionListener(new setLabelText_ActionListener());
16      b7.addActionListener(new setLabelText_ActionListener());
17      b8.addActionListener(new setLabelText_ActionListener());
18      b9.addActionListener(new setLabelText_ActionListener());
19      bPoint.addActionListener(new setLabelText_ActionListener());
20      bAdd.addActionListener(new setOperator_ActionListener());
21      bDec.addActionListener(new setOperator_ActionListener());
22      bMul.addActionListener(new setOperator_ActionListener());
23      bDiv.addActionListener(new setOperator_ActionListener());
24      bCal.addActionListener(new setOperator_ActionListener());
```

(3)为按钮编写响应函数。

```
1   public class setOperator_ActionListener implements ActionListener {
2       public void actionPerformed(ActionEvent e) {
3           JButton tempB = (JButton) e.getSource();
4           op = tempB.getLabel();
5           if (op.equals("+")) {
6               tf.setText(cal.add(tf.getText()));
7               ifOp = true;
8           } else if (op.equals("-")) {
9               tf.setText(cal.subtract(tf.getText()));
10              ifOp = true;
11          } else if (op.equals("*")) {
12              tf.setText(cal.multiply(tf.getText()));
13              ifOp = true;
14          } else if (op.equals("/")) {
15              tf.setText(cal.divide(tf.getText()));
16              ifOp = true;
17          } else if (op.equals("=")) {
18              tf.setText(cal.Equals(tf.getText()));
19              ifOp = true;
```

```
20        }
21     }
22  }
```

运行结果如图 7-28 所示。

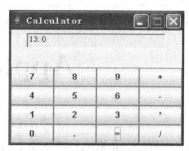

图 7-28 实验四运行结果

第8章 Applet 应用程序

Applet 应用程序，又称为小应用程序，是嵌入到浏览器中的程序。Applet 运行于浏览器上，可以生成生动的页面，进行友好的人机交互，同时还能处理图像、声音、动画等多媒体数据。Applet 在 Java 的成长过程中起到了不可估量的作用，到今天 Applet 依然是 Java 程序设计最吸引人的地方之一。本章将介绍如何使用 Applet。

8.1 Applet 基础

Java Applet 是用 Java 语言编写的小应用程序，这些程序是直接嵌入到页面中，由支持 Java 的浏览器（IE 或 Nescape）解释执行，能够产生特殊效果的程序。它可以大大提高 Web 页面的交互能力和动态执行能力。包含 Applet 的网页被称为 Java-powered 页，可以称其为 Java 支持的网页。本节介绍 Applet 的基础知识，包括 Applet 与浏览器，查看、显示 Applet 以及 Applet 生命周期。

8.1.1 查看 Applet

在查看 Applet 时，可以使用支持 Java 的 Web 浏览器，或者 JDK 自带的 AppletViewer 浏览。其中，在浏览器中显示时，Applet 是由嵌入在 Web 页面中的 Applet 相关 HTML 标志来运行。Aappletviewer 提供了一个 Java 运行环境，在其中可测试 Applet。appletviewer 读取 applet 的 HTML 文件并在一个窗口中运行它们。

下面是一个简单的 Applet，可在浏览器中显示 "Hello World"。

编写该 Applet 时需要首先编写该 Applet 的 Java 代码，然后将代码嵌入到 HTML 中，最后打开浏览器运行即可。关于创建 Applet 将在 "创建 Applet" 一节中讲述。

【例 8-1】 简单 Applet 示例。

```
1    package chapter08.sample8_1;
2    import java.applet.Applet;
3    import java.awt.Graphics;
4    public class Sample8_1 extends Applet {
5        public void paint(Graphics g) {
6            g.drawString("Hello World!!!", 20, 20);
7        }
8    }
```

将上面的代码添加至 hello.htm 中。

```
1    <html>
2    <head>
3    <title>Hello World</title>
4    </head>
5    <body>
6    <applet code="chapter08.sample8_1.Sample8_1.class" width="150" height="25">
7    </APPLET>
8    </BODY>
9    </HTML>
```

在保存 htm 文件时，需要注意，如果 Applet 带有包名的话，如果将类文件和网页文件放到同一个文件夹，设置 CODE 选项时需要加类的全路径名，否则就不能在网页中显示出来，这时应该将网页放在与该 Applet 的最外层目录平行的目录中，在例 8-1 中即 chapter08 平行的目录中。

在 appletviewer 中查看例 8-1 时，在命令行界面中输入 appletviewer hello.htm 后运行如图 8-1 所示。

运行 appletviewer 时，文件的扩展名如果不是 .htm 或者 .html 时，appletviewer 将无法载入 Applet。

在浏览器中查看时，直接双击 hello.htm 即可，如图 8-2 所示。

图 8-1　appletviewer 中例 8-1 运行结果

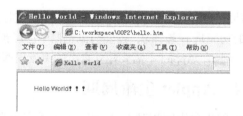

图 8-2　IE 中例 8-1 运行结果

8.1.2　Applet 与浏览器

虽然 Applet 可以在 appletviewer 中进行查看，但随着 Java 的发展，越来越多的网页使用到 Applet。虽然允许在 Web 浏览器中查看 Applet。但是目前有多种浏览器版本，有的只支持 Java 1.0，有的只支持 Java 1.1，很少有支持 Java 2.0 平台的。

而且，由于历史原因，在页面中嵌入 Applet 产生了几种相互不兼容的方式，不同的浏览器、乃至同一个浏览器的不同版本，支持的标签都不完全相同。

对于同一浏览器中 Java 版本不同的问题，可以通过在浏览器的官方网站中下载新的插件解决，而对于不同浏览器不同 Applet 版本标签的问题，可以采用如下几种方法解决该问题。

（1）使用 Java 插件。

Sun 公司在解决浏览器版本问题时，开发了 Java Plub-in 插件，使 Applet 无论在 Nescape 还是在 IE 上都可以运行。但是，使用该插件时，需要下载整个 Java 虚拟机，虽然在 JDK 3.0 之后，虚拟机小很多，但运行起来还是要浪费掉一定时间。

（2）采用同一 JDK 版本或者同一浏览器。

该方式是最简单的方式。但这样明显不利于系统的升级，以及强制用户修改浏览器。

（3）使用 JavaScript。

各种主流浏览器的当前版本都能够支持 JavaScript，因此可以用 JavaScript 来判断浏览器的版本，然后输出合适的 HTML 代码。这种方式能支持大多数主流的浏览器，如 IE、Netscape Navigator、Firefox 等。

8.1.3 显示 Applet

Applet 是一种特殊的 Java 程序，它不能独立运行。编译器将 Applet 源程序编译成 Java 字节码（Byte-Code）后，在网页中加载的是 Java 字节码。在网络上如果查看包含 Java 字节码的网页，则 Web 服务器将编译好的 Java 字节码送至客户端的浏览器中执行，如图 8-3 所示。

图 8-3 Applet 显示过程

从某种意义上来说，Applet 有些类似于组件或控件。与独立的 Java Application 不同。Applet 程序所实现的功能是不完全的，需要与浏览器中已经预先实现好的功能结合在一起，才能构成一个完整的程序。例如，Applet 不需要建立自己的主流程框架，因为浏览器会自动为它建立和维护主流程。

8.1.4 Applet 生命周期

Applet 的生命周期相对于 Application 而言较为复杂。在其生命周期中涉及到 Applet 类的 4 个方法（也被 JApplet 类继承）：init()、start()、stop()和 destroy()。

Applet 的生命周期中有 4 个状态：初始态、运行态、停止态和消亡态。当程序执行完 init() 方法以后，Applet 程序就进入了初始态；然后马上执行 start()方法，Applet 程序进入运行态；当 Applet 程序所在的浏览器图标化或者转入其他页面时，该 Applet 程序马上执行 stop()方法，Applet 程序进入停止态；在停止态中，如果浏览器又重新装载该 Applet 程序所在的页面，或者浏览器从图标中复原，则 Applet 程序马上调用 start()方法，进入运行态；当然，在停止态时，如果浏览器关闭，则 Applet 程序调用 destroy()方法，进入消亡态。图 8-4 为整个 Applet 的运行过程。

关于 init()、start()、stop()和 destroy()方法将在 Applet 类 API 中详细讲述。

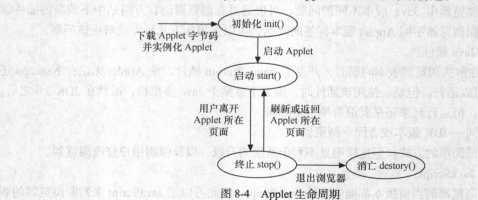

图 8-4 Applet 生命周期

8.2 Applet 类 API

在 Applet 类中可以实现绘图等功能，这些都与 Applet 所继承的类有关。Applet 类的继承关系图如图 8-5 所示。

在这个继承体系中，Applet 的直接父类 Panel 是最简单的容器类，Panel 的直接父类 Container 是一个一般的容器类，Container 的直接父类 Component 是一个具有图形表示能力的类，其对象可在屏幕上显示，并可与用户进行交互。

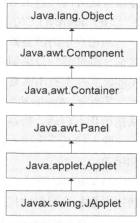

图 8-5　Applet 类继承关系图

Applet 类的主要方法有 init()、start()、paint()、repaint()、stop() 和 destroy()。

（1）init()方法

init()方法用来完成主类实例的初始化工作。Applet 的字节码文件从 WWW 服务器端下载后，浏览器将创建一个 Applet 类的实例，并调用它从 Applet 类那里继承来的 init()方法。用户程序可以重载父类的 init()方法，进行一些必要的初始化操作，如创建控件实例，把图形和字体加载进内存，设置各种参数等。

（2）start()方法

start()方法用来启动浏览器运行 Applet 的主线程。浏览器在调用 init()方法初始化 Applet 类的实例后，接着将自动调用 start()方法启动运行该实例的主线程。同样可以重载 start()方法。

关于线程的概念将在后面讲解，因为目前的 Applet 例子都只有一个线程，所以可以暂时不必理会这个概念，知道 start()方法就可以了。

除了在 init()初始化之后被调用，start()方法在 Applet 被启动时也会被系统自动调用。一般有两种情况造成 Applet 重新启动：一是用户使用了浏览器的 Reload 操作；二是用户将浏览器转向了其他网页后又返回。总之，当包含 Applet 的网页被重新加载时，其中的 Applet 实例就会被重新启动并调用 start()方法，但是 init()方法只被调用一次。

（3）paint()方法

Paint()方法的主要作用是在 Applet 的界面中显示文字、图形和其他界面元素。它也是浏览器可自动调用的 Applet 类的方法，也可以重载它。导致浏览器调用 paint()方法的主要原因有以下 3 种。

- Applet 启动后，自动调用 paint()方法重新描绘界面。
- Applet 所在的浏览器窗口改变时，如缩放和移动窗口、被遮挡和覆盖后重新显示在屏幕的最前方等。此时都需要重画窗口，从而会自动调用 paint()方法。
- Applet 的其他相关方法被调用时，如当 repaint()方法被调用时，系统将首先调用 update()方法将 Applet 实例所占的屏幕空间清空，然后调用 paint()方法重画。

和 init()、start()等方法不同的是，paint()方法有一个固定参数：Graphics 类的对象 g。Graphics 类是用来完成一些较低级的图形用户界面操作的类，其中包括了画圆、点、线、多边形和显示简单文本等方法。当一个 Applet 类的实例被初始化并启动时，浏览器将自动生成一个 Graphics 类的实例 g，并把 g 作为参数传递给 Applet 类实例的 paint()方法。程序员只要重载 paint()方法，在 paint()方法中调用实例 g 的相关方法，就可以绘制 Applet 的界面了。

（4）repaint()方法

它用于重绘 Applet 区域。一般在别的方法中做一些处理后再调用 repaint()方法。

（5）stop()方法

stop()方法类似于 start()方法的逆操作。当用户浏览其他网页时，或者切换到其他系统应用时，浏览器将暂停执行 Applet 的主线程。在暂停 Applet 之前，浏览器将首先自动调用 Applet 类的 stop() 方法。此方法用户也可以重载，来完成一些必要的操作，如终止 Applet 的动画等。

（6）destroy()方法

当用户退出浏览器时，浏览器中运行的 Applet 实例也将被从内存中删除。在"消灭"Applet 之前，浏览器会自动调用 Applet 实例的 destroy()方法来完成一些释放资源、断开链接等操作。但 Applet 实例本身不需要在 destroy()方法中删除，因为它是由浏览器创建和删除的。

实际上，Applet 由浏览器自动调用的主要方法 init()、start()、stop()和 destroy()分别对应了 Applet 从初始化、启动、暂停到消亡的生命周期的各个阶段。

除上述几个主要方法外，Applet 实现了很多基本的方法，下面列出了 Applet 类中常用的方法和用途。

（1）public final void setStub（AppletStub stub）：设置 Applet 的 stub。stub 是 Java 和 C 之间转换参数并返回值的代码位，它是由系统自动设定的。

（2）public boolean isActive()：判断一个 Applet 是否处于活动状态。

（3）public URL getDocumentBase()：检索表示该 Applet 运行的文件目录的对象。

（4）public URL getCodeBase()：获取该 Applet 代码的 URL 地址。

（5）public String getParameter(String name）：获取该 Applet 由 name 指定参数的值。

（6）public AppletContext getAppletContext()：返回浏览器或小应用程序观察器。

（7）public void resize(int width,int height）：调整 Applet 运行的窗口尺寸。

（8）public void resize(Dimension d）：调整 Applet 运行的窗口尺寸。

（9）public void showStatus(String msg）：在浏览器的状态条中显示指定的信息。

（10）public Image getImage(URL url）：按 url 指定的地址装入图像。

（11）public Image getImage(URL url,String name）：按 url 指定的地址和文件名加载图像。

（12）public AudioClip getAudioClip(URL url）：按 url 指定的地址获取声音文件。

（13）public AudioClip getAudioClip(URL url, String name）：按 url 指定的地址和文件名获取声音。

（14）public String getAppletInfo()：返回 Applet 应用有关的作者、版本和版权方面的信息。

（15）public String[][] getParameterInfo()：返回描述 Applet 参数的字符串数组，该数组通常包含 3 个字符串：参数名、该参数所需值的类型和该参数的说明。

（16）public void play(URL url)：加载并播放一个 url 指定的音频剪辑。

（17）public void destroy()：撤销 Applet 及其所占用的资源。若该 Applet 是活动的，则先终止该 Applet 的运行。

8.3 Applet 的 HTML 标记和属性

由于 Applet 是需要嵌入在 HTML 中运行的，所以 Applet 的调试和运行都必须和 HTML 进行协作。而 HTML 是超文本标记语言，它通过各种各样的标记来显示、编排超文本信息。在 HTML 中嵌入 Applet 同样需要一组约定的特殊标记，下面是 Applet 的所有属性。

```
1    <applet
2           codebase = codebaseurl
3           archive = archivelist
4           code = appletfile
5           object = serializedapplet
6           alt = alternatetext
7           name = appletinstancename
8           width = pixels
9           height = pixels
10          align = alignment
11          vspace = pixels
12          hspace = pixels
13      >
14      <param name = appletattribute1 value = value>
15      <param name = appletattribute2 value = value>
16      . . .
17      alternatehtml
18  </applet>
```

这些属性分为定位属性和编码属性，下面详细讲述这些属性。

8.3.1 定位属性

定位属性只指定 Applet 位置的属性，包含 WIDTH、HEIGHT 和 ALIGN。

● WIDTH 和 HEIGHT：这 2 个属性为必须的，它们定义 Applet 的大小，均以像素为单位，使用浏览器查看 Applet 时，该数据为 Applet 的初始大小。

● ALIGN：该属性定义了 Applet 的对齐方式。

8.3.2 编码属性

编码属性用来告诉浏览器如何定位 Applet 的代码，包含 code、codebase 和 archive。

1. code

该属性为必需的属性。它告诉浏览器这个 Applet 需要用的类文件名，如 Myclass.class。该属性需要与下面提到的 codebase 进行区别。code 属性是类名称，但不是相对于 codebase（代码库）。如果没有指定 codebase，则该属性指明的类名相当对当前页面。

如果类在包中，则该属性应标明相对于页面文件的位置，如 chapter08/sample8_1/Sample8_1.class。也许该类中还调用了其他的类，Applet 在运行时会根据 code 属性值自动调用与该类相关的类。

2. codebase

该属性为可选属性，用来指明类文件的 URL。如果文件 Myclass.class 位于 chapter08/sample8_1/中，而页面文件位于与 chapter08 相同的目录中，则可以使用下面的标记：

```
<applet code = "Myclass.class" codebase=" chapter08/sample8_1" width="50" height="50"/>
```

3. archive

该属性为可选属性，标明 Java 存档文件、包、包含类文件和类相关的其他文件（即 JAR 文件）。JAR 文件使用逗号隔开，例如：

```
<applet code = "Myclass.class" archive="abc.jar,cde.jar" width="50" height="50"/>
```

4. object

该属性用来指定序列化的 Applet 对象文件的名字，显示 Applet 时对象从文件中反序列化，该属性非常特殊尽量不要使用该属性。

5. name

就像每个人都有自己的名字一样。每个 Applet 也有自己的名字，这个属性指明 Applet 的名字。这样同一页面中的 Applet 或者 JavaScript 都可以调用该 Applet，该属性为可选属性。

8.4 创建 Applet

使用 Applet 的 HTML 文件，由支持 Java 的网页浏览器下载运行。也可以通过 Java 开发工具中的 appletviewer 来运行。在编写新的 Apple 程序时，可以分为带参数 Applet 和不带参数 Applet，即 Applet 程序是否向浏览器传递参数。本节将详细讲述 Applet 的创建过程。

8.4.1 简单 Applet

简单 Applet 即不向浏览器传递参数的 Applet。对于所有的 Applet 来说，其目标是创建与用户交互的界面，所以 Applet 需要创建 GUI 组件，完成图像、动画输入等任务。创建 Applet 一般包含如下的步骤。

（1）引入需要的类。

例如：

```
1    import java.applet.Applet;
2    import java.awt.Graphics;
```

凡是 Java Applet 程序，必须加载 java.applet 包，凡是使用图形界面，必须加载 java.awt 包。（Abstract Windows Toolskit）"的缩写，java.awt 包包含了用于创建用户界面和绘制图形图像的所有类。

（2）定义 Applet 的主类，该类继承 Applet 类。

例如：

```
public class Sample8_1 extends Applet
```

（3）重载 Applet 类中的方法。

由于 Applet 程序继承了 Applet 类，所以，需要在编写的 Applet 中重载 Applet 类中的方法，这样才能显示 Applet 的内容。Applet 类的主要方法在"Applet 类 API"一节中已经讲述过。但是这些方法并不是全部都需要重载的，根据 Applet 周期中每个阶段需要发生的事情选择重载的方法即可，一般情况下，init()方法是必不可少的。

（4）其他方法。

其他方法即 Applet 运行过程中需要调用的方法，与普通的方法相同。

（5）将 Applet 类添加至 HTML 代码中。

只有将类添加至 HTML 代码中，Applet 才能在 Web 浏览器中显示。

例是一个简单的例子，演示了简单 Applet。

【例 8-2】 简单 Applet 示例 1。

```
1    package chapter08.sample8_2;
2    import java.awt.*;
```

```java
3      import java.applet.*;
4      public class Sample8_2 extends Applet {
5          int x = 25;
6          char ch = 'C';
7          Label output1; // 声明一个 Label 类的对象变量 output1
8          Label output2;
9      /*****************************************************************
10     由于继承于 java.applet 包中的 Applet 类,因此可以使用 Applet 类中的一切非 private 属性和方法,
11     也可以重写父类的方法,其中 init 方法就是 Applet 类的方法,本例中将其覆盖了。
12     *****************************************************************/
13         public void init() {
14             // 下一行生成一个 Label 类的对象,并赋值给 output1
15             output1 = new Label("int 型的变量的初始值为: " + x);
16             output2 = new Label("char 类型的初始值为: " + ch);
17             // 在 Applet 所占的区域中增加 output1
18             add(output1);
19             add(output2);
20         }
21     }
```

将 Sample8_2.class 添加到 Sample8_2.htm 中:

```html
1    <html>
2        <head>
3            <title> sample8_2</title>
4        </head>
5        <body>
6            <applet code="chapter08.sample8_2.sample8_2.class" width="150" height="25">
7            </applet>
8        </body>
9    </html>
```

在 appletviewer 中的运行结果如图 8-6 所示。

在例 8-2 中,只重载了 init()方法,即在 Applet 初始化的时候执行 init()方法中的语句,init()方法用来完成主类实例的初始化工作,它由浏览器或 Appletviewer 调用,通知系统此 Applet 已经加载到系统中了。但 Applet 类的 init()方法不执行任何操作,因此如果 Applet 的子类要执行初始化操作,则应该重写此方法。在例 8-2 中的 init()方法中就建立了两个 Label 类的对象。Add()方法用于把控件对象加进当前的 Applet 容器中,所以会在浏览器中显示出控件。

下面的例子与例 8-2 不同,没有 init 方法而有 paint 方法。由于不需要 init 方法是因为没有可初始化的东西,因此此时浏览器将自动执行 Applet 类本身的 init()方法。因为 Applet 类的 init()方法是空方法,所以相当于没做什么事情,只显示了各种数据类型的值。

【例 8-3】 简单 Applet 示例 2。

```java
1    package chapter08.sample8_3;
2    import java.awt.*;
3    import java.applet.Applet;
4    public class Sample8_3 extends Applet {
5        boolean b1 = true;
6        int x = 100;
7        char c = 655;
8        float f = 3.14f;
9        public void paint(Graphics g) {
10           //drawString方法可以显示字符串
```

```
11              g.drawString("布尔型: " + b1, 2, 20);
12              g.drawString("整型: " + x, 2, 40);
13              g.drawString("字符型" + c, 2, 60);
14              g.drawString("浮点数据类型: " + f, 2, 80);
15          }
16      }
```

将Sample8_3类加入到sample8_3.htm中，格式与例8-2类似，不再详述，运行结果如图8-7所示。

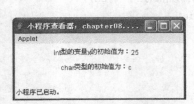

图8-6 例8-2运行结果　　　　　　　　图8-7 例8-3运行结果

Graphics类包含很多画字符串和图形的方法，例8-3中就用到了它的一个drawString()方法。"drawstring"顾名思义就是"画字符串"，用于在窗口中的特定位置写一个字符串。关于Graphics类以后再详细讲解。

8.4.2 向Applet传递参数

如果Applet需要参数，则编写时比上一节的简单Applet稍微复杂一些。因为在Java Application中，都是通过命令行向main()方法传递参数。但是在Applet中是没有main()方法的。

但是在Applet中，可以在HTML中使用<PARAM>标记定义参数，格式如下所示。

```
<param name= value= />
```

其中，NAME为参数的名称，VALUE即参数的值。VALUE的值作为字符串传递给Applet。

定义好参数后，如何像Applet传递参数呢？可以在Applet的init()方法中使用getParameter()方法获得。init()方法为Applet的初始化方法，由于Applet一般不定义构造方法，所以getParameter()方法只能在init()中进行。getParameter()的格式如下所示。

```
getParameter(String name);
```

其中，name即<PARAM>标签中NAME的内容。

例8-4显示了如何从HTML中获取参数。

【例8-4】 从HTML中获取参数示例。

sample8-4.htm为包含该Applet类文件的HTML代码页面。

```
1   <html>
2     <head></head>
3     <body>
4       <applet code = chapter08.sample8_4.Sample8_4.class width = 600 height = 360>
5         <param name = booktitle0 value = "傲慢与偏见">
6         <param name = booktitle1 value = "罗密欧朱丽叶">
```

```
7          <param name = booktitle2 value = "呼啸山庄">
8          <param name = booktitle3 value = "悲惨世界">
9          <param name = x value = "30">
10         <param name =y value = "40">
11      </applet>
12    </body>
13  </html>
```

Applet类的代码如下所示。

```
1   package chapter08.sample8_4;
2   import java.applet.Applet;
3   import java.awt.Graphics;
4   public class Sample8_4 extends Applet {
5       public int axisX;
6       public int axisY;
7       public String s0;
8       public String s1;
9       public String s2;
10      public String s3;
11      //初始化时获得html中的参数
12      public void init() {
13          this.axisX = Integer.parseInt(getParameter("x"));
14          this.axisY = Integer.parseInt(getParameter("y"));
15          this.s0 = getParameter("booktitle0");
16          this.s1 = getParameter("booktitle1");
17          this.s2 = getParameter("booktitle2");
18          this.s3 = getParameter("booktitle3");
19      }
20      //在paint时显示文字
21      public void paint(Graphics g) {
22          g.drawString(s0, axisX, axisY + 10);
23          g.drawString(s1, axisX, axisY + 25);
24          g.drawString(s2, axisX, axisY + 40);
25          g.drawString(s3, axisX, axisY + 60);
26      }
27  }
```

运行结果如图8-8所示。

如果参数多的话，显然重复编写<PARAM>会比较麻烦。如果要改变参数值的话，就不得不大量修改HTML文件中的内容。当然不可能让用户去修改HTML文件，此时需要把各参数值存在数据库中，然后用Java调用数据库中的内容，再动态地生成HTML文件即可，这些内容将在JSP中学习。

图8-8 例8-4运行结果

8.5 Applet 与 Application

在本章之前的 Java 程序，一般都具有一样的特征：包含 main()方法。当类中包含 main()方法时，才可以运行，这样的程序称之为应用（Application）。应用程序与本章中所谈到的 Applet 程序是有一定区别的。

应用程序可以使用 java 命令运行。而 Applet 需要嵌入到 HTML 页面中，利用 appletviewer 命令在 appletviewer 中显示。那么既然应用程序和 Applet 程序都由 Java 语言编写，那么能不能将两者整合，使程序既是 Applet 程序，又是应用程序呢？为了达到这样的目的，首先看二者的区别在哪里。

Applet 则由 Applet 类继承而来，用 init()方法负责对象的初始化，在初始化后按 start()、run()、stop()、exit()的次序执行 Applet 程序，如下所示。

```
1    public AppletClass extends Applet
2    {
3        public void init(){}
4        public void start(){}
5        public void run(){}
6        public void stop(){}
7        public void exit(){}
8    }
```

Application 有一个 main（String arg[]）的方法，它用于声明该 Application 对象，如下所示。

```
public class ApplicationClasextends JFrame
{
    ApplicationClass (){
        …
        visible = true;
    }
    public static void main(String args[])
    {
        new ApplicationClass ();
    }
}
```

所以，要使一个 Java 程序兼有 Application 和 Applet 的特点。这样的程序需要继承 java.applet.Applet，并包含 main(String args[])方法，如下所示。

```
public class AppletApplication extends Applet
{
    public void init(){…}
    …
    public static void main(String args[]) {…}
}
```

那么 main()方法中应该包含哪些内容才能正常显示呢？在 GUI 编程中，所有的界面程序都放在框架 Jframe 中，在创建图形对象时，该类已经继承 JFrame 类，所以直接加载 JFrame，所以只有将 Applet 放入到 JFrame 中，才可以正常显示，下面的代码片段提供了一个 Jframe。

```
public class AppletFrame extends Frame
{
    public AppletFrame(Applet applet)
    {
```

```
            applet.init();
            add(applet);
        …
        }
    …
}
```

在合并 Applet 和应用程序时，设置 JFrame 的标题、大小，并使用 setVisible(true)显示图形界面。但是在 Applet 启动时需要调用 init()方法和 start()方法，所以只能通过覆盖 AppletFrame 中的 setVisible()方法实现。

```
1   public void setVisible(Boolean b){
2       if(b)
3       {
4           applet.init();
5           super.setVisible(true);
6           applet.start();
7       }
8       else
9       {
10          applet.stop();
11          super.setVisible(false);
12          applet.destroy();
13      }
14  }
```

例 8-5 就是将 Applet 与 Application 合并的一个简单例子。

【例 8-5】 Applet 和 Application 混合使用的例子。

```
1   //Applet类
2   package chapter08.sample8_5;
3   import java.applet.Applet;
4   import javax.swing.JLabel;
5   public class Sample8_5 extends Applet {
6       private JLabel label;
7       public void init() {
8           System.out.println("初始化");
9       }
10      public void start() {
11          System.out.println("启动");
12          label = new JLabel("Applet 已经启动");
13          add(label);
14      }
15      public void stop() {
16          System.out.println("停止");
17          remove(label);
18      }
19      public void destroy() {
20          System.out.println("销毁");
21      }
22  }
23  public static void main(String args[]) {
24      CombinAppletFrame app = new CombinAppletFrame(new Sample8_5());
25  }
26  //GUI 框架类，覆盖 setVisble 方法
```

```
27    import java.applet.Applet;
28    import java.awt.Event;
29    import javax.swing.JFrame;
30    public class CombinAppletFrame extends JFrame {
31        private Applet applet;
32        public CombinAppletFrame(Applet a) {
33            this.setTitle("Applet 和应用混合示例");
34            applet = a;
35            add("Center", applet);
36            setVisible(true);
37        }
38        public void setVisible(boolean b) {
39            if (b) {
40                applet.init();
41                super.setVisible(true);
42                applet.start();
43            } else {
44                applet.stop();
45                super.setVisible(false);
46                applet.destroy();
47            }
48        }
49        public boolean handleEvent(Event event) {
50            if (event.id == Event.WINDOW_DESTROY)
51                System.exit(0);
52            return false;
53        }
54    }
```

例 8-5 既可以用 Applet 运行，也可以用 Java 命令运行，运行后结果如图 8-9 所示。

图 8-9 例 8-5 运行结果

8.6 Applet 弹出窗口

Applet 在浏览器的显示区域内显示的范围是有限的，但是可以利用弹出窗口改善这一状况。利用 Applet 的定位属性，可以使 Applet 不受 Web 页面的限制。

例 8-6 在 Applet 中设置了一个按钮，单击该按钮后，将会弹出一个 AWT 组件显示框。

【例 8-6】 Applet 弹出窗口示例。

```
1    package chapter08.sample8_6;
2    import java.applet.Applet;
3    import java.awt.Button;
4    import java.awt.BorderLayout;
5    import java.awt.Color;
6    import java.awt.Frame;
7    import javax.swing.JButton;
8    import javax.swing.JFrame;
```

```
9    public class Sample8_6 extends Applet {
10       private JButton button = null;
11       public Sample8_6() {
12           super();
13           init();
14       }
15       public void init() {
16           this.setSize(300, 200);
17           this.add(getButton(), null);
18       }
19       private JButton getButton() {
20           if (button == null) {
21               button = new JButton("test");
22               button.addActionListener(new java.awt.event.ActionListener() {
23                   public void actionPerformed(java.awt.event.ActionEvent e) {
24                       JFrame a = new JFrame("我是被弹出来的");
25                       a.setSize(300,100);
26                       a.setVisible(true);
27                   }
28               }
29           }
30           return button;
31       }
32   }
```

编译并运行代码，结果如图 8-10 所示。

图 8-10　例 8-6 运行结果

8.7　Applet 安全

为了防止恶意的攻击，Java 使用安全浏览器管理系统资源的访问控制。而 Applet 也在安全管理器的监控之下，每个 Applet 都不允许访问本地的资源，除非安全管理器进行授权。本节将介绍 Applet 的安全控制与沙箱模型。

8.7.1　Applet 安全控制

在安全管理器的监视下，浏览器对 Applet 进行了一些限制。
（1）小应用程序绝不能运行任何一个本地可执行程序。
（2）除了下载它的服务器外，小应用程序不能和任何一台主机通信。

（3）Applet 不能读写本地计算机的文件系统。

（4）除了所用的 Java 版本号、操作系统名或版本号、用于分隔文件的字符（比如/或\）、分隔路径的字符（如：或；）以及行分隔符（如 \n 或 \r\n）之外，Applet 找不到与本地计算机有关的任何信息。特别是，小应用程序找不到用户名、电子邮件地址等。

（5）一个小应用程序弹出的所有窗口都会发出一条警告消息。

例 8-7 在本地创建一个文本文件，但由于沙箱（下一小节将会介绍）的控制无法创建。

【例 8-7】 Applet 安全限制示例。

```
1    package chapter08.sample8_7;
2    import java.awt.*;
3    import java.io.*;
4    import java.lang.*;
5    import java.applet.*;
6    public class Sample8_7 extends Applet {
7        File f = new File("c:/test.txt");
8        DataOutputStream dos;
9        public void init() {
10           System.out.println("AppletWriteFileTest init;");
11       }
12       public void paint(Graphics g) {
13           try {
14               // 向本地行一个文件
15               dos = new DataOutputStream(new BufferedOutputStream(
16                   new FileOutputStream(f)));
17               dos.writeChars("hello,this is something test!!!");
18               dos.flush();
19               // 如果成功显示成功信息
20               g.drawString("test successfully!!!!", 10, 10);
21           } catch (SecurityException e) {
22               // 输出异常栈
23               e.printStackTrace();
24               g.drawString("security exception:" + e, 10, 10);
25           } catch (IOException ioe) {
26               g.drawString("i/o exception", 10, 10);
27           }
28       }
29   }
```

将代码编译后加入到 htm 代码中运行，则显示异常，如图 8-11 所示。

8.7.2 Applet 沙箱

Java 提供的安全模型即沙箱模型。沙箱是 Java 编程语言和开发环境中的程序区及规则，程序员建立当作网页发送的 Java 代码（Applet）时需要使用它。由于 Applet 自动当作一部分网页发送，并且一到达就运行，如果它允许无限制访问内存和操作系统，那么 Applet 就很容易偶然或故意制造损害。沙箱的限制对 Applet 可能请求或访问的系统资源提供了严格限制。实际上，程序员必须编写只在沙箱内作用的代码。可把沙箱想象成计算机内 Applet 代码可自由作用的一小块区域。

沙箱不仅要求程序员遵循一定规则，而且还提供代码检测。在原始的沙箱安全模型中，沙箱代码通常为不可信代码，在 Java 开发包的较新版本中，通过引进用户可为沙箱指定的多个层次的信任，沙箱已变得很复杂。用户允许的信任越多，代码在沙箱外作用的可能性越大。

如果需要突破沙箱的限制，可以使用策略工具，在命令行中输入：
policytool
可调出"Policy Tool"窗口，如图 8-12 所示。

图 8-11　例 8-7 运行结果　　　　　　　　图 8-12　"Policy Tool"窗口

无论何时启动 Policy Tool，Policy Tool 都将试图用来自有时称为"用户策略文件"的策略信息来填写本窗口。在默认情况下，用户策略文件是宿主目录下名为 java.policy 的文件。如果 Policy Tool 没能查找到用户策略文件，则它将报告该情况并且显示空的"Policy Tool"窗口。在策略工具中，可以添加删除策略。

8.8　实例研究：显示动画

动画是 Java Applet 最吸引人的特性之一。如果不用图像，用 Java 实现动画的原理就与放映动画片相似：在短时间内快速地顺序显示图片。

显示动画的原理与显示图片类似，可以使用 Graphics 类中的 drawImage()方法显示图片。因为 GIF 被分解为多个文件，所以只要顺序显示文件即可达到动画的效果。可以使用 repaint()方法不断让 Applet 显示新的图片。

本小节将介绍在 Java 中编写动画的原理，还将介绍关于画布重新绘制的问题。

8.8.1　动画原理及重新绘制

1．编写动画的原理

动画程序其实不难，只要让程序根据一定的规则不断地对画布进行重新绘制即可。一般的实现策略是，将绘制的规则编写到 paint()方法中，定时让 paint()方法重新绘制画布即可。

例如，在 paint()方法中编写"首先清除画布中的所有内容，然后按照指定的位置与大小绘制矩形"的代码，然后再开发一个线程或计时器，定时地修改矩形的大小与位置参数并调用 paint()方法进行重绘，这样就可以开发出矩形在画布中移动的动画。

当然，其他更复杂的动画也可以使用上述的简单原理来实现。如果给相应的键盘、鼠标事件注册了监听器，还可以让用户来控制动画的变化（其实就是游戏）。

2．重新绘制

前面介绍动画编写的原理时，涉及了使用 paint()方法进行重绘的问题。要特别注意的是，不能直接调用 paint()方法进行重绘，而应该调用画布的 repaint()方法请求系统执行 paint()方法进行重绘。根据不同的需要，Java 中提供了不同重载版本的 repaint()方法，表 8-1 中列出了其中常用的两个。

表 8-1　　　　　　　　　　　　　repaint()方法的不同重载版本

方 法 声 明	功　　能
public void repaint()	请求系统调用 paint()方法重绘整个画布
public void repaint(int x,int y,int width, int height)	请求系统调用 paint()方法重绘画布中指定的矩形区域，参数 x、y 为指定矩形区域最左上侧点的坐标，参数 width、height 为指定矩形区域的宽和高

需要进行重绘时一定不能直接调用 paint()方法，而应该调用 repaint()方法请求重绘，否则程序有可能运行不正常，产生不可预知的结果。

8.8.2　Timer 类简介

开发动画时经常需要定时执行指定的任务，可以自己开发一个线程来实现。如果任务很简单，自己开发线程就不是很合算。为了简化开发，Swing 中专门提供了一个用来定时执行任务的类——javax.swing.Timer。

使用 Timer 类来开发定时执行指定任务的类非常简单，该类仅提供了一个构造器，声明如下。

```
public Timer(int delay,ActionListener listener)
```

参数 delay 为指定的初始延迟和动作事件间延迟的毫秒数。参数 listener 为指定的初始监听器，可以为 null。

定时器（Timer）一旦被启动，就会按指定的时间间隔（delay 毫秒）触发动作事件而调用注册到 ActionListener 监听器中的 actionPerformed()方法。也就是说，对定时器而言，actionPerformed()方法表示要执行的任务，应该把任务代码编写在 actionPerformed()方法中。

同时，Timer 类还给开发人员提供了一些用来操作的方法，表 8-2 列出了其中常用的一些方法。

表 8-2　　　　　　　　　　　　　　Timer 类中的常用方法

方 法 声 明	功　　能
public boolean isRunning()	如果定时器正在运行，则返回 True，否则返回 False
public void start()	启动定时器，使它开始定时向其监听器发送动作事件
public void stop()	停止定时器，使它停止定时向其监听器发送动作事件
public void restart()	重新启动定时器，取消所有挂起的触发并使它按初始延迟触发
public void setDelay(int delay)	设置定时器的事件间延迟，也就是两次连续触发动作事件之间的毫秒数，参数 delay 为指定的以毫秒为单位的延迟。但要注意这并不会修改初始延迟，初始延迟由 setInitialDelay 设置
public int getDelay()	返回两次触发动作事件间的延迟，以毫秒为单位
public void setInitialDelay(int initialDelay)	设置定时器的初始延迟，即启动计时器后触发第一个事件之前要等待的时间（以毫秒为单位），参数 initialDelay 为指定的以毫秒为单位的初始延迟
public int getInitialDelay()	返回定时器的初始延迟，以毫秒为单位
public void addActionListener (ActionListener listener)	为定时器对象注册一个动作事件的监听器，参数 listener 为一个指向动作事件监听器的引用
public void removeActionListener (ActionListener listener)	从定时器对象中注销一个动作事件的监听器，参数 listener 为一个指向动作事件监听器的引用

下面的例子演示了如何显示动画。假设动态的 GIF 图像 fun.gif 已经分解 22 个 jpg 文件，文件名从 fun1_frame_001.jpg 到 fun1_frame_022.jpg。

【例 8-8】 显示动画示例。

```
1    package chapter08.sample8_8;
2    import java.applet.*;
3    import java.awt.*;
4    public class Sample8_8 extends Applet {
5        private Image myImage;
6        private Image myImages[];
7        private int total = 22; // 图片序列中的图片总数
8        int current = 0; // 当前时刻显示的图片序号
9        public void init() {
10           myImage = getImage(getDocumentBase(), "c:/image.jpg");
11           //将所有的图片都保存在数组中
12           myImages = new Image[total];
13           for (int i = 0; i < total; i++)
14               myImages[i] = getImage(getDocumentBase(), "images\fun" + (i + 1)
15                   +".jpg");
16       }
17       public void start() {
18           current = 0;
19       }
20       public void paint(Graphics g) {
21           g.drawImage(myImages[current], 400, 5, this);
22           // 计算下一个应显示图片的序号
23           currentImage = currentImage+1;
24           Timer t=new Timer(5,this);
25           //重绘
26           repaint();
27       }
```

这里使用了 Applet 的 getImage()方法获取所有的 jpg 图像文件（注意其目录）。程序的 paint()方法一次只显示一个动画图片，等待 100 毫秒之后再显示下一个动画图片。

编译并运行上面的代码，如图 8-13 所示。

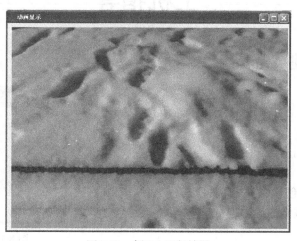

图 8-13　例 8-8 运行结果

在例 8-8 中使用到了线程的知识，在第 10 章中将会讲述线程的相关内容。

小　结

Applet 能够带来更丰富的显示效果。本章介绍了如何创建 Applet，Applet 的相关属性及安全机制。通过本章的学习，可以结合 Java 的 GUI 编程，创建出更好的 Applet 程序。

习　题

1. Java 源程序是由类定义组成的，每个程序可以定义若干个类，但是只有一个类是主类。在 Java Application 中，这个主类是指包含_____方法的类，在 Java Applet 里，这个主类是一个系统类_____的子类。
2. _____命令可以启动 Applet。
3. 下面哪个方法与 Applet 的显示无关？_____。
   A. draw　　　　　　　B. paint
   C. repaint　　　　　　D. update
4. 下面关于 Applet 的说法正确的是_____。
   A. Applet 可以在带有 Java 解释器的浏览器中运行
   B. Applet 类必须继承 java.applet.Applet
   C. Applet 可以访问本地文件
   D. Applet 是 Object 类的子类
5. 简述 Applet 的生命周期。
6. 在安全管理器的监视下，浏览器对 Applet 进行了哪些限制？

上机指导

实验一　创建 Applet

实验内容

创建一个 Applet，在该 Applet 上显示"显示信息 1"。

实验目的

巩固知识点——创建 Applet。

实现过程

在 8.4.1 节中讲述创建 Applet 时，以显示数据类型的初始值为例。只需对该例的代码进行小改动即可，运行结果如图 8-14 所示。

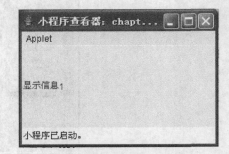

图 8-14　实验一运行结果

实验二　在 Applet 中显示图像界面

实验内容
创建一个 Applet，在 Applet 中显示指定的图片。

实验目的
巩固知识点——创建 Applet。

实现过程
在显示图片时需要使用 Image 类，然后使用 Graphics 中的 grawImage()方法显示图片，部分代码如下所示。

```
1    public void init() {
2        setBackground(Color.white);
3        setForeground(Color.blue);
4    }
5    public void paint(Graphics g) {
6        URL imgURL = getDocumentBase();
7        img = getImage(imgURL, "1.JPG");
8        g.drawImage(img, xpoint, ypoint, this);
9    }
```

运行结果如图 8-15 所示。

图 8-15　实验二运行结果

实验三　显示 Applet 传递的参数

实验内容
在 HTML 页面中包含学生的姓名 stuName＝"张三"，在 Applet 中读取 HTML 中的参数。

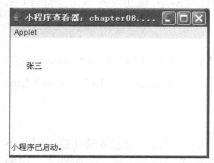

图 8-16　实验三运行结果

实验目的
巩固知识点——从 HTML 中获取参数。

实现过程
在 8.4.1 节中讲述了如何从 HTML 中获取参数。可以稍微改动该例，将 HTML 中的参数改为

```
<param name = stuName value = "张三">
```

在代码中，可以将获取参数的代码改为

```
this.s0 = getParameter("stuName");
```

运行结果如图 8-16 所示。

第 9 章 网络通信

随着时代的不断发展，基于网络的应用越来越多，Java 作为网络时代的语言也对网络开发提供了良好的支持，本章将介绍 Java 中有关网络应用开发的相关知识。

9.1 网络通信概述

在学习网络应用开发之前，应首先了解相关的网络协议和技术。在 Java 网络应用开发中，主要涉及 TCP/IP、UDP、Socket 套接字。本节将简要介绍上述三方面内容。

9.1.1 TCP/IP、UDP

TCP/IP 是一组以 TCP 与 IP 为基础的相关协议的集合。要注意的是，该协议并不完全符合 OSI 的七层参考模型，而是采用的四层结构，如图 9-1 所示。

图 9-1 TCP/IP 协议的四层模型

- 网络接口层

  对实际的网络媒体进行管理，定义如何使用实际网络来传送数据，如 Ethernet、SLIP（Serial Line Interface Protocal）等。

- 网际层

  负责提供基本的数据封装成包传送功能，但并不保证数据能够正确传送到目的主机，工作在这一层的主要协议是 IP。

- 传输层

此层提供了点到点的数据传送服务，如面向连接的 TCP（传输控制协议），面向无连接的 UDP（用户数据报协议）等。

- 应用层

此层提供具体的应用服务协议，如 SMTP（简单电子邮件传输）、FTP（文件传输协议）、Telnet（网络远程访问协议）等。

下面对实际开发中常用的一些 TCP/IP 协议族中的协议进行简单介绍。

- IP（Internet Protocol）

IP 是 TCP/IP 协议族的核心，也是网际层中最重要的协议，接收由更低层发来的数据包，并将该数据包发送到更高层，即传输层；此外网际层也可以将从传输层接收来的数据包传送到更低层。IP 是面向无连接的数据报传送，所以 IP 将包文传送到目的主机后，无论传送正确与否都不进行检验，不回送确认以及不保证分组的正确顺序。

- TCP（Transmission Control Protocol）

TCP 位于传输层，提供面向连接的数据包传送服务，保证数据包能够被正确传送与接收，包括内容的校验与包的顺序，损坏的包可以被重传。要注意的是，由于提供的是有保证的数据传送服务，因此传送效率要比没有保证的服务低，一般适合工作在广域网中，对网络状况非常好的局域网不是很合算。当然，是否采用 TCP 也取决于具体的应用需求。

- UDP（User Datagram Protocol）

UDP 即用户数据报文协议，与 TCP 位于同一层，也就是说在网际层的上一层可以选用 UDP 或 TCP。UDP 与 TCP 不同，提供的是面向无连接的服务，不保证数据能够被正确地传送到目的主机，适合工作在网络状况良好的局域网中。

本书由于篇幅所限，只能对 TCP/IP 的知识进行非常简单的介绍。如果需要了解更多，请读者自行查阅其他相关书籍，如《用 TCP/IP 进行网际互联》（卷 1、2、3）或《TCP/IP 协议详解》（卷 1、2、3）等。

9.1.2 Socket 套接字

应用层通过传输层进行数据通信时，TCP 和 UDP 会遇到同时为多个应用程序进程提供并发服务的问题。多个 TCP 连接或多个应用程序进程可能需要通过同一个 TCP 端口传输数据。为了区别不同的应用程序进程和连接，许多计算机操作系统为应用程序与 TCP/IP 交互提供了称为套接字（Socket）的接口，区分不同应用程序进程间的网络通信和连接。

简单讲，套接字是一种软件抽象，用于表达两台机器之间的连接。对于一个给定的连接，每台机器上都有一个套接字，可以想象为它们之间有一条虚拟的"电缆"，"电缆"的每一端都插入到套接字中。当然，机器之间的物理硬件和电缆连接都是完全未知的。抽象的全部目的是使用户无需知道不必知道的细节。

要通过互联网进行通信，至少需要一对套接字，一个运行于客户机端，称之为 ClientSocket，另一个运行于服务器端，称之为 ServerSocket。实际上传统 C/S 模式网络程序的核心就是通过网络连接，在客户端与服务器之间传送数据，有时也称传送的数据为消息。而客户端与服务器之间的连接一般采用的就是 TCP Socket（套接字）连接，为了方便地支持套接字网络开发，java.net 包中专门提供了用来支持套接字开发的 Socket 类与 ServerSocket 类。

关于 Socket 类与 ServerSocket 类的知识将在后续的小节中详细介绍，下面首先对基于 Socket 连接的客户端与服务器之间的通信模型进行简单的介绍，如图 9-2 所示。

从图 9-2 中可以看出，整个通信的过程如下。

（1）服务器端首先启动监听程序，对指定的端口进行监听，等待接收客户端的连接请求。

（2）客户端程序启动，请求连接服务器的指定端口。

（3）服务器收到客户端的连接请求后与客户端建立套接字连接。

（4）连接成功后，客户端与服务器分别打开两个流，其中客户端的输入流连接到服务器的输出流，服务器的输入流连接到客户端的输出流，两边的流建立连接后就可以双向通信了。

（5）通信完毕后，客户端与服务器两边各自断开连接。

生成套接字，主要有 3 个参数：通信的目的 IP 地址、使用的传输层协议（TCP 或 UDP）和端口号。Socket 原意是"插座"。通过将这 3 个参数结合起来，与一个"插座"Socket 绑定，应用层就可以和传输层通过套接字接口，区分来自不同应用程序进程或网络连接的通信，实现数据传输的并发服务。

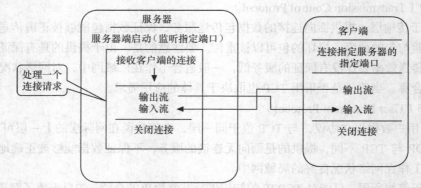

图 9-2　客户端与服务器之间的通信模型

9.2　Java 网络通信机制

　　网络编程的目的就是指直接或间接地通过网络协议与其他计算机进行通信。网络编程中有两个主要的问题，一个是如何准确地定位网络上一台或多台主机，另一个就是找到主机后如何可靠高效地进行数据传输。在 TCP/IP 中 IP 层主要负责网络主机的定位，数据传输的路由，由 IP 地址可以唯一地确定 Internet 上的一台主机。而 TCP 则提供面向应用的可靠的或非可靠的数据传输机制，这是网络编程的主要对象，一般不需要关心网际层是如何处理数据的。

　　完整的 Java 应用环境实际上也是一个客户机/服务器环境（C/S）结构。即通信双方中一方作为服务器等待客户提出请求并予以响应。客户机则在需要服务时向服务器提出申请。服务器一般作为守护进程始终运行，监听网络端口，一旦有客户请求，就会启动一个服务进程来响应该客户，同时自己继续监听服务端口，使后来的客户也能及时得到服务。

　　但与传统的客户机/服务器（C/S）的二层结构不同，应用 Java 的 Web 模型是由三层结构组成的。传统的 C/S 结构通过消息传递机制，由客户端发出请求给服务器，服务器进行相应处理后经传递机制送回客户端。而在 Web 模型中，服务器一端被分解成两部分：一部分是应用服务器（Web 服务器），另一部分是数据库服务器。

　　Java 在开发网络软件方面非常方便和强大，支持多种 Internet 协议，包含 Telnet、FTP、HTTP。Java 独有一套强大的用于网络的 API。对于分布式数据，Java 提供了一个 URL（Uniform Resource Locator）对象，利用此对象可打开并访问网络上的对象，其访问方式与访问本地文件系统几乎完全相同。对于分布式操作系统，Java 的客户机/服务器模式可以把运算从服务器分散到客户机（服务器负责提供查询结果，客户机负责组织结果的显示），从而提高整个系统的执行效率，增加动态可扩充性。Java 网络类库是 Java 语言为适应 Internet 环境而进行的扩展。另外，为适应 Internet 的不断发展，Java 还提供了动态扩充协议，以不断扩充 Java 网络类库。这些 API 是一系列的类和接口，均位于包 java.net 和 javax.net 中。

- Java.net：处理一些网络基本功能，包含 Telnet 远程登录等。

- Java.net.FTP：处理 FTP。
- Java.net.www.content：处理 WWW 页面内容。

在 Java 网络编程中，主要包含 2 种方式。

（1）以 URL 为主线，通过 URL 类和 URLConnection 类访问 WWW 网络资源。由于使用 URL 十分方便直观，尽管功能不是很强，但还是值得推荐的一种网络编程方法，本质上讲，URL 网络编程在传输层使用的还是 TCP。

（2）Socket 接口和 C/S 网络编程模型。用 Java 实现基于 TCP 的 C/S 结构，主要用到的类有 Socket 和 ServerSocket；用 Java 实现基于 UDP 的 C/S 结构。这一部分在 Java 网络编程中相对而言是较难的，也是功能最为强大的一部分。

下面就开始学习如何使用 Java 进行网络编程。

9.3 URL 通信

URL（Uniform Resource Locator）即统一资源定位符，表示 Internet 上某一具体资源的访问地址。无论寻找哪种特定类型的资源或通过哪种机制获取某些资源，URL 的基本语法均是相同的。URL 由协议名和资源名组成，基本语法格式如下。

```
<协议名>:<资源名>
```

对于协议名来说，可以有很多种选择，表 9-1 列出了其中常用的几种。

表 9-1   常用的协议名

协议名	说　　明	协议名	说　　明
file	指定的资源是本机上的文件	ftp	表示通过 FTP 访问资源
http	表示通过 HTTP 协议访问资源	https	通过具有安全套节字层的 HTTP 访问资源
mailto	通过 SMTP 访问指定电子邮件地址的资源	news	通过 NNTP 访问指定新闻地址的资源

资源名组成格式如下。

```
//[<authority>:[<port>]/<path>[?<query>[#<fragment>]]
```

authority 表示某台主机，即指定服务器的主机名或 IP 地址。port 表示端口号，是一个整数，理论范围在 0~65 535 之间。要注意的是，port 为可选部分，如果不指定端口号则会采用指定协议的默认端口，如 HTTP 的默认端口为 80。path 表示路径，由 0 或多个 "/" 符号隔开的字符串，通常用来表示主机上一个目录或文件的路径。query 表示查询，该部分也为可选部分，用于为访问的目标资源传递一定的参数。fragment 表示信息片断，是一个字符串，该部分也为可选部分，用于指定目标资源中的片断。例如，一个网页中有多个名词解释，可使用 fragment 直接定位到某一名词的解释。

下边是几个合法的 URL。

```
http://www.sun.com/developers/index.html
ftp://192.168.0.1/home/test.txt
file://c:/test.txt
```

9.3.1 URL 的创建

为了表示 URL，java.net 中实现了类 URL。可以通过下面的构造方法来初始化一个 URL 对象。

（1）public URL(String spec)：通过一个表示 URL 的字符串可以构造一个 URL 对象。
例如：
```
URL url=new URL("http://www.sina.com/")
```
（2）public URL(URL context, String spec)：通过基 URL 和相对 URL 构造一个 URL 对象。
例如：
```
URL url=new URL ("http://www.sina.com/");
```
（3）public URL（String protocol, String host, String file）：根据指定的协议 protocol、主机地址 host 以及指定的路径字符串 file 创建一个新的 URL 对象。
例如：
```
new URL("http", "http://www.sina.com/","face.html");
```
（4）public URL（String protocol, String host, int port, String file）：根据指定的协议 protocol、主机地址 host、端口号 port 以及指定的路径字符串 file 创建一个新的 URL 对象
例如：
```
URL url=new URL("http", ""http://www.sina.com ", 80, " face.html ");
```
类 URL 的构造方法都声明抛弃非运行时异常（MalformedURLException），因此生成 URL 对象时，必须要对这一异常进行处理，通常是用 try-catch 语句进行捕获。格式如下：
```
1    try
2    {
3        URL myURL= new URL(…)
4    }catch (MalformedURLException e){
5    }
```

9.3.2 解析 URL

一个 URL 对象生成后，其属性是不能被改变的，但是可以通过类 URL 所提供的方法来获取这些属性，表 9-2 中列出了可以用来解析 URL 的方法。

表 9-2　　　　　　　　　　　　　　解析 URL 常用方法

方法签名	功　　能
public int getDefaultPort()	获取与此 URL 关联协议的默认端口号
public String getProtocol()	获取此 URL 的协议名称
public String getHost()	获取此 URL 的主机名（如果适用）
public String getFile()	获取此 URL 的文件名
public int getPort()	获取此 URL 的端口号。如果未设置端口号，则返回-1
public String getPath()	获取此 URL 的路径部分
public String getQuery()	获取此 URL 的查询部分
public InputStream openStream() throws IOException	打开到此 URL 的连接并返回一个用于从该连接读取资源的 InputStream。通过打开的 InputStream 结合前面所学流的知识可以方便地获取资源的内容

9.3.3 获取数据

当得到一个 URL 对象后，就可以通过它读取指定的 WWW 资源，可使用 URL 的方法 openStream()，其定义为：

```
InputStream openStream();
```

方法 openSteam()与指定的 URL 建立连接并返回 InputStream 类的对象以从这一连接中读取数据。例 9-1 即显示了如何从连接中获取数据。通过与指定的 IP 地址连接，读取该网页的内容后保存在指定的本地文件中。

【例 9-1】 获取数据示例。

```
1    package chapter09.sample9_1;
2    import java.io.*;
3    import java.net.*;
4    public class Sample9_1
5    {
6        public static void main(String[] args)
7        {
8            try
9            {
10               //创建 URL 对象
11               URL url=new URL("http://www.sina.com");
12               //打开指向资源的输入流
13               InputStream in=url.openStream();
14               //将输入流由字节流转换为字符流
15               InputStreamReader isr=new InputStreamReader(in);
16               //将输入流封装为缓冲输入处理流
17               BufferedReader br=new BufferedReader(isr);
18               //创建输出流，并指定目标文件
19               BufferedWriter bw=new BufferedWriter(new FileWriter("c:/URL.html"));
20               //对输出流进一步进行封装
21               PrintWriter pw=new PrintWriter(bw);
22               //声明临时字符串引用
23               String temps=null;
24               //从输入流中获取资源并测试是否读取完毕
25               while((temps=br.readLine())!=null)
26               {
27                   //将获取的数据写如目标文件
28                   pw.println(temps);
29               }
30               //打印提示信息
31               System.out.println("恭喜您，资源已经获取完毕，并将其写入了 URL.html 文件
32                   中！！！");
33               //关闭输入流与输出流
34               pw.close();
35               br.close();
36           }
37           catch(Exception e)
38           {
39               e.printStackTrace();
40           }
41       }
42   }
```

编译并运行代码，结果如图 9-3 所示，而后在 C 盘下创建 URL.htm，将 www.sina.com 的页面保存在 URL.htm 中。

图 9-3　例 9-1 运行结果

通过 URL 类访问网络上的资源是十分方便的，实际开发中可以恰当选用，有时能达到事半功倍的效果。

9.4　InetAddress 类

为了实现网络中不同主机之间的通信，每台主机必须有一个唯一的标识，那就是 IP 地址。为了开发方便，java.net 包中专门提供了用于描述 IP 地址的类——InetAddress，可同时支持 IPv4 与 IPv6 的地址。

IPv4 的地址用一个 32 位的整数来表示，为了读写的方便每 8 位之间用"."分隔，并且用十进制表示，如 192.168.0.1。关于 IPv6 地址，本书篇幅所限不能详细介绍，请读者自行查阅相关资料。

比较特殊的是，InetAddress 类的对象是不能通过构造器创建的，一般是通过 InetAddress 类的静态工厂方法或其他类对象的方法来获取，表 9-3 列出了 InetAddress 类中常用的静态工厂方法。

表 9-3　　　　　　　　InetAddress 类中常用的静态工厂方法

方 法 名	描 述
public static InetAddress getLocalHost() throws UnknownHostException	返回对应于环回地址（127.0.0.1）的 InetAddress 对象
public static InetAddress getByAddress (byte[] addr) throws UnknownHostException	在给定原始 IP 地址的情况下，返回 InetAddress 对象。参数 addr 为原始 IP 地址。IPv4 地址 byte 数组的长度必须为 4Byte，IPv6 地址 byte 数组的长度必须为 16Byte
public static InetAddress[] getAllByName (String host) throws UnknownHost Exception	在给定主机名的情况下，根据系统上配置的名称服务返回指定名称主机 IP 地址对应的 InetAddress 对象引用数组。请读者注意，同一个主机一般只有一个名称，但可以具有几个不同的 IP 地址
public static InetAddress getByName (String host) throws UnknownHostException	返回指定名称主机对应 IP 地址的 InetAddress 对象
public static InetAddress getByAddress (String host, byte[] addr)throws Unknown HostException	根据提供的主机名 host 和原始 IP 地址 addr 创建 InetAddress 对象

上述静态工厂方法都有可能抛出捕获异常 UnknownHostException，在调用时一定要进行异常处理。获取了 InetAddress 类的对象后，就可以使用提供的一些方法进行操作了，如表 9-4 所示。

通过前面的介绍，对 InetAddress 类有了大体的了解，下面将给出一个使用 InetAddress 类的具体例子，获取表示名称为"silence"主机对应 IP 地址的 InetAddress 对象，并将 IP 地址与主机名打印出来。

表 9-4　　　　　　　　　　　　　　　　InetAddress 类中的常用方法

方 法 名	描 述
public byte[] getAddress()	返回此 InetAddress 对象的原始 IP 地址，结果按网络字节顺序进行输出，即地址的高位字节位于 getAddress()[0]中
public String getHostAddress()	以字符串的形式返回此 InetAddress 对象描述的 IP 地址
public String getHostName()	获取此 IP 地址对应主机的主机名

【例 9-2】　InetAddress 示例。

```
1   package chapter09.sample9_2;
2   import java.io.*;
3   import java.net.*;
4   public class Sample9_2
5   {
6       public static void main(String[] args)
7       {
8           try
9           {
10              //获取表示名称为 silence 的主机对应 IP 地址的 InetAddress 对象
11              InetAddress ip=InetAddress.getByName("silence");
12              //打印 InetAddress 对象描述的 IP 地址
13              System.out.print("InetAddress 对应的 IP 地址为："+ip.
14                  getHostAddress()+", ");
15              //打印 InetAddress 对象描述的主机名
16              System.out.println("主机名为："+ip.getHostName()+"。");
17          }
18          catch(Exception e)
19          {
20              e.printStackTrace();
21          }
22      }
23  }
```

编译并运行代码，结果如图 9-4 所示。

从例 9-2 中可以看出，利用 InetAddress 类对象可以方便地开发出使用 IP 地址相关信息的程序。

图 9-4　例 9-2 编译运行结果

9.5　Socket 套接字

通过前面一节的介绍，读者已经能够感受到使用 Java 进行网络开发是十分方便的，本节将继续介绍如何利用 Java 进行基于 TCP Socket（套接字）连接的网络应用的开发。

9.5.1 ServerSocket 类

ServerSocket 类对象工作在服务器端，用来监听指定的端口并接收客户端的连接请求，一共提供了 4 个构造器，如表 9-5 所示。

表 9-5　　　　　　　　　　　　　　ServerSocket 类的构造器

构造器签名	功　　能
public ServerSocket() throws IOException	创建一个不绑定到任何端口的空 ServerSocket 对象
public ServerSocket(int port) throws IO Exception	创建一个绑定到特定端口 port 上的 ServerSocket 对象，若端口 prot 的值为 0，则表示使用任何空闲端口
public ServerSocket(int port,int backlog) throws IOException	创建一个绑定到特定端口上的 ServerSocket 对象，参数 port 为指定的端口，参数 backlog 表示请求等待队列的最大长度
public ServerSocket(int port, int backlog, InetAddress bindAddr) throws IOException	创建一个绑定到本机指定 IP 地址指定端口上的 ServerSocket 对象，参数 port 为指定的端口，参数 backlog 表示请求等待队列的最大长度，参数 bindAddr 表示要绑定到的本机 IP 地址。请读者注意，如果本机有几个不同的 IP 地址，可以采用此构造器指定绑定到其中的哪一个

同一台主机上的同一端口号只能分配给一个特定的 ServerSocket 对象，不能两个 ServerSocket 对象监听同一个端口。另外，还要保证此端口号没有被其他应用程序或服务占用，否则将抛出异常 IOException。

端口号的理论范围为 0~65 535，但前 1 024 个中的大部分已经分配给了特定的应用协议，开发时最好选用 10 000 以上的端口，这样冲突的可能性很小。

例如，下面的代码片段说明了如何创建一个 ServerSocket 对象。

```
1    try
2    { //创建一个绑定到端口8888上的ServerSocket对象
3        ServerSocket server=new ServerSocket(8888);
4    }
5    catch(Exception e)
6    {
7        e.printStackTrace();
8    }
```

创建了 ServerSocket 对象后，可以利用提供的方法进行各种操作了，表 9-6 列出了其中常用的一些。

表 9-6　　　　　　　　　　　　　ServerSocket 类中的常用方法

方　法　名	描　　述
public Socket accept() throws IO Exception	接收客户端的连接请求，并将与客户端的连接封装成一个 Socket 对象返回。要注意的是，此方法为阻塞方法，在没有接收到任何连接请求前调用此方法的线程将一直阻塞等待，直到接收到连接请求后此方法才返回，调用此方法的线程才继续运行
public void close() throws IOException	关闭此 ServerSocket 对象
public boolean isBound()	返回此 ServerSocket 的绑定状态，如果此 ServerSocket 成功地绑定到一个地址上，则返回 True
public boolean isClosed()	返回此 ServerSocket 的关闭状态，若已经关闭则返回 True，否则返回 False
public int getLocalPort()	返回此套接字侦听的端口号，如果尚未绑定端口，则返回 -1

事实上当创建该 ServerScoket 的一个实例对象并提供一个端口资源后，就建立了一个固定位置可以让其他计算机来访问，例如：

```
ServerSocket server=new ServerSocket(6789);
```

这里要注意的是，端口的分配必须是唯一的。因为端口是为了唯一标识每台计算机唯一服务的，另外端口号是在 0~65 535 之间的，前 1 024 个端口已经被 TCP/IP 作为保留端口，因此分配的端口只能是 1 024 之后的。好了，有了固定位置。现在所需要的就是一根连接线了。该连接线由客户端首先提出要求。因此 Java 同样提供了一个 Socket 对象来对其进行支持，只要客户端创建一个 Socket 的实例对象进行支持就可以了。

```
Socket client=new Socket(InetAddress.getLocalHost(),5678);
```

客户机必须知道有关服务器的 IP 地址，对于这一点 Java 也提供了一个相关的类 InetAddress。该类的实例必须通过它的静态方法来提供，它的静态方法主要提供了得到本机 IP 和通过名字或 IP 直接得到 InetAddress 的方法。

上面的方法基本可以建立一条连线让两台计算机相互通信了，可是数据是如何传输的呢？事实上 I/O 操作总是和网络编程息息相关的。因为数据最终需要在底层的网络来传输，除非远程调用，处理问题的核心在执行上，否则数据的交互还是依赖于 I/O 操作的，所以必须导入 java.io 这个包。Java 的 I/O 操作也不复杂，它提供了针对字节流和 Unicode 的读者和写者，然后也提供了一个缓冲用于数据的读写。

```
BufferedReader in=new BufferedReader(new InputStreamReader(server.getInputStream()));
PrintWriter out=new PrintWriter(server.getOutputStream());
```

上面两句就是建立缓冲并把原始的字节流转变为 Unicode 可以操作，而原始的字节流来源于 Socket 的两个方法，getInputStream()和 getOutputStream()方法，分别用来得到输入和输出。关于 Socket 的具体连接实例，将在下一节讲述。

9.5.2 Socket 类

上一小节介绍了用于在服务器端接收连接的 ServerSocket 类，本小节将介绍工作在服务器与客户端两边实际管理连接的 Socket 类。Socket 类一共有 9 个构造器，表 9-7 列出了其中常用的两个。

表 9-7　　　　　　　　　　　　Socket 类的常用构造器

构造器签名	功　　能
public Socket(String host,int port) throws UnknownHostException, IOException	创建一个连接到指定主机指定端口的 Socket 对象，参数 host 为指定的主机名或 IP 地址字符串，参数 port 为指定的端口
public Socket(InetAddress address, int port) throws IOException	创建一个连接到指定主机指定端口的 Socket 对象，参数 address 给出要连接主机的 IP 地址，参数 port 为指定的端口

从上一小节介绍的 accept()方法可以看出,服务器端的 Socket 对象是通过 accept()方法获取的，因此上述构造器应该在客户端创建 Socket 对象。例如，下面的代码片段说明了如何在客户端创建连接到指定服务器指定端口的 Socket 对象。

```
1    //创建连接到 IP 地址为 192.168.0.3 的主机 9999 端口的 Socket 对象
2    Socket client=new Socket("192.168.0.3",8888);
```

获取或创建了 Socket 对象后,就可以通过提供的方法进行一定的操作了,表 9-8 列出了 Socket 类提供的一些常用方法。

表 9-8　　　　　　　　　　　　　　Socket 类中的常用方法

方法签名	功能
public InetAddress getInetAddress()	返回一个 InetAddress 对象，该对象描述了此 Socket 对象连接到的远程主机 IP 地址
public int getPort()	返回此 Socket 对象连接到的远程端口
public int getLocalPort()	返回此 Socket 对象使用的本地端口
public InputStream getInputStream() throws IOException	返回此 Socket 对象的输入流
public OutputStream getOutputStream() throws IOException	返回此 Socket 对象的输出流
public void close() throws IOException	关闭此 Socket 对象

如果创建了一个 Socket 对象，那么它可能通过调用 Socket 的 getInputStream()方法从服务程序获得输入流传送来的信息，也可能通过调用 Socket 的 getOutputStream()方法获得输出流来发送消息。在读写活动完成之后，客户程序调用 close()方法关闭流和流套接字，下面的代码创建了一个服务程序主机地址为 198.163.227.6，端口号为 13 的 Socket 对象，然后从这个新创建的 Socket 对象中读取输入流，然后再关闭流和 Socket 对象。

```
1    Socket s = new Socket ("198.163.227.6", 13);
2    InputStream is = s.getInputStream ();
3    // Read from the stream.
4    is.close ();
5    s.close
```

例 9-3 是一个用 Socket 实现的客户和服务器交互的典型 C/S 结构的程序。该程序分为分为客户端和服务端代码。服务端代码在本机模拟服务端，对发起连接的客户端进行相应。其中客户端代码与服务端中的端口号必须一致。客户端则向本机 IP 地址 127.0.0.1 请求连接。

【例 9-3】 Socket 编程示例。

客户端代码。

```
1    package chapter09.sample9_3;
2    import java.io.*;
3    import java.net.*;
4    public class Sample9_3 {
5        public static void main(String[] args) {
6            try {
7                //创建连接到服务器的 Socket 对象
8                Socket sc = new Socket(args[0], 9999);
9                //获取当前连接的输入流，并使用处理流进行封装
10               DataInputStream din = new DataInputStream(sc.getInputStream());
11               //获取当前连接的输出流，并使用处理流进行封装
12               DataOutputStream dout = new DataOutputStream(sc.getOutputStream());
13               //向服务器发送消息
14               dout.writeUTF(args[1]);
15               //读取服务器的返回消息并打印
16               System.out.println(din.readUTF());
17               //关闭流
18               din.close();
19               dout.close();
20               //关闭此 Socket 连接
```

```
21                sc.close();
22            }
23        catch (Exception e) {
24            e.printStackTrace();
25        }
26    }
27 }
```

服务端代码。

```
1  Package chapter09.sample9.3
2  import java.io.*;
3  import java.net.*;
4  import java.util.Date;
5  public class Server {
6      public static void main(String[] args) {
7          //声明用来计数的 int 局部变量
8          int count = 0;
9          try {
10             //创建绑定到 9999 端口的 ServerSocket 对象
11             ServerSocket server = new ServerSocket(9999);
12             //打印提示信息
13             System.out.println("服务器已经对 9999 端口进行监听...");
14             //服务器循环接收客户端的请求，为不同的客户端提供服务
15             while (true) {
16                 //接收客户端的连接请求，若有连接请求返回连接对应的 Socket 对象
17                 Socket sc = server.accept();
18                 //获取当前连接的输入流，并使用处理流进行封装
19                 DataInputStream din = new DataInputStream(sc.getInputStream());
20                 //获取当前连接的输出流，并使用处理流进行封装
21                 DataOutputStream dout = new DataOutputStream(sc
22                         .getOutputStream());
23                 //打印客户端的信息
24                 System.out.print("客户端 IP 地址：" + sc.getInetAddress());
25                 System.out.print("，客户端端口号：" + sc.getPort());
26                 System.out.println("本地端口号：" + sc.getLocalPort());
27                 System.out.println("客户端信息：" + din.readUTF());
28                 //向客户端发送回应信息
29                 dout.writeUTF(sc.getInetAddress() + "你好，现在服务器的时间为："
30                         + (new Date()) + "。");
31                 //关闭流
32                 din.close();
33                 dout.close();
34                 //关闭此 Socket 连接
35                 sc.close();
36             }
37         } catch (Exception e) {
38             e.printStackTrace();
39         }
40     }
41 }
```

在例 9-3 的代码中为了与服务器端对应，发送消息还是使用 DataOutputStream 的 writeUTF()

方法，接收消息还是使用 DataInputStream 的 readUTF()方法。同时应该注意到两边的收发顺序是互逆的，服务器端先收后发，客户端先发后收。

从上面的例子中可以看出，在编写服务器端程序时，所有的客户端程序都必须遵循下面的基本步骤。

（1）建立客户端 Socket 连接。
（2）得到 Socket 的读和写的流。
（3）打开流。
（4）关闭流。
（5）关闭 Socket。

所有的服务器都要遵循以下的基本步骤。

（1）建立一个服务器 socket 并开始监听。
（2）使用 accept()方法取得新的连接。
（3）建立输入和输出流。
（4）在已有的协议上产生会话。
（5）关闭客户端流和 Socket。
（6）回到（2）或者（7）。
（7）关闭服务器 Socket。

9.5.3　组播套接字

使用 Sokcet 类只能实现发送单一的消息（通过流套接字或自寻址套接字）给唯一的客户端程序，这种行为被称为单点传送（Unicasting），而多数情况都不适合于单点传送。例如，摇滚歌手举办一场音乐会，将通过互联网进行播放，画面和声音的质量依赖于传输速度，服务器程序要传送大约 10 亿 Byte 的数据给客户端程序，使用单点传送，那么每个客户程序都要复制一份数据，如果，互联网上有 10 000 个客户端要收看这个音乐会，那么服务器程序通过 Internet 要传送 10 000GByte 的数据，这必然导致网络阻塞，降低网络的传输速度。

如果服务器程序要将同一信息发送给多个客户端，那么服务器程序和客户端程序可以利用多点传送（multicasting）方式进行通信。多点传送就是服务器程序对专用的多点传送组的 IP 地址和端口发送一系列自寻址数据包，通过加入操作，IP 地址被多点传送 Socket 注册，通过这个点客户端程序可以接收发送给组的自寻址包（同样客户程序也可以给这个组发送自寻址包），一旦客户程序读完所有要读的自寻址数据包，那么可以通过离开组操作离开多点传送组。IP 地址 224.0.0.1 到 239.255.255.255（包括）均为保留的多点传送组地址。

在 Java 中，可以用 java.net.MulticastSocket 类组播数据。组播套接字是 DatagramSocket 的子类，定义如下：

public class MulticastSocket extends DatagramSocket
构造方法有两个。

- public MulticastSocket()throws SocketException
- public MulticastSocket (int port)throws SocketException

MulticastSocket 类以及一些辅助类（比如 NetworkInterface）支持多点传送，当一个客户程序要加入多点传送组时，就创建一个 MulticastSocket 对象。MulticastSocket（int port）构造函数允许应用程序指定端口（通过 port 参数）接收自寻址包，端口必须与服务器程序的端口号相匹配，要加入多点传送组，客户程序调用两个joinGroup()方法中的一个，同样，要离开传送组，也要调用两个leaveGroup()方法中的一个。

由于 MulticastSocket 扩展了 DatagramSocket 类，一个 MulticastSocket 对象就有权访问 DatagramSocket 的方法。

例 9-4 演示了一个客户端加入多点传送组的例子。Client 创建了一个绑定端口号 10 000 的 MulticastSocket 对象，接下来它获得了一个 InetAddress 子类对象，该子类对象包含多点传送组的 IP 地址 231.0.0.0，然后通过 joinGroup(InetAddress addr)方法加入多点传送组中，接下来 MCClient 接收 10 个自寻址包，同时输出它们的内容，然后使用 leaveGroup(InetAddress addr)方法离开传送组，最后关闭套接字。

当接收到一个自寻址包后，getData()方法返回一个引用，自寻址包的长度是 256Byte，如果要输出所有数据，在输出完实际数据后会有很多空格，这显然是不合理的，所以必须去掉这些空格，因此创建一个小的字节数组 buffer2，buffer2 的实际长度就是数据的实际长度，通过调用 DatagramPacket 的 getLength()方法来得到这个长度。从 buffer 到 buffer2，快速复制 getLength() 的长度的方法是调用 System.arraycopy()方法。

【例 9-4】 组播套接字示例。

```
1   package chapter09.sample9_4;
2   import java.io.IOException;
3   import java.net.*;
4   public class Server {
5       public static void main(String[] args) throws IOException {
6           System.out.println("服务端监听...\n");
7           // 创建没有指定端口的MulticastSocket,这点与Scoket不同
8           MulticastSocket ms = new MulticastSocket();
9           InetAddress group = InetAddress.getByName("127.0.0.1");
10          byte[] bb = new byte[0];
11          DatagramPacket dp = new DatagramPacket(bb, 0, group, 45535);
12          for (int i = 0; i < 1024; i++) {
13              byte[] buffer = ("获得信息" + i).getBytes();
14              //建立缓冲池
15              dp.setData(buffer);
16              dp.setLength(buffer.length);
17              // 发送数据包到所有的多播组成员,端口为 45535
18              ms.send(dp);
19          }
20          // 关闭 socket
21          ms.close();
22      }
23  }
```

服务端程序。

```
1   package chapter09.sample9_4;
2   import java.io.IOException;
3   import java.net.*;
4   public class Sample9_4 {
5       public static void main(String[] args) {
6           //创建 MulticastSocket,指定端口为 10000。所有从服务端发送的组播包都将被接受
7           MulticastSocket ms = null;
8           try {
```

```
9            ms = new MulticastSocket(10000);
10       } catch (IOException e3) {
11           e3.printStackTrace();
12       }
13       //获得组播的地址为127.0.0.1
14       InetAddress group = null;
15       try {
16           group = InetAddress.getByName("127.0.0.1");
17       } catch (UnknownHostException e2) {
18           e2.printStackTrace();
19       }
20       try {
21           //加入组播
22           ms.joinGroup(group);
23       } catch (IOException e1) {
24           e1.printStackTrace();
25       }
26       for (int i = 0; i < 10; i++) {
27           byte[] buffer = new byte[256];
28           DatagramPacket dgp = new DatagramPacket(buffer, buffer.length);
29           try {
30               //接收数据报包
31               ms.receive(dgp);
32           } catch (IOException e) {
33               e.printStackTrace();
34           }
35           byte[] buffer2 = new byte[dgp.getLength()];
36           System.arraycopy(dgp.getData(), 0, buffer2, 0, dgp.getLength());
37           System.out.println(new String(buffer2));
38       }
39       try {
40           //开启组播
41           ms.leaveGroup(group);
42       } catch (IOException e) {
43           e.printStackTrace();
44       }
45       //关闭socket.
46       ms.close();
47   }
48 }
```

Server 创建了一个 MulticastSocket 对象，由于它是 DatagramPacket 对象的一部分，所以没有绑定端口号，DatagramPacket 有多点传送组的 IP 地址(127.0.0.0)，一旦创建 DatagramPacket 对象，MCServer 就进入一个发送 30 000 条的文本的循环中，对文本的每一行均要创建一个字节数组，它们的引用均存储在前面创建的 DatagramPacket 对象中，通过 send()方法，自寻址包发送给所有的组成员。

9.6 综合示例：聊天室程序

聊天室程序通常被看做为典型的 Java C/S 模型，在学习了网络编程以及 GUI 编程后，可以构造一个简单的聊天室程序。

第 9 章 网络通信

聊天室程序通常需要完成聊天室登录、获得所有的昵称、发送聊天消息等功能。除使用到网络编程中的服务器连接、发送数据等相关知识外,还涉及多线程、同步的问题。本节所讨论的聊天室程序只是简单的聊天室程序,只对服务器端进行连接,发送接收消息即可。

为了更突出 C/S 模型,在聊天室程序中,在进行服务端和客户端的创建时,只完成了简单的功能,如 Socket 连接、多线程的问题。没有设置用户名、密码登录等高级功能。

聊天室的图形界面采用 Java 的 GUI 编程,可以输入主机的地址进行连接。连接后方可发送消息,此外还提供了服务端和客户端的切换。

【例 9-5】 聊天室示例。

```
1   package chapter09.sample9_5;
2   import java.awt.*;
3   import java.awt.event.*;
4   import javax.swing.*;
5   import java.io.*;
6   import java.net.*;
7   public class ChatRoom extends JFrame implements ActionListener {
8       //图形界面上的按钮
9       private JButton connect, send, disconnect;
10      private JRadioButton rb[] = new JRadioButton[2];
11      //聊天区域
12      private JTextArea ta1;
13      private JTextField tf1, tf2, tf3;
14      private ServerSocket socket1;
15      private Socket insocket1, socket2;
16      private String inbuf;
17      private BufferedReader in1;
18      private PrintWriter out1;
19      //服务端对象
20      private Server server;
21      //客户端对象
22      private Client client;
23      public static void main(String[] args) {
24          ChatRoom frame = new ChatRoom();
25      }
26      public ChatRoom() {
27          setTitle("聊天室示例");
28          Container c = getContentPane();
29          c.setLayout(null);
30          String s[] = { "服务端", "客户端" };
31          ButtonGroup bg1 = new ButtonGroup();
32          for (int i = 0; i < 2; i++) {
33              rb[i] = new JRadioButton(s[i]);
34              rb[i].setFont(new Font("宋体", Font.BOLD, 14));
35              rb[i].setForeground(Color.black);
36              rb[i].setSize(80, 20);
37              rb[i].setLocation(10 + i * 80, 27);
38              c.add(rb[i]);
39              bg1.add(rb[i]);
40          }
41          rb[0].setSelected(true);
42          JLabel lb1 = new JLabel("连接主机 IP");
43          lb1.setFont(new Font("宋体", Font.BOLD, 16));
```

```
44          lb1.setForeground(Color.black);
45          lb1.setSize(120, 25);
46          lb1.setLocation(16, 55);
47          c.add(lb1);
48          tf1 = new JTextField("127.0.0.1");
49          tf1.setForeground(Color.black);
50          tf1.setSize(250, 25);
51          tf1.setLocation(120, 55);
52          c.add(tf1);
53          //连接按钮
54          connect = new JButton("连接");
55          connect.setSize(110, 20);
56          connect.setLocation(380, 55);
57          connect.addActionListener(this);
58          c.add(connect);
59          JLabel lb2 = new JLabel("接收到信息");
60          lb2.setFont(new Font("宋体", Font.BOLD, 16));
61          lb2.setForeground(Color.black);
62          lb2.setSize(120, 20);
63          lb2.setLocation(10, 85);
64          c.add(lb2);
65          ta1 = new JTextArea();
66          ta1.setForeground(Color.black);
67          ta1.setSize(250, 200);
68          ta1.setLocation(120, 85);
69          c.add(ta1);
70          JLabel lb3 = new JLabel("发送信息");
71          lb3.setForeground(Color.black);
72          lb3.setSize(120, 25);
73          lb3.setLocation(10, 300);
74          c.add(lb3);
75          tf2 = new JTextField();
76          tf2.setForeground(Color.black);
77          tf2.setSize(250, 25);
78          tf2.setLocation(120, 300);
79          c.add(tf2);
80          //发送信息按钮
81          send = new JButton("发送信息");
82          send.setFont(new Font("宋体", Font.BOLD, 16));
83          send.setSize(110, 25);
84          send.setLocation(380, 300);
85          send.addActionListener(this);
86          send.setEnabled(false);
87          c.add(send);
88          //连接状态
89          JLabel lb4 = new JLabel("连接状态: ");
90          lb4.setFont(new Font("宋体", Font.BOLD, 14));
91          lb4.setForeground(Color.black);
92          lb4.setSize(120, 25);
93          lb4.setLocation(180, 27);
94          c.add(lb4);
95          //离线按钮
96          tf3 = new JTextField("离线");
```

```
97              tf3.setForeground(Color.black);
98              tf3.setSize(120, 25);
99              tf3.setLocation(270, 27);
100             c.add(tf3);
101             disconnect = new JButton("结束连接");
102             disconnect.setSize(110, 20);
103             disconnect.setLocation(380, 85);
104             disconnect.addActionListener(this);
105             disconnect.setEnabled(false);
106             c.add(disconnect);
107             //启动服务端
108             server = new Server();
109             server.run();
110             server.run();
111             //启动客户端
112             client = new Client();
113             setDefaultCloseOperation(JFrame.EXIT_ON_CLOSE);
114             setSize(500, 400);
115             setVisible(true);
116             setLocation(280, 280);
117         }
118         public void actionPerformed(ActionEvent e) {
119             if (e.getSource() == connect) {
120                 try {
121                     if (rb[0].isSelected() == true) {
122                         inbuf = "";
123                         tf2.setText("");
124                         server.start();
125                     } else {
126                         inbuf = "";
127                         tf2.setText("");
128                         client.start();
129                     }
130                 } catch (Exception e2) {
131                     tf3.setText("发生错误");
132                 }
133             }
134             if (e.getSource() == send) {
135                 out1.write(tf2.getText() + "\n");
136                 out1.flush();
137                 tf2.setText("");
138             }
139             if (e.getSource() == disconnect) {
140                 try {
141                     if (rb[0].isSelected() == true) {
142                         insocket1.close();
143                         tf3.setText("离线");
144                         send.setEnabled(false);
145                         disconnect.setEnabled(false);
146                     } else {
147                         socket2.close();
148                         tf3.setText("离线!");
149                         send.setEnabled(false);
150                         disconnect.setEnabled(false);
```

```
151                 }
152             } catch (Exception e2) {
153                 tf3.setText("发生错误");
154             }
155         }
156     }
157     //服务端类
158     class Server extends Thread {
159         public Server() {
160         }
161         public void run() {
162             try {
163                 connect.setEnabled(false);
164                 tf3.setText("正在等待连接!");
165                 tf1.setText(Inet4Address.getLocalHost().getHostAddress());
166                 socket1 = new ServerSocket(21);
167                 insocket1 = socket1.accept();
168                 in1 = new BufferedReader(new InputStreamReader(insocket1
169                         .getInputStream()));
170                 out1 = new PrintWriter(insocket1.getOutputStream(), true);
171                 while (true) {
172                     if (socket1.isBound() == true) {
173                         tf3.setText("正在连接!");
174                         send.setEnabled(true);
175                         disconnect.setEnabled(true);
176                         break;
177                     }
178                 }
179                 while (true) {
180                     inbuf = in1.readLine();
181                     if (inbuf.length() > 0) {
182                         ta1.append(inbuf);
183                         ta1.append("\n");
184                     }
185                 }
186             } catch (Exception e) {
187             }
188         }
189     }
190     //客户端类
191     class Client extends Thread {
192         public Client() {
193         }
194         public void run() {
195             try {
196                 //按下连接按钮后，将连接按钮置于不可用状态
197                 connect.setEnabled(false);
198                 tf3.setText("正在等待连接!");
199                 socket2 = new Socket();
200                 socket2.connect(new InetSocketAddress(tf1.getText(), 21), 5000);
201                 in1 = new BufferedReader(new InputStreamReader(socket2
202                         .getInputStream()));
203                 out1 = new PrintWriter(socket2.getOutputStream(), true);
```

```
204            while (true) {
205                if (socket2.isConnected() == true) {
206                    tf3.setText("正在连接!");
207                    send.setEnabled(true);
208                    disconnect.setEnabled(true);
209                    break;
210                }
211            }
212            inbuf = "";
213            while (true) {
214                inbuf = in1.readLine();
215                if (inbuf.length() > 0) {
216                    ta1.append(inbuf);
217                    ta1.append("\n");
218                }
219            }
220        } catch (Exception e) {
221        }
222    }
223  }
224
225 }
```

编译和运行代码，获得聊天的图形界面，如图 9-5 所示。

上面的聊天室程序还不完善，如刷新用户列表昵称等功能都还没有，有兴趣的读者可以进一步修改，编写更完整的聊天室程序。

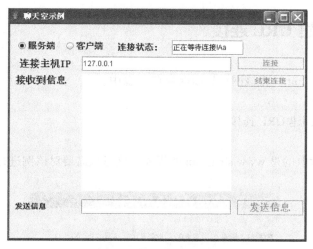

图 9-5 聊天室图形界面

小　结

本章简要介绍了 Java 中关于网络开发的知识，包括网络协议简介、URL 类以及 Soctet 编程。通过本章的学习，可以对 Java 中的网络开发有一定的了解，能够开发出不太复杂的网络应用。

习 题

1. 要通过互联网进行通信，至少需要一对套接字，一个运行于客户机端，称之为_____，另一个运行于服务器端，称之为_____。
2. 方法_____与指定的 URL 建立连接并返回 InputStream 类的对象以从这一连接中读取数据。
3. URL u =new URL("http://www.123.com");。如果 www.123.com 不存在，则返回_____。
   A. http://www.123.com   B. ""   C. null   D. 抛出异常
4. 下面哪个选项正确创建了 Socket 连接？_____。
   A. Socket s = new Socket(8080);
   B. Socket s = new Socket("192.168.1.1","8080")
   C. SocketServer s = new Socket(8080);
   D. Socket s = new SocketServer("192.168.1.1","8080")
5. 什么是 URL？如何创建 URL？
6. 简单描述 Socket 连接的过程。

上机指导

实验一 创建 URL 连接

实验内容

读取 www.google.com，将该网页界面保存在 C 盘中。

实验目的

巩固知识点——创建 URL 连接。

实现过程

在 9.3.3 小节中读取的是 www.sina.com 的界面，这里只需要对该例进行简单的改动即可，运行结果如图 9-6 所示。

图 9-6 实验一运行结果

实验二 获得 URL 中的数据

实验内容

读取 "http://www.google.com" 使用的协议、端口、主机。

实验目的

扩展知识点——获得 URL 中的数据。

实验过程

通过 URL 的相应参数获得 URL 的信息。

```
1    URL u;
2    try {
3        u = new URL("http://www.google.com");
4        System.out.println(u.getProtocol());
5        System.out.println(u.getHost());
6    } catch (MalformedURLException e) {
7        e.printStackTrace();
8    }
```

运行结果如图 9-7 所示。

图 9-7 实验二运行结果

第 10 章 高级应用

通过前面的学习,读者已经对 Java 编程有一定的了解。本章将介绍 Java 中一些高级的应用,包含多线程、JSP 和 Servlet 技术,以及 Java 数据库技术。

10.1 线程

随着多核 CPU 的问世,使得多线程程序在开发中占有了更重要的位置。Java 是支持多线程编程的开发语言,用其进行多线程开发既方便又高效,本节将介绍 Java 中多线程开发的相关知识,主要包括线程的基本使用、状态、调度、同步等。

10.1.1 Java 中的线程模型

多线程编程可以使程序具有多条并发执行线索,就像日常工作中由多人同时合作完成一个任务。这在很多情况下可以改善程序的响应性能,提高资源的利用效率,在多核 CPU 年代,这显得尤为重要。然而滥用多线程也有可能给程序带来意想不到的错误,降低程序执行的效率。

Java 中多线程就是一个类或一个程序执行或管理多个线程执行任务的能力,每个线程可以独立于其他线程而独立运行,当然也可以和其他线程协同运行,一个类控制着它的所有线程,可以决定哪个线程具有优先级,哪个线程可以访问其他类的资源,哪个线程开始执行,哪个保持休眠状态,图 10-1 为线程状态图。

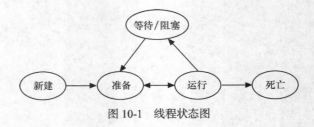

图 10-1 线程状态图

线程的状态表示线程正在进行的活动以及在此时间段内所能完成的任务。线程有创建、可运行、运行中、阻塞、死亡 5 种状态。一个具有生命的线程,总是处于这 5 种状态之一。

(1)新建状态

使用 new 运算符创建一个线程后,该线程仅仅是一个空对象,系统没有分配资源,称该线程处于创建状态(new thread)。

（2）可运行状态

使用 start()方法启动一个线程后，系统为该线程分配了除 CPU 外的所需资源，使该线程处于可运行状态（Runnable）。

（3）运行中状态

Java 运行系统通过调度选中一个 Runnable 的线程，使其占有 CPU 并转为运行中状态（Running）。此时，系统真正执行线程的 run()方法。

（4）阻塞状态

一个正在运行的线程因某种原因不能继续运行时，进入阻塞状态（Blocked）。

（5）死亡状态

线程结束后是死亡状态（Dead）。

Java 中的线程有两方面的含义：一是一条独立的执行线索，二是 java.lang.Thread 类或其子类的对象。在 Java 中开发自己的线程有两种方式，包括继承 Thread 类与实现 Runnable 接口。

（1）继承 Thread 类

若一个类直接或间接继承自 Thread 类，则该类对象便具有了线程的能力。这是最简单的开发线程的方式，采用此方式最重要的是重写继承的 run()方法。其实，run()方法中的代码就是线程所要执行任务的描述，这种方式的基本语法如下。

```
class <类名> extends Thread
{
    public void run()
    {
        //线程所要执行任务的代码
    }
}
```

上述格式中，run()方法中编写的是线程所要执行任务的代码，一旦线程启动，run()方法中的代码将成为一条独立的执行线索。run()方法是可以重载的，但重载后的该方法，不再具有成为一条执行线索的能力，在开发中注意不能写错。

重写的 run()方法虽然具有成为执行线索的能力，但也可以作为一般的方法来调用，要注意的是，直接调用 run()方法并不产生新的执行线索。

下面给出了一个基于继承 Thread 类来实现自定义线程的例子，代码如下。

```
1   //继承 Thread 类
2   class MyThread extends Thread
3   {
4       //重写 run 方法
5       public void run()
6       {
7           System.out.println("这里是一个新的线程开始的地方，"
8                   +"在这里编写独立运行的线程代码");
9       }
10  }
```

（2）实现 Runnable 接口

由于 Java 中采用的是单一继承，一个类只能唯一地继承另一个类。如果只能通过继承 Thread

类来定义自己的线程,在开发中有很多限制。因此,Java 中提供了一个名称为 Runnable (java.lang.Runnable)的接口,此接口中有一个具有如下声明的抽象方法。

```
public abstract void run();
```

这样,实现了 Runnable 接口的类中同样也就具有了描述线程任务的 run()方法,此 run()方法也可以在一定的条件下成为一条独立的执行线索。

下面给出了一个实现了 Runnable 接口的类,代码如下。

```
1    //实现了 Runnable 接口
2    class MyRunnable implements Runnable
3    {
4        //重写 run 方法
5        public void run()
6        {
7            System.out.println("这里是一个新的线程开始的地方,"+
8                              "在这里编写独立运行的线程代码");
9        }
10   }
```

无论使用哪种方式,都可以通过一定的操作得到一条独立的执行线索,然而二者之间不是完全相同的,下面对二者之间的异同进行了比较。继承 Thread 类的方式虽然最简单(在后面的具体案例中会体会到),但继承了该类就不能继承别的类,这在有些情况下会严重影响开发。其实,很多情况下只是希望自己的类具有线程的能力,扮演线程的角色,而自己的类还需要继承其他类。实现 Runnable 接口既不影响继承其他类,也不影响实现其他接口,只是实现 Runnable 接口的类多扮演了一种角色,多了一种能力而已,灵活性更好。

10.1.2 线程的创建

对于继承 Thread 类与实现 Runnable 接口两种不同方式,在创建线程对象这一步是有区别的,下边将分别介绍在这两种情况下如何创建线程对象。

(1)继承 Thread 类方式

继承 Thread 的类,在创建线程对象时非常简单。其继承了 Thread 类,因此其自身的对象便是线程对象,在创建线程对象时只需创建自身的对象即可。

下面的代码便创建了一个线程对象,并用 Thread 类型引用 mt 指向此对象。

```
1    //继承 Thread 的类创建线程对象
2    Thread mt=new MyThread();
```

继承 Thread 的类创建线程对象的方式与别的类创建对象的方式完全一样。

(2)实现 Runnable 接口方式

从前面可以看出,继承 Thread 的类创建线程对象的操作非常简单,而对于实现 Runnable 接口的类,其自身的对象并不是一个线程,只是在该类中通过实现 run()方法指出了线程需要完成的任务。然而,若想得到一个线程,必须创建 Thread 类或其子类的对象,这时就需要使用 Thread 类的特定构造器来完成这个工作,表 10-1 为 Thread 类的常用构造器。

从 Thread 类的构造器列表中可以看出,当创建线程对象时,只需首先创建实现 Runnable 接口的类的对象,然后将此对象的引用传递给 Thread 类构造器即可,这种方式实际上是告诉线程对象要执行的任务(run()方法)在哪里。

表 10-1　　　　　　　　　　　　　　Thread 类的常用构造器

构造器声明	功　　能
public Thread()	该构造器将构造一个新的线程对象，该对象启动后将运行自身的 run()方法，并且该对象具有默认的名称
public Thread(Runnable target)	参数 target 为指定的 Runnable 实现类，该构造器将构造一个新的线程对象，当该对象启动后将执行指定 target 中的 run()方法，该对象具有默认的名称
public Thread(Runnable target,String name)	参数 target 为指定的 Runnable 实现类，参数 name 为指定的名称，该构造器将构造一个新的线程对象，当该对象启动后将执行指定 target 中的 run()方法，该对象具有指定的名称
public Thread(String name)	参数 name 为指定的名称，该构造器将构造一个新的线程对象，该对象启动后将运行自身的 run()方法，并且该对象具有指定的名称

下面的例子说明了这个问题，代码如下。

```
1    //创建实现 Runnable 接口的类的对象
2    MyRunnable mr=new MyRunnable();
3    //创建 Thread 对象，将第一步创建对象的引用作为构造器参数
4    Thread t=new Thread(mr);
```

当然，实现 Runnable 接口的类的对象可以被同时传递给多个线程对象，如下面的代码。

```
1    //创建实现 Runnable 接口的类的对象
2    MyRunnable mr=new MyRunnable();
3    //创建几个 Thread 对象，将第一步创建对象的引用作为构造器参数
4    Thread t1=new Thread(mr);
5    Thread t2=new Thread(mr);
6    Thread t3=new Thread(mr);
```

上述代码也就意味着这几个线程对象启动后将执行完全相同的任务。另外，Thread 类本身也实现了 Runnable 接口，因此 Thread 类及其子类的对象也可以作为 target 传递给新的线程对象。

当线程对象创建完成后，其还只是一个普通的对象，并没有成为一条独立的执行线索。想让其成为独立的执行线索必须启动，在没有启动的情况下，开发人员可以像调用其他对象的方法一样调用线程对象中的任何可见方法。

下面的例子说明了这个问题，代码如下。

```
1    //创建 Runnable 实现类的对象
2    MyRunnable mr=new MyRunnable();
3    //创建 Thread 对象
4    Thread t=new Thread(mr);
5    //调用 Thread 对象中 run 方法
6    t.run();
```

run()方法也可以作为普通方法一样调用，但调用了 run()方法并不代表新建了执行线索，run()方法还是在调用它的线程中执行。

10.1.3　线程的同步

多线程程序中，由于同时有多个线程并发运行，有时会带来严重的问题，甚至引发错误。例如，一个银行账户在同一时刻只能由一个用户操作，如果两个用户同时操作很可能会产生错误。为了解决这些问题，在多线程开发中就需要使用同步技术。

同步方法是指用 synchronized 关键字修饰的方法，其与普通方法的不同是，进入同步方法执行的线程将获得同步方法所属对象的锁，一旦对象被锁，其他线程就不能执行被锁对象的任何同步方法。也就是说，线程在执行同步方法之前，首先试图获得方法所属对象的锁，如果不能获得锁就进入对象的锁等待池等待，直到别的线程释放锁，其获得锁才能执行。

下面给出了声明同步方法的基本语法。

```
synchronized <返回类型> 方法名([参数列表]) [throws <异常序列>]
{
    //同步方法的方法体
}
```

在使用同步方法时要注意以下几点。

- 关键字 synchronized 只能标识方法，不能标识成员变量，不存在同步的成员变量。
- 一个对象可以同时有同步与非同步的方法，只有进入同步方法执行才需要获得锁，每个对象只有一个锁。若一个对象中有多个同步方法，当某线程在访问其中之一时，其他线程不能访问该对象中的任何同步方法，但可以访问非同步方法。
- 若线程获得锁后进入睡眠或进行让步，则将带着锁一起睡眠或让步，这种做法将严重影响等待锁的线程的执行，进而影响程序的整体性能。
- 同步方法退出时，锁将被释放，其他等待的线程可以获得锁。

下面给出了一个同步方法的简单例子。

```
1    //标识为同步的方法
2    public synchronized void myFunction()
3    {
4        System.out.println("该方法为同步的方法！！！");
5    }
```

另外需要注意的是，静态方法也允许同步，这样就保证了静态方法不会同时被多个线程使用，下面便给出了一个静态的同步方法。

```
1    //标识静态的同步的方法
2    public static synchronized void myFunction()
3    {
4        System.out.println("该方法为同步的方法！！！");
5    }
```

其实静态同步方法在执行前，线程要获取的是方法所在类的锁，在道理上与非静态同步方法要获得方法所属对象的锁是相同的，同一时刻一个类也只能有一个静态同步方法被访问。

例 10-1 是一个完整线程同步例子。

【例 10-1】 线程示例。

```
1    package chapter10.sample10_1;
2    //资源类
3    class Resource
4    {
5        synchronized void function1(Thread currThread)
6        {
7            System.out.println(currThread.getName()+
8            "线程执行function1方法！！！");
9            try
10           {
11               Thread.sleep(1000);
```

```
12              System.out.println(currThread.getName()+"线程睡醒了！！！");
13          }
14          catch(Exception e)
15          {
16              e.printStackTrace();
17          }
18      }
19      synchronized void function2(Thread currThread)
20      {
21          System.out.println(currThread.getName()+
22              "线程执行function2方法！！！");
23      }
24  }
25  //自定义线程类
26  class MyThread extends Thread
27  {
28      //资源对象的引用
29      Resource rs;
30      //构造器
31      public MyThread(String tName,Resource rs)
32      {
33          this.setName(tName);
34          this.rs=rs;
35      }
36      public void run()
37      {
38          if(this.getName().equals("Thread1"))
39          {//如果线程名称是Thread1 访问资源的function1方法
40              rs.function1(this);
41          }
42          else
43          {//如果线程名称不是Thread1 访问资源的function2方法
44              System.out.println("Thread2启动，等待进入同步方法function2！！！");
45              rs.function2(this);
46          }
47      }
48  }
49  //主类
50  public class Sample10_1
51  {
52      public static void main(String args[])
53      {
54          Resource rs=new Resource();
55          MyThread t1=new MyThread("Thread1",rs);
56          MyThread t2=new MyThread("Thread2",rs);
57          t1.start();
58          try
59          {
60              Thread.sleep(10);
61          }
62          catch(Exception e)
63          {
64              e.printStackTrace();
65          }
```

```
66            t2.start();
67        }
68 }
```

例 10-1 代码中 Resource 为资源类,有两个同步的方法 function1()与 function2(),执行 function1()方法时首先打印一行信息,然后让执行线程休眠 1 000ms。

主方法中首先创建了资源对象,然后创建了两个线程对象,最后分别启动了两个线程。线程 Thread1 执行 function1(),线程 Thread2 首先打印一行信息,然后执行 function2()。

编译运行代码,结果如图 10-2 所示。

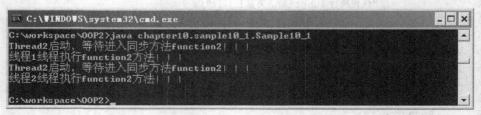

图 10-2　例 10-1 编译运行结果

程序具体的执行过程如下所列。

(1) Thread1 首先启动执行,然后去睡眠,接着 Thread2 启动执行。
(2) 由于 Thread2 没有资源对象的锁,不能执行同步方法 function2(),只能等待。
(3) Thread1 睡眠时间结束,恢复执行,执行完毕退出 function1()后,释放资源对象的锁。
(4) Thread2 获取资源锁,成功执行同步方法 function2(),整个程序结束。

10.1.4　线程的调度

同一时刻如果有多个线程处于可运行状态,则它们需要排队等待 CPU 资源。此时每个线程自动获得一个线程的优先级(priority),优先级的高低反映线程的重要或紧急程度。可运行状态的线程按优先级排队,线程调度依据优先级基础上的"先到先服务"原则。

Java 自动调度没有逻辑约束的线程时,其执行顺序是没有保障的。但是可以通过编程调用一些调度线程的方法,来实现一定程度上对线程的调度。但要注意的是,这些调度线程的方法,有些是有保障的,有些只是影响线程进入执行状态的几率。

很多系统在对进程进行调度时,会采用优先级调度策略。Java 中在对线程进行调度时,也采用了优先级调度策略,具体策略为:"优先级高的线程应该有更大的获取 CPU 资源执行的概率,优先级低的线程并不是总不能执行"。也就是说,当前正在执行的线程优先级一般不会比正在准备状态等待执行的线程优先级低。

Java 中线程的优先级用 1~10 之间的整数表示,数值越大优先级越高,默认优先级为 5。例如,在没有特别指定的情况下,主线程的优先级别为 5。另外,对于子线程,其初始优先级与其父线程的优先级相同。也就是说,若父线程优先级为 8,则其子线程的初始优先级为 8。

当需要改变线程的优先级时,可以通过调用 setPriority()方法来实现,下面为该方法的声明:

```
public final void setPriority(int newPriority)
```

该方法是 final 的,所以在继承 Thread 类时不能重写该方法。参数 newPriority 表示需要设置的优先级别,应该是 1~10 之间的整数。为了便于记忆,Java 中也提供了 3 个常量来表示比较常用的优先级别,表 10-2 列出了这 3 个常量的信息。

表 10-2　　　　　　　　　　　Thread 类中关于线程优先级的常量

常　量	表示的内容
public static final int MAX_PRIORITY	该常量将表示线程可以具有最高的优先级
public static final int NORM_PRIORITY	该常量将表示线程可以具有默认的优先级，即 5
public static final int MIN_PRIORITY	该常量将表示线程可以具有最低的优先级

下面给出了例 10-2，是一个利用优先级对线程进行调度的例子。

【例 10-2】　线程调度示例。

```
1   package chapter10.sample10_2;
2   //定义继承 Thread 的类
3   public class MyThread1 extends Thread{
4       //覆盖 run 方法，指定该线程执行的代码
5       public void run()
6       {
7           for(int i=0;i<=49;i++)
8           {
9               System.out.print("<MyThread1"+i+"> ");
10          }
11      }
12  }
13  public class MyThread2 extends Thread {
14      public void run() {
15          for (int i = 0; i <= 49; i++) {
16              System.out.print("[MyThread2" + i + "] ");
17          }
18      }
19  }
20  public class Sample10_2 {
21      public static void main(String[] args) {
22          //创建两个线程对象
23          MyThread1 t1 = new MyThread1();
24          MyThread2 t2 = new MyThread2();
25          //设置两个线程的优先级
26          t1.setPriority(Thread.MIN_PRIORITY);
27          t2.setPriority(Thread.MAX_PRIORITY);
28          //启动两个线程
29          t1.start();
30          t2.start();
31      }
32  }
```

上述代码中将两个线程分别设置为最低、最高的优先级，然后分别启动执行。在启动时，首先启动优先级低的线程。

编译并运行代码，结果如图 10-3 所示。

在图 10-3 中，优先级高的运行完毕，优先级低的才开始运行，这与前面讲的"当前正在执行的线程优先级一般不会比正在准备状态等待执行的线程优先级低"是符合的，但要特别注意，这并不是一定的。

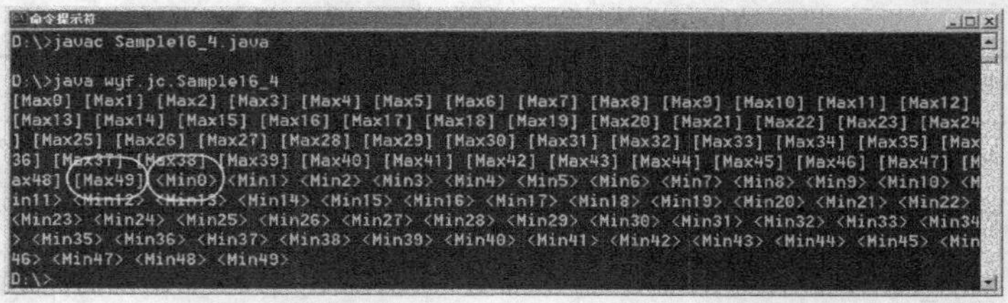

图 10-3 例 10-2 编译运行结果

10.1.5 线程的其他方法

除上面介绍的方法外，在线程中还包含一些其他常用的方法，如 sleep()、wait()、notify()、notifyAll()。本节主要介绍这 4 个方法的用途。

1. sleep()

在线程执行的过程中，调用 sleep()方法可以让线程睡眠一段指定的时间，等指定时间到达后，该线程则会苏醒，并进入准备状态等待执行。这是使正在执行的线程让出 CPU 的最简单方法之一，其方法声明如下。

```
public static void sleep(long millis)throws InterruptedException
public static void sleep(long millis,int nanos)throws InterruptedException
```

sleep()方法被重载了，但上述两个方法都可以使线程进入睡眠状态。参数 millis 为指定线程将睡眠的毫秒数，参数 nanos 为指定线程额外将睡眠的纳秒数。但要注意的是，纳秒级的计时是不准确的，不能用做时间基准。

上述两个方法都有可能抛出 InterruptedException 异常，因此在调用此方法时需要进行异常处理。两个方法都为静态方法，所以这两个方法不是与某个线程对象相关联的，可以出现在任何位置，当执行到该方法时，让执行此方法的线程进入睡眠状态。也就是说，哪个线程执行了 sleep()方法哪个线程去睡眠，并不是调用特定线程对象的 sleep()方法。

要特别注意，线程醒来将进入准备状态，并不能保证立刻执行，因此指定的时间是线程暂停执行的最小时间。

例 10-3 是一个简单的 sleep()使用示例。

【例 10-3】 sleep()示例。

```
1    package chapter10.sample10_3;
2    public class Sleep {
3        public synchronized void wantSleep() {
4            try {
5                Thread.sleep(1000 * 3);
6            } catch (Exception e) {
7            }
8            System.out.println("我在休息");
9        }
10       public synchronized void say() {
11           System.out.println("我休息完了。你来吧");
12       }
13   }
14   //线程1
15   class T1 extends Thread {
16       Sleep st;
```

```
17      public T1(Sleep st) {
18          this.st = st;
19      }
20      public void run() {
21          st.wantSleep();
22      }
23  }
24  //线程2
25  class T2 extends Thread {
26      Sleep st;
27      public T2(Sleep st) {
28          this.st = st;
29      }
30      public void run() {
31          st.say();
32      }
33  }
34  //主类
35  public class Sample10_3 {
36      public static void main(String[] args) throws Exception{
37          Sleep st = new Sleep();
38          new T1(st).start();
39          new T2(st).start();
40      }
41  }
```

编译并运行代码，结果如图 10-4 所示。

图 10-4　例 10-3 编译运行结果

线程 T1 的实例运行后，当前线程抓住了 st 实例的锁，然后进入了 sleep()。直到它睡满 3s 后才运行到 System.out.println（"111"），然后 run()方法运行完成，释放了对 st 的监视锁，线程 T2 的实例才得到运行的机会。

2．wait()，notify()以及 notifyAll()

自版本 1.0 开始，JavaSE 就提供了 wait()，notify()以及 notifyAll()方法。虽然以上所说的 3 个方法最常出现的地方是线程的内部，但是这些方法并不是 Thread 类的成员函数。实际上 Java 在设计的时候就充分考虑到了同步的问题，因而在设计基础类 Object 的时候就为其提供了这 3 个函数。这就意味着编写的任何类都可以使用这些方法（当然某些时候这些方法是没有意义的）。

wait()，notify()，notifyAll()这 3 个方法用于协调多个线程对共享数据的存取，常用于生产者消费者模型中。"生产者-消费者"问题的具体含义是，系统中有很多生产者和消费者并发工作，生产者负责生产资源，消费者消耗资源。当消费者消费资源时，如果资源不足，则需要等待，反之当生产者生产资源时，若资源正满，则也需要等待。另外，同一时刻只能有一个生产者或消费者进行操作。

当线程执行了对一个特定对象的 wait()调用时，那个线程被放到与那个对象相关的等待池中。此外，调用 wait()的线程自动释放对象的锁标志。wait()跟 sleep()本质上来说是不一样的。sleep()

使得一个线程进入睡眠状态，但是线程所占有的资源并没有释放。比如，在 synchronized 模块里面调用了 sleep()，虽然线程睡眠了而且没有使用资源，但是它依然保存着锁，别的线程依然无法调用相关的 synchronized 模块。而 wait()就不同，它实际上放弃了锁，将资源贡献出来，而使自己暂时离开。这个离开状态一直会持续到"boss"（其他的线程）调用了 notify()，通知线程继续回来工作。

对一个特定对象执行 notify()调用时，将从对象的等待池中移走一个任意的线程，并放到锁标志等待池中，那里的线程一直在等待，直到可以获得对象的锁标志。notifyAll()方法将从对象等待池中移走所有等待那个对象的线程并放到锁标志等待池中。只有锁标志等待池中的线程能获取对象的锁标志，锁标志允许线程从上次因调用 wait()而中断的地方开始继续运行。

不管是否有线程在等待，都可以调用 notify()。如果对一个对象调用 notify()方法，而在这个对象的锁标志等待池中并没有线程，那么 notify()调用将不起任何作用。

例 10-4 显示了这 3 个方法的使用。

【例 10-4】　　wait()，notify()，notifyAll()示例。

```
1   package chapter10.sample10_4;
2   public class Sample10_4 implements Runnable {
3       public static int shareVar = 0;
4       public synchronized void run() {
5           if (shareVar == 0) {
6               for (int i = 0; i < 10; i++) {
7                   shareVar++;
8                   if (shareVar == 10) {
9                       try {
10                          this.wait();
11                      } catch (Exception e) {
12                      }
13                  }
14              }
15          }
16          if (shareVar != 0) {
17              System.out.print(Thread.currentThread().getName());
18              System.out.println(" shareVar = " + shareVar);
19              this.notify();
20          }
21      }
22      public static void main(String[] args) {
23          Runnable r = new Sample10_4();
24          Thread t1 = new Thread(r, "t1");
25          Thread t2 = new Thread(r, "t2");
26          t1.start();
27          t2.start();
28      }
29  }
```

编译并运行代码，结果如图 10-5 所示。

图 10-5　例 10-4 编译运行结果

在例10-4中，首先执行t1线程。初始状态下shareVar为0，t1将使shareVar连续加1，当shareVar的值为10时，t1调用wait()方法，t1将处于休息状态，同时释放锁标志。这时t2得到了锁标志开始执行，此时shareVar为10，t2输出shareVar的值后再调用notify()方法唤醒t1。

t1接着上次休息前的进度继续执行，把shareVar的值一直加到20，由于此刻shareVar的值不为0，所以t1 shareVar为20，然后再调用notify()方法，由于此刻已经没有等待锁标志的线程，所以此调用语句将不起任何作用。

10.2 Servlet 和 JSP 技术

随着Java技术的发展，Java与互联网技术已经紧密地结合在一起。在很多的网页中，都可以看到Java的身影。对于Java在浏览器中的应用，则不得不提到Servlet和JSP技术，这2项技术使Java与任何网页脚本、Web程序相比都毫不逊色。本节将详细介绍这两项技术。

10.2.1 JSP 概述

在当今世界，流行的Internet应用程序开发主要有ASP，PHP，CGI，JSP等多种方案，技术上各有优缺点，但是JSP以其简单易学，跨平台的特性，在众多程序中独树一帜，在短短几年中已经形成了一套完整的规范，并广泛地应用于电子商务等各个领域中。

JSP（Java Server Pages）是由Sun Microsystems公司倡导、许多公司参与建立的一种动态网页技术标准。在传统的网页HTML文件（*.htm，*.html）中加入Java程序片段（Scriptlet）和JSP标记（tag），就构成了JSP网页（*.jsp）。

Web服务器在遇到访问JSP网页的请求时，首先执行其中的程序片段，然后将执行结果以HTML格式返回给客户端。程序片段可以操作数据库、重新定向网页以及发送E-mail等，这就是建立动态网站所需要的功能。所有程序操作都在服务端执行，网络上传送给客户端的仅是得到的结果，对客户浏览器的要求低，可以实现无插件浏览。

下面是一个简单JSP程序。

```
1     < %page language="java"% >
2     < HTML >
3         <head >
4             <title>Hello World!< /title>
5         </head>
6         <body bgcolor="#FFFFFF">
7             <%String msg="JSP Example";//定义字符串对象
8             out.println("Hello World!"); %>
9             <%=msg%> < !-显示变量值- >
10        </body>
11    </HTML>
```

运行之后，在窗口上输出字符串"Hello World! JSP Example"。在普通HTML中加入了"< %% >"标识，标识之中使用的是Java程序，由它来控制动态数据的显示，并直接输出到标识符嵌入的位置，整个结构显得相当的直观，以后如果页面发生了变化，修改也变得十分容易。

JSP程序的运行与普通Java程序运行不同，需要有Web服务器支持。在Web容器环境下才可以访问到JSP页面，支持JSP的Web容器有很多，如Jrun、Enterprise Server、Fasttrack Server、微软的 Internet Information Server（IIS）和 Personal Web Server（PWS）、Apache 的 Tomcat 以及其他服务器。这里以 Tomcat 作为容器。

Tomcat 可以在 www.apache.org 上下载到，下载后安装，执行 bin 目录下的 startup 启动 Tomcat，可以在浏览器的地址栏中输入 http://localhost:8080，即可看到 Tomcat 的欢迎界面。如果编写好 JSP 程序后，可以将程序复制到 webapps 目录下，在地址栏中输入 http://localhost:8080 加上 JSP 文件名及其后缀.jsp 即可。

10.2.2 JSP 语法

编写 JSP 页面，与编写 Java 程序略有不同，需要遵循一定的 JSP 语法，本节介绍 JSP 中一些常用的语法。

（1）HTML 注释。在客户端显示一个注释。

```
<!-- comment [ <%= expression %> ] -->
```

例如：

```
<!-- This file displays the user login screen -->
```

（2）隐藏注释。JSP 编译器是不会对<%--and--%>之间的语句进行编译的，它不会显示在客户的浏览器中，也不会在源代码中看到。

```
<%-- comment --%>
```

例如：

```
<%@ page language="java" %> <html> <head><title>Test</title></head> <body> <h2>A Test
of Comments</h2> <%-- This comment will not be visible in the page source --%> </body> </html>
```

（3）声明。在 JSP 程序中声明合法的变量和方法。

```
<%! declaration; [ declaration; ]+ ... %>
```

例如：

```
1    <%! int i = 0; %>
2    <%! int a, b, c; %>
3    <%! Circle a = new Circle(2.0); %>
```

可以一次性声明多个变量和方法，只要以 "；" 结尾就行，当然这些声明在 Java 中必须是合法的。注意以下的一些规则：

- 声明必须以 "；" 结尾（Scriptlet 有同样的规则，但是表达式就不同了）。
- 可以直接使用在<% @ page %>中被包含进来的已经声明的变量和方法，不需要对它们重新进行声明。
- 一个声明仅在一个页面中有效。如果你想每个页面都用到一些声明，最好把它们写成一个单独的文件，然后用<%@ include %>或<jsp:include >元素包含进来。

（4）表达式。包含一个符合 JSP 语法的表达式。

```
<%= expression %>
```

例如

```
1    <font color="blue"><%= map.size() %></font>
2    <b><%= numguess.getHint() %></b>.
```

表达式元素表示的是一个在脚本语言中被定义的表达式，在运行后被自动转化为字符串，然后插入到这个表达示在 JSP 文件的位置显示。因为这个表达式的值已经被转化为字符串，所以能在一行文本中插入这个表达式。

（5）Java 代码。包含 Java 的代码片段。

```
<% code fragment %>
```

例如：
```
<%
String name = null;
if (request.getParameter("name") == null) {
%>
<%@ include file="error.html" %>
<%
} else {
foo.setName(request.getParameter("name"));
if (foo.getName().equalsIgnoreCase("integra"))
name = "acura";
if (name.equalsIgnoreCase( "acura" )) {
%>
```

（6）Include 指令。在 JSP 中包含一个静态的文件，同时解析这个文件中的 JSP 语句。

```
<%@ include file="relativeURL" %>
```

例如，下面的代码包含了 date.jsp。

```
<html> <head><title>An Include Test</title></head> <body bgcolor="white"> <font color="blue"> The current date and time are <%@ include file="date.jsp" %> </font> </body> </html>
```

date.jsp 的内容如下。

```
<%@ page import="java.util.*" %> <%= (new java.util.Date() ).toLocaleString() %>
Displays in the page:
The current date and time are
Aug 30, 1999 2:38:40
```

<%@include %>指令将会在 JSP 编译时插入一个包含文本或代码的文件，当使用<%@ include %>指令时，这个包含的过程就是静态的。静态的包含就是指这个被包含的文件将会被插入到 JSP 文件中去，这个包含的文件可以是 JSP 文件，HTML 文件，文本文件。如果包含的是 JSP 文件，这个包含的 JSP 文件中的代码将会被执行。

如果仅仅只是用 include 来包含一个静态文件。那么这个包含的文件所执行的结果将会插入到 JSP 文件中放置<% @ include %>的地方。一旦包含文件被执行，那么主 JSP 文件的过程将会被恢复，继续执行下一行。

这个被包含文件可以是 HTML 文件，JSP 文件，文本文件，或者只是一段 Java 代码，但是要注意，在这个包含文件中不能使用<html></html>3001<body></body>标记，因为这将会影响在原 JSP 文件中同样的标记，这样做有时会导致错误。

（7）Page 指令。定义 JSP 文件中的全局属性。

```
1    <%@ page
2    [ language="java" ]
3    [ extends="package.class" ]
4    [ import="{package.class | package.*}, ..." ]
5    [ session="true | false" ]
6    [ buffer="none | 8kb | sizekb" ]
7    [ autoFlush="true | false" ]
8    [ isThreadSafe="true | false" ]
9    [ info="text" ]
10   [ errorPage="relativeURL" ]
11   [ contentType="mimeType [ ;charset=characterSet ]" | "text/html ; charset=ISO-8859-1" ]
12   [ isErrorPage="true | false" ]
13   %>
```

例如：
```
1    <%@ page import="java.util.*, java.lang.*" %>
2    <%@ page buffer="5kb" autoFlush="false" %>
3    <%@ page errorPage="error.jsp" %>
```
<%@ page %>指令作用于整个 JSP 页面，同样包括静态的包含文件。但是<%@ page %>指令不能作用于动态的包含文件，如<jsp:include>。

可以在一个页面中用上多个<%@ page %>指令，但是其中的属性只能用一次，不过也有个例外，那就是 import 属性。因为 import 属性和 Java 中的 import 语句类似（参照 Java 语法），所以就能多用此属性几次了。无论把<%@ page %>指令放在 JSP 的文件的哪个地方，它的作用范围都是整个 JSP 页面。不过，为了 JSP 程序的可读性，以及培养好的编程习惯，最好还是把它放在 JSP 文件的顶部。

标明 JSP 编译时需要加入的 Java Class 的全名，但是要慎重地使用它，它会限制 JSP 的编译能力。

（8）Java 包导入。需要导入的 Java 包的列表，这些包作用于程序段，表达式以及声明。
```
import="{package.class | package.* }, ..."
```
下面的包在 JSP 编译时已经导入了，所以用户就不需要再指明了。
```
java.lang.*
javax.servlet.*
javax.servlet.jsp.*
javax.servlet.http.*
```
上面只列出了一小部分 JSP 语法，关于其他的语法规则，可以查看语法手册，这里不再赘述。

10.2.3 JSP 与 JavaBean

JavaBean 是描述 Java 的软件组件模型，有点类似于 Microsoft 的 COM 组件概念。在 Java 模型中，通过 JavaBean 可以扩充 Java 程序的功能，通过 JavaBean 的组合可以快速创建新的应用程序。而且 JavaBean 可以实现代码的重复利用，另外对于程序的易维护性等也有很大的意义。

JavaBean 通过 Java 虚拟机（Java Virtual Machine）可以得到正确的执行，运行 JavaBean 的需求是 JDK1.1 或者以上的版本。

JavaBean 传统的应用在于可视化的领域，如 AWT 下的应用。自从 JSP 诞生后，JavaBean 更多的应用在了非可视化领域，在服务器端应用方面表现出越来越强的生命力。在这里我们主要讨论的是非可视化的 JavaBean，可视化的 JavaBean 在市面上有很多书籍都有详细的阐述，在这里就不作为重点了。非可视化的 JavaBean，顾名思义就是没有 GUI 界面的 JavaBean。在 JSP 程序中常用来封装事务逻辑、数据库操作等，可以很好地实现业务逻辑和前台程序（如 JSP 文件）的分离，使得系统具有更好的健壮性和灵活性。

当然，也可以把这些处理操作完全写在 JSP 程序中，不过这样的 JSP 页面可能就有成百上千行，光看代码就是一件头疼的事情，更不用说修改了。由此可见，通过 JavaBean 可以很好地实现逻辑的封装、程序的维护等。

下面是一个使用 JSP 与 JavaBean 实现的计算器程序。

【例 10-5】 JSP 与 JavaBean 示例。
```
1    package chapter10.sample10_5;
2    public class Sample10_5 {
3        public String first;
4        public String second;
```

```
5        public String operator;
6        public double result;
7        public void setFirst(String f) {
8            this.first = f;
9        }
10       public void setSecond(String s) {
11           this.second = second;
12       }
13       public void setOperator(String o) {
14           this.operator = o;
15       }
16       public String getFirst() {
17           return this.first;
18       }
19       public String getSecond() {
20           return this.second;
21       }
22       public String getOperator() {
23           return this.operator;
24       }
25       public double getResult() {
26           return this.result;
27       }
28       public void calculate() {
29           double one = Double.parseDouble(first);
30           double two = Double.parseDouble(second);
31           try {
32               if (operator.equals("+"))
33                   result = one + two;
34               else if (operator.equals("-"))
35                   result = one - two;
36               else if (operator.equals("*"))
37                   result = one * two;
38               else if (operator.equals("/"))
39                   result = one / two;
40           } catch (Exception e) {
41               System.out.println(e);
42           }
43       }
44   }
```

下面是页面处理的文件（index.jsp）。

```
1   <%@ page language="java" import="java.applet.*" pageEncoding="GB2312"%>
2   <%@page import=" Sample10_5;"%>
3   <jsp:useBean id="calculator" scope="request" class=" SimpleBean">
4   <jsp:setProperty name="calculator" property="*"/>
5   </jsp:useBean>
6   <html>
7     <head>
8       <title>计算器</title>
9     </head>
10    <body>
11    <%
12    try
13    {
14    calculator.calculate();
```

```
15      out.print(calculator.getFirst()+calculator.getOperator()+calculator.getSecond()
16      +"="+calculator.getResult());
17      }
18      catch(Exception e)
19      {
20          System.out.print(e);
21      }
22      %>
23      <hr>
24      <form name="form1" action="index.jsp">
25      <table width="75" border="1" bordercolor="#003300">
26      <tr bgcolor="#999999">
27      <td colspan="2">simple calculator</td>
28      </tr>
29      <tr>
30      <td>第一个操作数</td>
31      <td><input type=text name="first"></td>
32      </tr>
33      <tr>
34          <td>操作符</td>
35          <td><select name="operator">
36          <option value="+">+</option>
37          <option value="-">-</option>
38          <option value="*">*</option>
39          <option value="/">/</option>
40          </select>
41          </td>
42      </tr>
43      <tr>
44      <td>第二个操作数</td>
45      <td><input type=text name="second"></td>
46      </tr>
47      <tr>
48      <td colspan="2" bgcolor="#cccccc"><input
49          type=submit value="计算"></td>
50      </tr>
51      </table>
52      </form>
53      </body>
54      </html>
```

编译 Java 程序后，可以在浏览器中访问 JSP 程序，如图 10-6 所示。

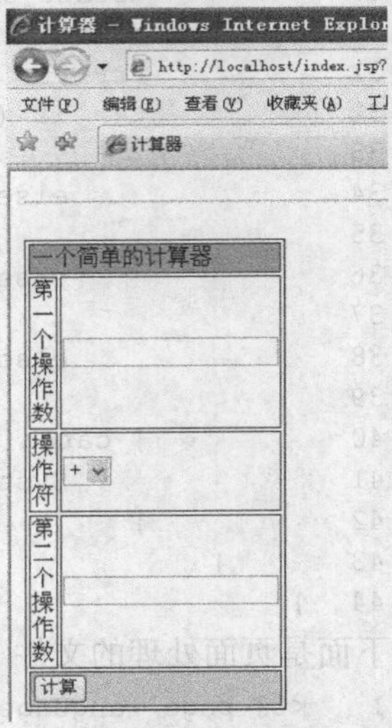

图 10-6　JSP 与 JavaBean 示例运行结果

10.2.4　Servlet 技术

Servlet 是使用 Java Servlet 应用程序设计接口（API）及相关类和方法的 Java 程序。除了 Java Servlet API，Servlet 还可以使用用以扩展和添加到 API 的 Java 包。Servlet 需要在启用 Java 的 Web 服务器上或应用服务器上运行并扩展了该服务器的能力。

Servlet 对于 Web 服务器就像 Java applet 对于 Web 浏览器。Servlet 装入 Web 服务器并在 Web 服务器内执行，而 Applet 装入 Web 浏览器并在 Web 浏览器内执行。Java Servlet API 定义了一个 Servlet 和服务器之间的一个标准接口，这使得 Servlets 具有跨服务器平台的特性。

Servlet 通过创建一个框架来扩展服务器的能力，以提供在 Web 上请求和响应服务。当客户端发送请求至服务器时,服务器可以将请求信息发送给 Servlet,并让 Servlet 建立起服务器返回给客户端的响应。当启动 Web 服务器或客户机第一次请求服务时,可以自动装入 Servlet。装入后,Servlet 继续运行直到其他客户机发出请求。

Servlet 的功能涉及范围很广。Servlet 可完成如下功能：创建并返回一个包含基于客户请求性质的动态内容的完整 HTML 页面；创建可嵌入到现有 HTML 页面中的一部分 HTML 页面（HTML 片段）；还与其他服务器资源（包括数据库和基于 Java 的应用程序）进行通信；用多个客户机处理连接,接收多个客户机的输入,并将结果广播到多个客户机上。

Servlet 的生命周期始于将它装入 Web 服务器的内存时,并在终止或重新装入 Servlet 时结束。

（1）初始化

如果已配置自动装入选项,则在启动服务器时自动装入。在服务器启动后,客户机首次向 Servlet 发出请求时也自动装入 Servlet。装入 Servlet 后,服务器创建一个 Servlet 实例并且调用 Servlet 的 init()方法。在初始化阶段,Servlet 初始化参数被传递给 Servlet 配置对象。

（2）请求处理

对于到达服务器的客户端请求,服务器创建特定于该请求的一个"请求"对象和一个"响应"对象。服务器调用 Servlet 的 service() 方法,该方法用于传递"请求"和"响应"对象。service() 方法从"请求"对象获得请求信息、处理该请求并用"响应"对象的方法将响应传回客户机。service() 方法可以调用其他方法来处理请求,如 doGet()、doPost()或其他的方法。

（3）终止

当服务器不再需要 Servlet,或重新装入 Servlet 的新实例时,服务器会调用 Servlet 的 destroy() 方法。

Java Servlet 开发工具（JSDK）提供了多个软件包,在编写 Servlet 时需要用到这些软件包,其中包括两个用于所有 Servlet 的基本软件包：javax.servlet 和 javax.servlet.http。可从 Sun 公司的 Web 站点下载 Java Servlet 开发工具。下面主要介绍 javax.servlet.http 提供的 HTTP Servlet 应用编程接口。

HTTP Servlet 使用一个 HTML 表格来发送和接收数据。要创建一个 HTTP Servlet,需扩展 HttpServlet 类,该类是用专门的方法来处理 HTML 表格的 GenericServlet 的一个子类。HTML 表单是由 <FORM> 和 </FORM> 标记定义的。表单中包含输入字段（如文本输入字段、复选框、单选按钮和选择列表）和用于提交数据的按钮。当提交信息时,它们还指定服务器应执行哪一个 Servlet（或其他的程序）。HttpServlet 类包含 init()、destroy()、service() 等方法,其中 init() 和 destroy() 方法是继承的,下面对这几种方法作详细介绍。

1. init()方法

在 Servlet 的生命期中,仅执行一次 init() 方法。它是在服务器装入 Servlet 时执行的。可以配置服务器,以便在启动服务器或客户机首次访问 Servlet 时装入 Servlet。无论有多少客户机访问 Servlet,都不会重复执行 init()。

默认的 init()方法在功能上一般都能满足常用的应用要求。对于某些特殊的实际应用,如客户端需要获取 GIF 图形,就需要定制 init()方法。此时,可以使用定制 init()方法实现 GIF 图像一次装入。这样在多个客户机请求的情况下,避免返回多个 GIF 图像,可以改善程序性能。

另外,在初始化数据库连接时,默认的 init()方法设置了 Servlet 的初始化参数,并用它的 ServletConfig 对象参数来启动配置。因此在 Servlet 中,如果要覆盖默认的 init()方法,则首先需要调用 super.init(),以确保完成初始配置；在调用 service()方法之前,保证默认的 init()方法正确执行。

2. service()方法

service()方法是 Servlet 的核心。每当一个客户请求一个 HttpServlet 对象,该对象的 service() 方法就要被调用,而且传递给这个方法一个"请求"(ServletRequest)对象和一个"响应" (ServletResponse)对象作为参数。在 HttpServlet 中已存在 service() 方法。默认的服务功能是调用与 HTTP 请求的方法相应的"do"功能。例如,如果 HTTP 请求方法为 GET,则默认情况下就调用 doGet()。Servlet 应该为 Servlet 支持的 HTTP 方法覆盖"do"功能。因为 HttpServlet.service() 方法会检查请求方法是否调用了适当的处理方法。所以不必覆盖 service() 方法,只需覆盖相应的 do 方法就可以了。

当一个客户通过 HTML 表单发出一个 HTTP POST 请求时,doPost()方法被调用。与 POST 请求相关的参数作为一个单独的 HTTP 请求从浏览器发送到服务器。当需要修改服务端的数据时,应该使用 doPost()方法。

当一个客户通过 HTML 表单发出一个 HTTP GET 请求或直接请求一个 URL 时,doGet()方法被调用。与 GET 请求相关的参数添加到 URL 的后面,并与这个请求一起发送。当不会修改服务器端的数据时,应该使用 doGet()方法。

Servlet 的响应可以是下列几种类型。

(1)一个输出流,浏览器根据它的内容类型(如 text/HTML)进行解释。

(2)一个 HTTP 错误响应,重定向到另一个 URL、Servlet、JSP。

3. destroy()方法

destroy() 方法仅执行一次,即在服务器停止且卸载 Servlet 时执行该方法。典型的,将 Servlet 作为服务器进程的一部分来关闭。默认的 destroy() 方法通常是符合要求的,但也可以覆盖它,典型的是管理服务器端资源。例如,Servlet 在运行时会累计统计数据,则可以编写一个 destroy() 方法,该方法用于在未装入 Servlet 时将统计数据保存在文件中。另一个示例是关闭数据库连接。

当服务器卸装 Servlet 时,将在所有 service() 方法调用完成后,或在指定的时间间隔过后调用 destroy() 方法。一个 Servlet 在运行 service() 方法时可能会产生其他的线程,因此请确认在调用 destroy() 方法时,这些线程已终止或完成。

4. GetServletConfig()方法

GetServletConfig()方法返回一个 ServletConfig 对象,该对象用来返回初始化参数和 ServletContext。ServletContext 接口提供有关 Servlet 的环境信息。

5. GetServletInfo()方法

GetServletInfo()方法是一个可选的方法,它提供有关 Servlet 的信息,如作者、版本、版权。当服务器调用 Sevlet 的 service()、doGet()和 doPost()这 3 个方法时,均需要 "请求"和"响应"对象作为参数。"请求"对象提供有关请求的信息,而"响应"对象提供了一个将响应信息返回给浏览器的通信途径。javax.servlet 软件包中的相关类为 ServletResponse 和 ServletRequest,而 javax.servlet.http 软件包中的相关类为 HttpServletRequest 和 HttpServletResponse。Servlet 通过这些对象与服务器通信并最终与客户端通信。Servlet 能通过调用"请求"对象的方法获知客户端环境,服务器环境的信息和所有由客户端提供的信息。Servlet 可以调用"响应"对象的方法发送响应,该响应是准备发回客户端的。

运行 Servlet 时仍然需要 Web 环境的支持,而且 Sevlet 对应的 Java API 也包含在 Web 容器中,如 Tomcat 中的 servlet.jar,所以本书仍以 tomcat 为例介绍 Servlet 的开发。

例 10-6 是一个简单的 Servlet 例子,该 Servlet 实现如下功能:当用户通过浏览器访问该 Servlet

时，该 Servlet 向客户端浏览器返回一个 HTML 页面。

【例 10-6】 Servlet 示例。

```
1   import java.io.IOException;
2   import java.io.PrintWriter;
3   import java.util.Date;
4   import javax.servlet.*;
5   import javax.servlet.http.*;
6   public class Test extends HttpServlet {
7       public void doGet(HttpServletRequest request, HttpServletResponse response)
8               throws IOException, ServletException
9       {
10          response.setContentType("text/html");
11          PrintWriter out = response.getWriter();
12          out.println("<html>");
13          out.println("<body>");
14          out.println("<head>");
15          out.println("<title>Request Information Example</title>");
16          out.println("</head>");
17          out.println("<body>");
18          out.println("<h3>Request Information Example</h3>");
19          out.println("Method: " + request.getMethod());
20          out.println("Request URI: " + request.getRequestURI());
21          out.println("Protocol: " + request.getProtocol());
22          out.println("PathInf " + request.getPathInfo());
23          out.println("Remote Address: " + request.getRemoteAddr());
24          out.println("</body>");
25          out.println("</html>");
26      }
27      public void doPost(HttpServletRequest request, HttpServletResponse res)
28              throws IOException, ServletException
29      {
30          doGet(request, res);
31      }
32  }
```

在浏览器中输入 http://localhost:8080/servlets-examples/servlet/myServlet，运行后结果如图 10-7 所示。

图 10-7 Servlet 示例运行结果

10.3 数据库技术

数据库的应用几乎无处不在。作为一个开发人员，数据库应用程序的开发是必须掌握的技能之一。Java 为数据库应用的开发提供了良好的支持，即 JDBC（Java DataBase Connectivity）。

JDBC 具有良好的跨平台性，即进行数据库开发时不必特别关注连接的是哪个厂商的数据库系统，大大提高了开发的方便性与应用程序的可维护性、可扩展性，本节将简要介绍 Java 中 JDBC 数据库编程各方面的相关知识。

10.3.1　SQL 基础

学习数据库，SQL 语言是必不可少的。下面介绍简单地 SQL 查询语言。

简单的 SQL 查询只包括选择列表、FROM 子句和 WHERE 子句。它们分别说明了所查询列、查询的表或视图以及搜索条件等。例如，下面的语句查询 testtable 表中姓名为"张三"的 nickname 字段和 email 字段。

```
SELECT nickname,email
FROM testtable
WHERE name='张三'
```

1. 选择列表

选择列表（select_list）指出所查询列，它可以由一组列名列表、星号、表达式、变量（包括局部变量和全局变量）等构成。

（1）选择所有列

例如，下面语句显示 testtable 表中所有列的数据。

```
SELECT *
FROM testtable
```

（2）选择部分列并指定它们的显示次序，查询结果集合中数据的排列顺序与选择列表中所指定的列名排列顺序相同。

例如：

```
SELECT nickname,email
FROM testtable
```

（3）更改列标题，在选择列表中，可重新指定列标题。定义格式为：

列标题=列名（*注意顺序）

列名 列标题

如果指定的列标题不是标准的标识符格式时，应使用引号定界符，例如，下列语句使用汉字显示列标题。

```
SELECT '昵称'=nickname,'电子邮件'=email
FROM testtable
```

2. FROM 子句

FROM 子句指定 SELECT 语句查询及与查询相关的表或视图。在 FROM 子句中最多可指定 256 个表或视图，它们之间用逗号分隔。FROM 子句同时指定多个表或视图时，如果选择列表中存在的同名列，应使用对象名限定这些列所属的表或视图。例如，在 usertable 和 citytable 表中同时存在 cityid 列，在查询两个表中的 cityid 时应使用下面语句格式加以限定。

```
SELECT username,citytable.cityid
FROM usertable,citytable
WHERE usertable.cityid=citytable.cityid
```

3. 使用 WHERE 子句设置查询条件

WHERE 子句设置查询条件，过滤不需要的数据行。例如下面语句查询年龄大于 20 的数据。

```
SELECT *
FROM usertable
```

```
WHERE age>20
```

4. 查询结果排序，使用 ORDER BY 子句对查询返回的结果按一列或多列排序。ORDER BY 子句的语法格式为：

```
ORDER BY {column_name [ASC|DESC]} [,…n]
```

其中 ASC 表示升序，为默认值，DESC 为降序。ORDER BY 不能按 ntext、text 和 image 数据类型进行排序。

例如：

```
SELECT *
FROM usertable
ORDER BY age desc,userid ASC
```

10.3.2 JDBC 层次结构

Java 应用程序与数据库的连接都是通过 JDBC 来实现的。JDBC 是 Java 中提供的连接各种不同数据库的通用技术，开发人员只要掌握了 JDBC 的开发技术就可以对各种支持 JDBC 的数据库进行编程开发，而不必再去针对每种数据库进行学习，大大提高了学习与开发的效率。

JDBC 主要为数据库应用的开发提供了下列功能。

● 支持各种不同的 SQL 语句对数据库进行操作，即通过 JDBC 操作数据库，采用关系数据库中的通用 SQL 语言，大大简化了开发。

● 提供了一个应用程序连接多种数据库或在多种数据库之间进行切换的可能，由于通过 JDBC 连接以后，所有数据库的操作界面几乎都是一样的，因此可以只开发一份具体操作数据库的程序而通过不同的 JDBC 连接不同的数据库，大大降低了异构数据库应用的开发难度。

JDBC 的 API 中有一个称之为 JDBC 驱动管理器（java.sql.DriverManager）的类，JDBC 程序运行的过程中由该管理器管理着不同类型数据库的驱动程序，如图 10-8 所示。

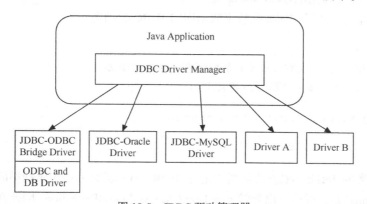

图 10-8　JDBC 驱动管理器

从图 10-8 中可以看出，JDBC 驱动管理器中管理着各种各样不同数据库的驱动程序，通过这些驱动程序能够连接到不同的数据库。其中最左侧的为 JDBC-ODBC 桥驱动程序，通过其可以连接任何 ODBC 已经连接上的数据库。由于 ODBC 在 Windows 下对各种数据库提供了很好的兼容性，因此在 Windows 下，通过 JDBC-ODBC 桥可以在不使用专用 JDBC 驱动的情况下方便地连接各种数据库。

 对于 JDBC-ODBC 桥，建议在业务量很大的应用中尽量避免使用，因为桥接连接效率一般比采用专用连接要低。但对于特别简单的应用程序，使用 JDBC-ODBC 桥是很方便的。

不同的驱动程序中又可以有着不同的数据库连接,而不同的连接下面又可以有不同的语句(Statement)以及结果集(ResultSet),如图 10-9 所示。

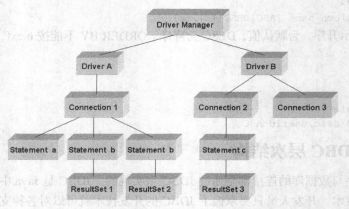

图 10-9 JDBC 中各个类工作的层次结构

从图 10-9 中可以看出各个类工作的层次结构。
- 驱动管理器下面管理着两个不同的数据库驱动,Driver A 与 Driver B。
- 每个驱动可以同时存在多个数据库连接,每个连接下可以有多个执行不同数据库操作任务的语句(Statement),同时每个语句可以执行获得不同的结果集。

10.3.3 加载数据库驱动

在使用 JDBC 连接特定的数据库之前首先要加载相应数据库的 JDBC 驱动类,本小节将介绍如何在开发中加载各种数据库的 JDBC 驱动类。

下面的代码片段说明了如何加载特定数据库的 JDBC 驱动类。

```
1   try
2   {
3       //通过 Class 类的 forName 方法加载指定的 JDBC 驱动类
4       Class.forName("驱动类全称类名");
5   }
6   catch(java.lang.ClassNotFoundException e)
7   {
8       e.printStackTrace();
9   }
```

使用 Class 类的 forName()方法加载指定的 JDBC 驱动类时要给出驱动类的全称类名。由于 Class 类的 forName()方法可能抛出异常 java.lang.ClassNotFoundException,因此在调用此方法时必须进行异常处理。

表 10-3 列出了几种常用数据库的 JDBC 驱动类全称类名。

表 10-3   几种常用数据库的 JDBC 驱动类全称类名

数据库类型	驱动类全称类名	数据库类型	驱动类全称类名
JDBC-ODBC 连接桥	sun.jdbc.odbc.JdbcOdbcDriver	Oracle 数据库	oracle.jdbc.driver.OracleDriver
MySQL 数据库	org.gjt.mm.mysql.Driver		

需要特别注意的是,Java 安装以后仅自带了 JDBC-ODBC 连接桥的驱动程序,其他类型的数

据库在加载驱动类之前要首先从 Internet 上下载或从数据库的安装目录中寻找驱动程序对应的 jar 包,并将 jar 包文件所在的路径添加到 classpath 环境变量中。

下面将分别介绍如何获得 MySQL 与 Oracle 数据库的驱动程序 jar 包。

1. MySQL 数据库

对于 MySQL 数据库来说,在使用 JDBC 连接前需要先从 Internet 上下载对应的驱动程序 jar 包文件,如"mysql-connector-java-3.1.7-bin.jar"文件。下载此驱动程序可以去 MySQL 的官方网站 http://www.mysql.com。

2. Oracle 数据库

使用 JDBC 连接 Oracle 数据库之前,先需要找到驱动程序的 jar 包,并将 jar 文件路径添加到 Classpath 环境变量中。Oracle 的驱动 jar 包不用去下载,在安装了 Oracle 之后在安装目录中可以找到,下面给出了 Oracle 的驱动 jar 包所在的目录路径:

```
<Oracle的安装路径>\product\10.2.0\db_1\jdbc\lib\classes12.jar
```

上面给出的路径是以 Oracle10g 为例的,其他版本 Oracle 对应的 JDBC 驱动 jar 包也可以在安装目录下找到,只是相对路径稍有不同。

10.3.4 基本数据库访问

下面以 MySQL 为例介绍如何访问数据库。在使用 JDBC 连接 MySQL 数据库之前,首先需要在机器上安装好 MySQL 数据库,并在其中创建一张名称为 book 的数据库表。在文本编辑器中输入如下 SQL 脚本,并保存为"mysql.sql"文件。

```
CREATE TABLE book
(
  id       VARCHAR(30),
  name     VARCHAR(30),
  price    NUMERIC(6, 2),
  PRIMARY KEY (id)
);
INSERT INTO book VALUES(10001,'English',30);
INSERT INTO book VALUES(10002,'Chinese',40);
INSERT INTO book VALUES(10003,'Java',60);
```

(1)启动 MySQL 的客户端软件,执行上一步创建的 mysql.sql 脚本文件,如图 10-10 所示。

(2)为了验证操作成功,使用"SELECT * FROM book"语句对 book 表进行检索,如图 10-11 所示。

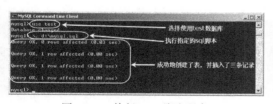

图 10-10 执行 SQL 脚本程序

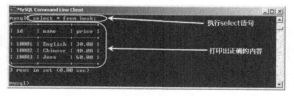

图 10-11 对 book 表进行检索

 如果对 MySQL 数据库的操作不是很熟悉,请查阅专门的资料,本书由于篇幅所限,不做详细介绍。

(3)数据库表创建完成后可以开发访问 MySQL 数据库的应用程序了,例 10-7 给出了代码。

【例 10-7】 数据库访问示例。

```java
package chapter10.sample10_7;
import java.sql.*;
public class Sample10_7
{
    public static void main(String[] args)
    {
        //声明 Connection 引用
        Connection con=null;
        try
        {
            //加载 MySQL 的驱动类
            Class.forName("org.gjt.mm.mysql.Driver");
            //创建数据库连接
            con=DriverManager.getConnection("jdbc:mysql://localhost:3306/test
            ","","");
            //创建 Statement 对象
            Statement stat=con.createStatement();
            //执行查询的 SQL 语句
            ResultSet rs=stat.executeQuery("SELECT * FROM book");
            //打印表头信息
            System.out.println("书本号\t\t 书本名\t\t 价格");
            //循环打印结果集中的每一条记录
            while(rs.next())
            {
                //获取当前记录中各字段内容
                String cid=rs.getString(1);
                String cname=rs.getString(2);
                String cperiod=rs.getString(3);
                //打印本条记录的内容
                System.out.println(cid+"\t\t"+cname+"\t\t"+cperiod);
            }
            //关闭结果集
            rs.close();
            //关闭语句
            stat.close();
        }
        catch(Exception e)
        {
            e.printStackTrace();
        }
        finally
        {
            try
            {
                //关闭数据库连接
                con.close();
            }
            catch(Exception e)
            {
                e.printStackTrace();
            }
```

```
52        }
53     }
54 }
```

上述代码中连接了 MySQL 数据库，并检索了其中 book 表的信息。

编译并运行代码，结果如图 10-12 所示。

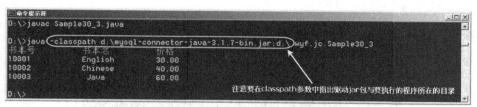

图 10-12 例 10-7 编译运行结果

从例 10-7 中可以看出，连接 MySQL 数据库的代码与通过 JDBC-ODBC 桥连接 Access 数据库的代码基本相同，只是加载的驱动类不同而已。可见，基于 JDBC 开发的数据库应用可以很方便地在不同的数据库间进行切换。

小　　结

本章介绍了 Java 中的一些高级应用，如线程、JSP 和 Servlet、数据库。这些在现实的应用中都起着非常重要的作用，学习本章将对掌握 Java 编程起到非常重要的作用。

习　　题

1. 线程包含_____、_____、_____、_____和_____ 5 个状态。
2. JSP 中的 include 指令的作用是_____。
3. Servlet 周期包含_____。
   A. 初始化　　　　B. 停止　　　　C. 请求处理　　　　D. 开始
4. 建立 Statement 对象的作用是_____。
   A. 连接数据库　　B. 声明数据库　　C. 执行 SQL 语句　　D. 保存查询结果
5. JSP 程序的运行与普通 Java 程序运行有什么不同？
6. 创建线程有哪些方式？

上机指导

实验一　创建多线程

实验内容

创建 2 个线程，先运行一个线程，3 秒后启动另一个线程。

实验目的

巩固知识点——创建多线程。

实现过程

在 10.1.3 小节中讲述线程同步时的例子创建了 2 个线程，1 秒后唤醒另一个进程对该例稍做改动即可，运行结果如图 10-13 所示。

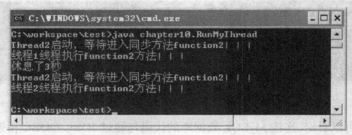

图 10-13　实验一运行结果

实验二　使用 JSP

实验内容

在 JSP 界面上显示当前的日期。

实验目的

巩固知识点——编写 JSP 页面。

实现过程

在 10.2.1 节中使用简单的例子讲述了 JSP 结构。将该例进行简单的修改，使用 Date 类获取当前的日子，并输出在 JSP 界面上。

（1）在 JSP 页面前添加 Date 类。

```
<%@ page import="java.util.Date"%>
```

（2）在 JSP 页面代码中添加关于 Date 打印的语句。

```
1    Date d =new Date();
2    out.println(d.toString());
```

运行结果如图 10-14 所示。

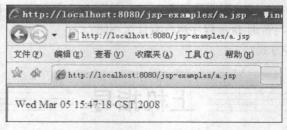

图 10-14　实验二运行结果